AI繪圖夢工廠

AI溝通師
ALAN TSENG
H
JACK TERFICT
JARON LIN
JOSEF HSU鳥巢
JOSHUA CHENG
KENNY JAN
PERSEUS SU
POLATOUCHE飛鼠桑
YU-SHUN LAN
艾塔娜-AITANA
邱維添
洪俊德
董妖妖
趙佳誼
謝釋航
(依首字筆劃排列)

感謝以上社群玩家協力

Herman、杰克艾米立、施威銘研究室 著

Midjourney、Stable Diffusion、Copilot、Leonardo.Ai、Adobe Firefly 超應用神技

艾塔娜 Aitana

艾塔娜 Aitana

洪俊德

Josef Hsu (鳥巢 許鴻潮)

Alan Tseng (曾文傑)

洪俊德

謝釋航

謝釋航

感謝您購買旗標書,
記得到旗標網站
www.flag.com.tw
更多的加值內容等著您…

● FB 官方粉絲專頁：旗標知識講堂

● 旗標「線上購買」專區：您不用出門就可選購旗標書!

● 如您對本書內容有不明瞭或建議改進之處, 請連上旗標網站, 點選首頁的 聯絡我們 專區。

若需線上即時詢問問題，可點選旗標官方粉絲專頁留言詢問, 小編客服隨時待命, 盡速回覆。

若是寄信聯絡旗標客服email, 我們收到您的訊息後, 將由專業客服人員為您解答。

我們所提供的售後服務範圍僅限於書籍本身或內容表達不清楚的地方, 至於軟硬體的問題, 請直接連絡廠商。

學生團體　訂購專線：(02)2396-3257 轉 362
　　　　　傳真專線：(02)2321-2545

經銷商　服務專線：(02)2396-3257 轉 331
　　　　將派專人拜訪
　　　　傳真專線：(02)2321-2545

國家圖書館出版品預行編目資料

AI 繪圖夢工廠 + 社群玩家特典：Midjourney、Stable Diffusion、Copilot、Leonardo.Ai、Adobe Firefly 超應用新技法

Herman、杰克艾米立、施威銘研究室 著 . --

臺北市 : 旗標科技股份有限公司 , 2024.02　面；　公分

ISBN 978-986-312-783-3 (平裝)

1. CST: 人工智慧 2. CST: 電腦繪圖 3. CS T: 數位影像處理

312.83

作　　者／Herman、杰克艾米立、施威銘研究室

翻譯著作人／旗標科技股份有限公司

發行所／旗標科技股份有限公司

台北市杭州南路一段 15-1 號 19 樓

電　　話／(02)2396-3257 (代表號)

傳　　真／(02)2321-2545

劃撥帳號／1332727-9

帳　　戶／旗標科技股份有限公司

監　　督／陳彥發

執行企劃／楊世瑋

執行編輯／楊世瑋 · 劉冠岑

美術編輯／陳慧如

封面設計／林美麗 · 林愛苓

書 名 頁／葉昀錡

校　　對／陳彥發 · 楊世瑋 · 劉冠岑

新台幣售價：680 元

西元 2024 年 2 月 初版

行政院新聞局核准登記-局版台業字第 4512 號

ISBN 978-986-312-783-3

ABOUT SAMPLESs

範例檔案下載

本書部分章節有提供範例 Prompt、圖檔及 Stable Diffusion 的安裝網址方便讀者學習操作，請連至以下網址下載：

https://www.flag.com.tw/bk/st/F4359

（輸入下載連結時，請注意大小寫必須相同）

下載後解開解壓縮，即可看到如圖的檔案內容，大部分的檔案為 txt 格式的 Prompt 範例。其中，第 9 章有提供 LoRA 模型的 safetensors 檔，第 11、14 章有提供原圖及深度圖檔案。

另外，在資料夾下也可以找到 Stable Diffusion 及相關外掛的下載網址：

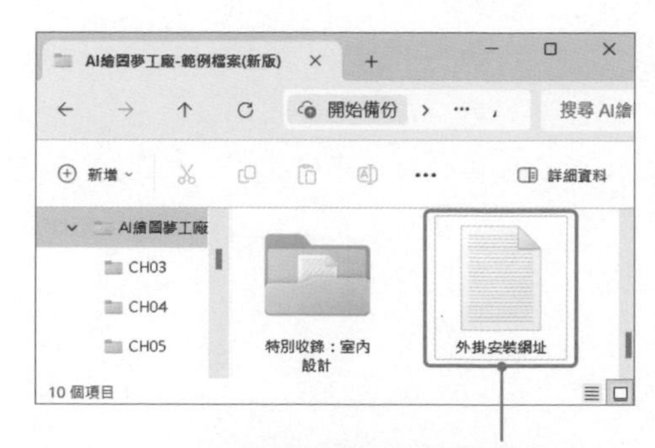

▲我們有提供各外掛及模型的連結方便讀者下載

目錄

CHAPTER 1

生成式 AI 繪圖

CHAPTER 2

Bing Image Creator & DALL· E

CHAPTER 3

Midjourney

CHAPTER 4

Stable Diffusion

CHAPTER 5

Leonardo.Ai

CHAPTER 6

Adobe Firefly

CHAPTER 7

其他 AI 繪圖軟體

CHAPTER **8**

設計 Logo 太花錢？ AI 幫你免費設計！

CHAPTER **9**

訓練你的專屬 AI 虛擬角色

CHAPTER 10

讓 AI 變身成 專業攝影師

CHAPTER 11

網拍業者必看 - AI 明星幫你代言

CHAPTER 12

用 Photoshop 打造 AI 協作藝術

CHAPTER 13

與杰克艾米立一同製作獨特 QR Code

CHAPTER **14**

自動生成人氣酷炫短影片

Bonus 電子書 Appendix **A**

使用 AI 繪製室內設計

本書特別跟【Bing DALL-E 3 and ALL AI 生成式藝術小小詠唱師】社群合作，由社群中的 8 位高手根據不同主題進行即時生圖示範，並將操作過程錄製成影片，讓讀者可以更直覺觀摩專家玩家的生圖手法，請掃描 QRCode 進行觀看（影片陸續上架中）。

CHAPTER

1

生成式 AI 繪圖

隨著人工智慧領域的飛速發展，以往 AI 比較侷限於資料的趨勢預測、辨識分類等領域，現今在生成資料的應用上，也有十分突出的表現，其中更以生成式 AI 繪圖技術最受到矚目。本章將引領讀者探索生成式 AI 的源起與演變，先讓讀者對於相關技術有初步了解。接著我們將深入介紹目前市場上最具代表性和獨特風格的圖像生成軟體，讓讀者能夠根據自己的需求選擇並應用這些強大的工具。

1-1 生成式 AI 是甚麼？

生成式 AI (Generative AI) 泛指所有能產生新資料的技術，常見的包括文字、圖片、音樂、語音、影片等。近來也延伸出可以生成像是程式碼、網頁內容、設計圖和 3D 模型等不同類型的應用。而這些透過 AI 所產生的資料則統稱為 AIGC (AI Generated Content)。根據知名研究機構 Gartner 預測，到 2025 年全世界新產生的資料中，就有 10% 是使用 AI 技術生成的內容，而目前這個比例則還不到 1%，這代表生成式 AI 接下來將會快速發展，並普及到各種不同的應用領域。

說到 AI 生成最讓人驚豔的，非繪圖創作領域莫屬，就算沒有任何繪畫基礎，使用者也可以輕鬆生成各種風格和內容的影像畫作，而且隨著技術發展，產生的影像越來越細緻，也更加逼近照片般的擬真效果，也能產生各種天馬行空的視覺效果。「有圖有真相」，本書翻開刊頭前幾頁的精緻畫作或照片，清一色都是 AI 繪圖工具生成的作品，後續還有會更豐富、更多元的精彩作品跟您分享。

由於 AI 繪圖的成效斐然，目前也逐漸改變藝術設計的業界生態，不少設計師或繪師已經開始將 AI 生成融入創作當中，像是讓 AI 幫忙繪製草稿或是較不重要的物件或背景，主視覺或整體構成則還是由創作者自己操刀。另外，也有不少繪圖軟體直接將 AI 生成整合到軟體當中，像是 Adobe 就推出 Firefly 服務，讓使用者可以快速生圖，並直接插入到軟體中使用，這些都證明了 AI 繪圖的發展前景可期。

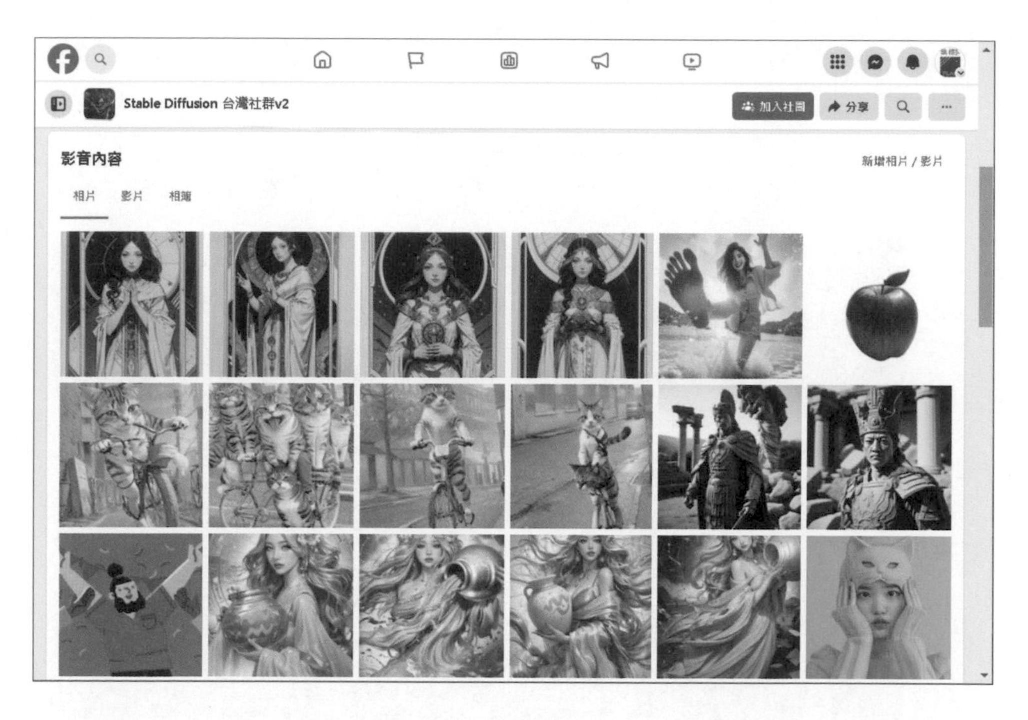

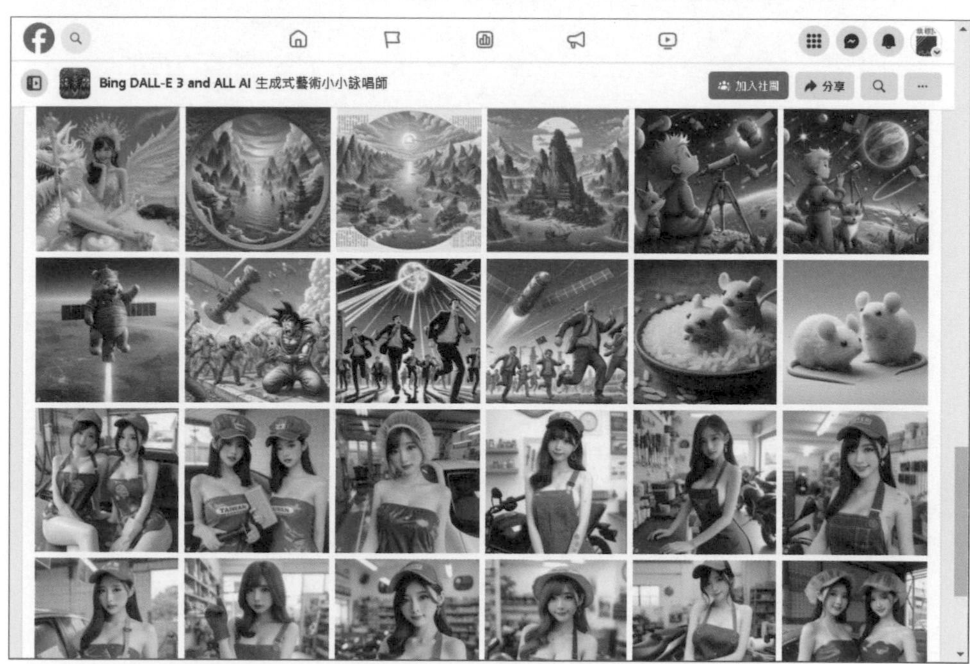

▲AI 繪圖社群會有許多人分享自己的「作品」，上述分別為臉書上的 Stable Diffusion 台灣社群和生成式藝術小小詠唱師社群

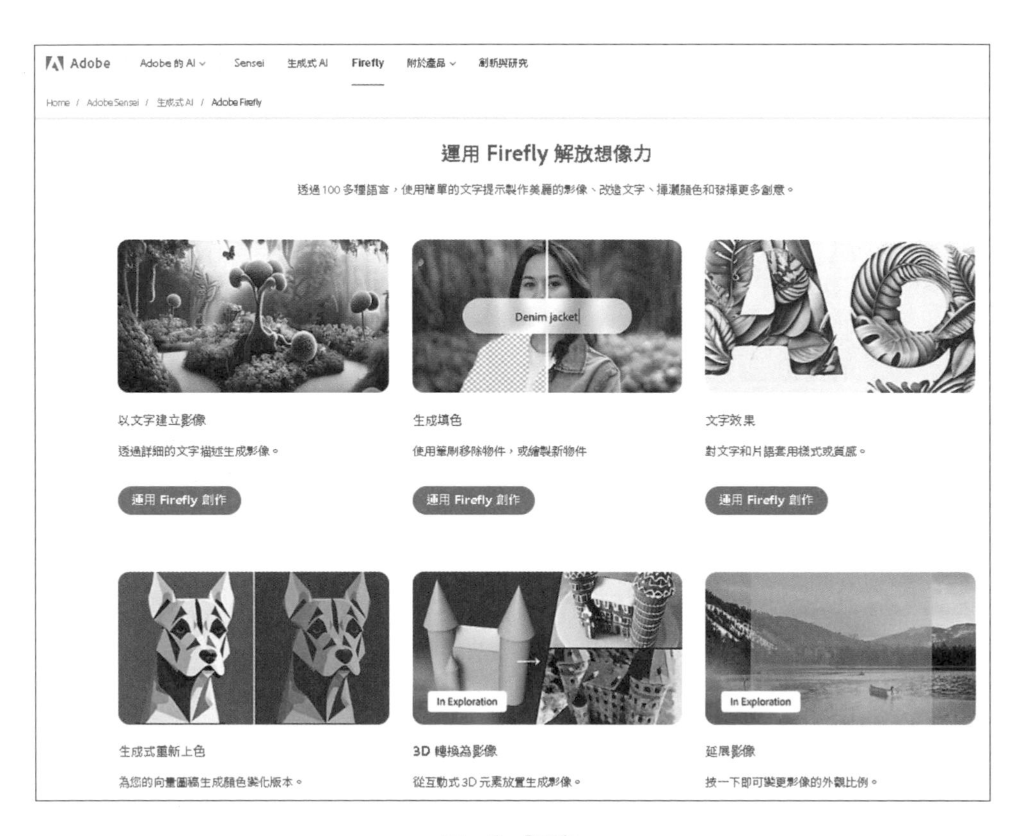

Firefly 服務

雖然 AI 畫作很吸睛，但要說發展最成功的還是非萬能的 AI 對話機器人 – ChatGPT 莫屬。透過對話形式可以產生各種文字內容，已經很廣泛用來生成企劃文案、簡報綱要、統計問卷、測驗考題…等，也有不少人用來產生程式碼或網站原始碼。

其他像是在音樂創作方面，AI 同樣能夠學習各種音樂風格並創作出新的旋律，成品已經跟我們平常聆聽的音樂很接近；建築、室內設計，也可以很快完成材質渲染，產生各種不同樣貌的建築物或設計風格；就連 AI 技術本身的發展，也受惠於 AI 生成而有所突破，許多以往資料集較為匱乏的領域，像是：醫學領域，就可以透過 AI 來生成新的腫瘤或病變的樣本，讓醫療等特定用途的 AI 模型訓練更具成效。隨著技術發展更加成熟，以及更多使用者投入，相信未來將持續有新的應用被開發出來。

1-2 生成式 AI 的關鍵技術

生成式 AI 的發展很早，一開始是用於聊天對話，希望透過 AI 可以產生類似真人回答的內容。不過技術上一直沒有很大的突破，多半仰賴事先設定好的規則來回應，因此沒有受到太多關注。這點只要前幾年有使用過各種線上客服機器人，應該就不難體會，機器回應的內容往往十分空洞、貧乏、制式化，明顯跟真人客服有很大的差異。

2014 年發表 GAN 技術後，生成式 AI 才又重新受到關注。GAN 是可以生成圖像的神經網路技術，由於具備十分創新的想法，一開始在學術領域就引起不小的騷動，不到 3 年時間已經可以生成擬真的人臉照片，讓一般大眾都為之讚嘆。緊接著在 2022 年底 ChatGPT 正式問世，可以生成十分流暢、有應用價值的文字內容，才正式引爆生成式 AI 的大規模發展與應用。

GAN 生成對抗式網路

GAN 全名為 Generative Adversarial Network, 2014 年由 AI 界翹楚 Ian Goodfellow 提出。GAN 模型包含生成器 (generator) 和鑑別器 (discriminator) 兩個神經網路，生成器顧名思義就是負責生成新資料，而且要以假亂真、盡可能跟原始資料一致，而鑑別器則是負責判別生成結果是否為假資料。透過這種競爭機制，生成器會不斷地生成更貼近原始資料的內容，直到達到理想的結果為止，也就是找出跟原始資料接近的生成範圍。

2014 年 GAN 論文發表之時，就是以圖片生成為例，初期大致只能生成 0～9 數字這類筆畫簡單的圖片，到 2017 年 GAN 技術就已經發展到可以生成逼真的人像，甚至到 2018 年還有人將 GAN 生成的作品當作藝術品拍賣售出。緊接著就發展出各式各樣衍生的 AI 模型，可以做到藝術風格變換、特殊樣本生成、以及各種特效濾鏡等，可說是大放異彩。

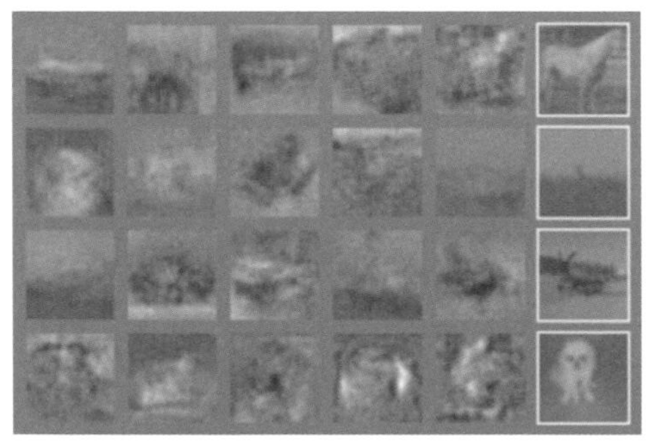

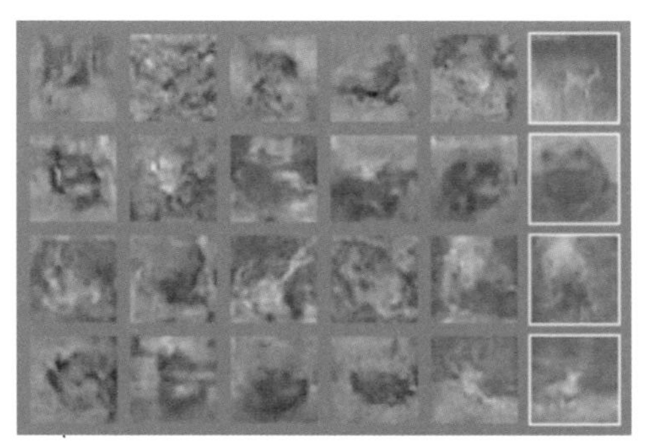

▲ 擷取自 GAN 原始論文的生成圖片 (Goodfellow et al., 2014)

AI 畫作拍賣首例

2018 年 AI 生成圖首次登上世界拍賣舞台，這幅畫以 43.25 萬美元成交，幾乎是拍賣前估價的 45 倍！當時將 15000 張 14 世紀到 20 世紀的肖像畫作為資料集輸入系統，讓生成器根據這個資料集生成新圖像，鑑別器接著嘗試找出人造圖和 AI 生成圖之間的區別，當無法再區分兩者的差異時，訓練就會結束。

◀ Edmond de Belamy 的肖像，來自 La Famille de Belamy (2018)。佳士得影像有限公司提供。

右下角的方程式，是生成演算法的一部分。

Diffusion Model 擴散模型

雖然用 GAN 模型生成的圖片已經有不錯的圖像品質，但由於採用神經網路競爭的訓練方式，訓練過程像是黑盒子（算是兩個黑盒子），我們無法得知最後生成的資料範圍，因此難以掌控生成結果。2020 年有一種新的生成模型誕生，稱為 Diffusion Model 擴散模型，它提供了不同於 GAN 的生成圖像方法，只需要建構一個神經網路模型，訓練過程更為穩定，而且方便觀察，開發人員比較能掌握資料生成的結果。

Diffusion 模型的概念是將一張原始圖像加上一點點的雜訊，然後逐步不斷增加雜訊，直到最後整張圖像變成一整片的隨機雜訊；接著反過來，將雜訊一次一次的過濾掉，讓原來的圖像慢慢顯示出來，直到最後變得跟原始圖像一樣清晰。Diffusion 模型透過這種增加雜訊再逐步去除雜訊的過程，可以從原始圖像中獲取其特徵或結構的重要資訊；接著模型再利用這些資訊，來組合生成具有相似風格、主題和細節的新圖像。

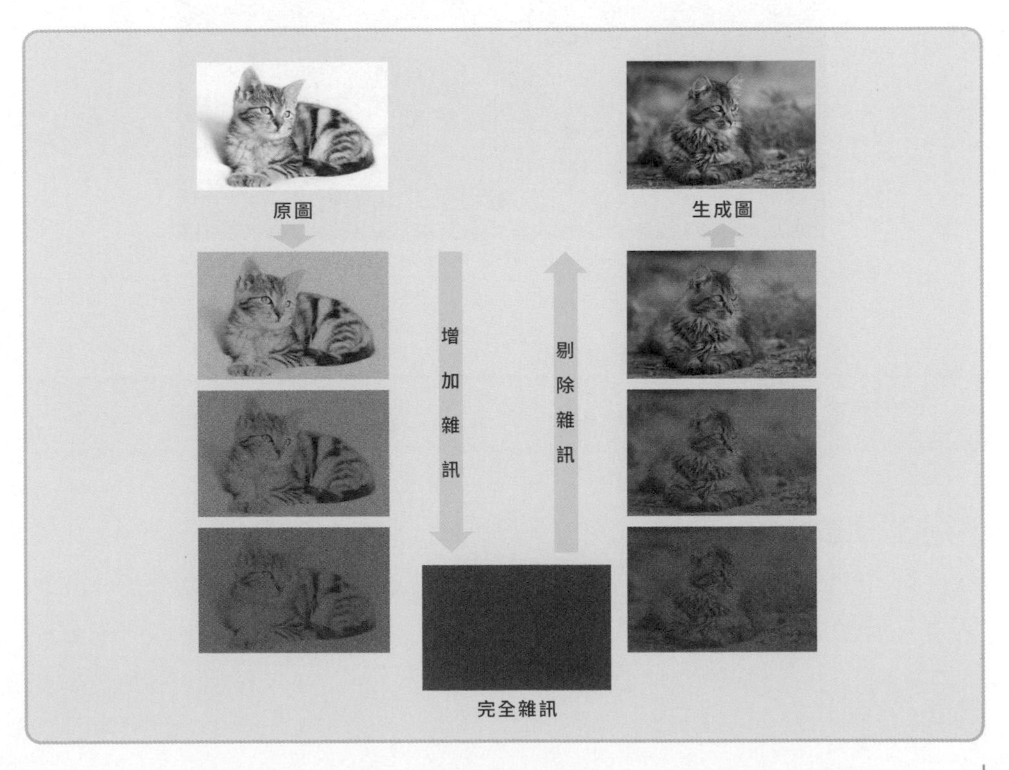

不過具體來說，擴散模型的目標其實是從現有的圖像中，學習要過濾掉哪些雜訊才能讓圖像變得更清晰 (接近原圖)，因此模型生成的其實是雜訊。台大電機系李宏毅老師有個很貼切的比喻，這就像米開朗基羅曾說的：「大衛像已經在（大理石）裡面了，我只是去除多餘的部份而已」。擴散模型就像是雕刻家，在訓練過程慢慢學習哪些資料是雜訊，一刀一刀剔除不需要的部分，就可以生成接近完美的圖像。

▲ 擴散模型就像是從大理石裡面一刀一刀鑿出大衛像（本圖由 Bing 生成）

GPT 模型

GAN 跟擴散模型目前普遍用來生成圖像，另一個近期引爆生成式 AI 全方位應用的 AI 模型就是 GPT，也就是大名鼎鼎的 ChatGPT 背後所採用的技術。以往的模型多半採用監督式學習，需要大量專人整理成井井有條的文字資料，才能進行訓練。而 GPT 模型是由 OpenAI 所開發，採用非監督式學習先進行訓練，除了整理好的語料庫之外，也可使用未整理妥當的文本資料，大幅增加訓練資料的多元性，加上採用了很有效率的處理架構，因此有非常突出成果。

GPT 的全名是 Generative Pre-trained Transformer, 也就是生成式的預訓練 Tranformer 模型，名稱中的「預訓練 (Pre-trained)」指的是針對一般通用性需求所訓練的大型模型，由於需要十分龐大的資料，通常只有少數大企業或大型研究單位才有辦法訓練，一般開發人員可以在此預訓練模型上，以少量資料進行小規模的微調 (Fine-tuning) 訓練，使模型能夠更符合你所需要完成的特定任務。

通用型的自然語言預訓練模型，也稱為大型語言模型 (LLM, Large Language Model)。

至於 Tranformer 是 2017 年由 Google 提出的一種深度學習模型，主要應用於自然語言處理等序列資料類型，可以一次性捕捉序列中不同位置的依賴關係與重要性，有效解決序列資料太長時，無法保留前後關係的難題。

OpenAI 公司以 GPT 模型為基礎，陸續推出許多產品或服務，ChatGPT 就是其中之一，其他像是 Codex、DALL-E 等各是為了不同目的所設計的生成式 AI 服務。

多模態的生成應用

目前的生成式應用已經邁向多模態 (Multimodal) 學習與應用，也就是 AI 會在多種資料類型之間進行協同生成與處理，例如以圖生文 (image2text) 、以文生圖 (text2image) 等，這種多型態的學習也有助於模型更快掌握資料生成的特徵，同時也拓展了 AI 應用的可能性，並為人機互動帶來了更豐富的體驗。

生成式 AI 在發展初期，仰賴開發者透過 API 或其他複雜的形式提交資料，然後才能開始生成你所需要的內容，對於非專業開發者來說是一個相對高的門檻。目前生成式 AI 主流的操作方式是從提示詞 (Prompt) 開始，這個提示可以是文字、圖像、影片、設計、音符或任何能被 AI 系統處理的形式，AI 會根據提示回饋新內容，包括文章、問題解決方案，或是逼真的人物圖像。

在 GPT 等自然語言模型日趨成熟之際，使用者可以用口語描述各種請求，指定內容的風格、語氣和其他要素，也可以 AI 生成的結果為基礎，再依據你的意見回饋重新定義生成結果，使內容更加貼近你的需求。這也是目前主流 AI 繪圖服務所採用的生成方式。

相關技術細節大致就談到這，下一節我們會開始讓各種 AI 繪圖工具一一登場，讓我們一起探索這些創新工具的強大功能和使用方法，打造屬於你的 AI 繪圖夢工廠。

1-3 AI 繪圖服務大亂鬥

前面陸續看到不少 AI 繪圖的作品，相信你已經躍躍欲試，所以接著我們就一一揭曉這些作品是利用哪些工具生成的，本節先針對這些工具做粗略的介紹，下一章開始再詳細說明實際的操作和生圖技巧。

目前你看到的 AI 繪圖作品，都是出自 Midjourney (簡稱 Mj)、Bing Image Creator (簡稱 Bing)、Leonardo.Ai 和 Stable Diffusion (簡稱 SD) 等工具，也是目前最多人使用，運作穩定且功能齊全的軟體服務。基本的比較如下：

軟體	Mj	Bing	Leonardo.Ai	SD
計價	付費	有免費額度	付費 / 免費	免費
圖像風格	以寫實為主，畫風最細膩，藝術創作性高	擬真畫風，畫質較普通	多元靈活，依照不同的模型有不同風格	多元靈活，依照不同的模型有不同風格
難易度	簡單	簡單	普通	進階

Midjourney

特色：

1. 知名度高。
2. 以 Discord 為介面。
3. Niji 模型可以製卡通風格圖像。

▲ Midjourney 擅長繪製精緻度高，寫實的圖像

Bing Image Creator (bing 生圖)

特色：

1. 對中文提示詞的理解最佳。
2. 認得當代知名的人事物, 可生出時事梗圖。
3. 對提示詞的控管嚴格, 有禁言不得使用的機制。

微軟已經將旗下的 AI 對話機器人改稱為 Copilot, 因此此處應該說是 Copilot 生圖才對，不過目前絕大多數人還是稱為 Bing 生圖，本書內文會以多數人習慣的說法為主。

▲ Bing Image Creator 可以生成知名的人事物，
容易創作出時事梗圖，社群發文的能見度很高

Stable Diffusion

特色：

1. 開源的 AI 模型 (含程式碼和模型權重)。
2. 可以自行訓練模型。
3. 自由度高。
4. 對硬體需求較高。
5. 可以雲端執行。
6. 功能最多。

▲Stable Diffusion 可依照不同的模型繪製多樣的畫風

Leonardo.Ai

特色：

1. 整合 Stable Diffusion 功能，再優化介面的版本。
2. 擁有類似 Photoshop 的修圖功能。
3. 可以自行訓練模型。
4. 模型可上傳分享。

▲ Leonardo.Ai 植基於 Stable Diffusion 的基礎上，同樣可駕馭多種風格

除了上述 4 個主要工具外，我們也會補充其他好用的 AI 生圖、影片生成、線上修圖等相關服務，例如先前提到的 DALL-E 3、Firefly, 還有 PixAI.art、Recraft、Krea.ai、TensorArt... 等，也都各有特色，是你不可錯過的好用工具喔！

1-4 生成式 AI 繪圖的法律與道德問題

生成式 AI 繪圖在使用上也延伸了不少問題，目前國內尚無共識該如何使用生成式繪圖，也還沒有明確法律規範。在此先提出幾點各位讀者要注意的地方：

1. **依照國外判例，生成的圖片沒有版權**

   最近美國判決 AI 沒有獲得專利與版權的法律地位。美國《專利法》裡所寫的「individual」一詞僅適用人類，AI 不是 individual, 不能算作專利的發明人；加上美國的著作權法規定，有著作權的作品必須同時符合三項條件：原創作品、為有形媒材、具有最低程度的創造性。雖然目前只是單一的判例，不過很有指標意義，目前一般媒體普遍共識，就是生成式 AI 繪圖的作品是沒有版權的。

   而台灣的著作權法制以「人」作為權利義務主體，包括自然人及法人，而 AI 顯然非屬自然人，台灣也未針對 AI 特別立法使其取得法人資格，故 AI 現在也無法成為著作權人。目前經濟部智慧財產局指出，AI 生成繪圖是否擁有著作權取決於 AI 在創作中的角色。如果 AI 僅是輔助工具，由人類輸入指令、調整修改，且作品是人類原創展現，那該作品就會受到著作權保障；但如果作品大多由 AI 獨立創作，非出自於人類意識或人類參與程度極低，那就不會受到著作權保障。

2. **不要使用未經授權的影像來生圖**

   目前 AI 繪圖最有爭議的一點就是，訓練 AI 模型的過程可能使用到未經授權的影像，從許多生成結果看來，確實有侵權的嫌疑。不過目前各大 AI 繪圖服務並沒有正面回應指控，因此實情如何我們也不得而知。不過在使用以圖生圖之類的功能時（第 2 章開始就有使用），切記不要使用任何未經版權的影像來生圖，就算是自行購買的版權圖庫，也要確認是否有重製的權利，否則都屬於侵權的行為。

3. **使用 AI 生成的影像，請勿標示為自己的作品**

   現在已有創作者將 AI 繪圖做為靈感參考，再自行使用其他工具做出藝術創作。另一方面，AI 繪圖無法完全確定資料來源，圖庫可能會包含到世界各地繪者的創作；在這樣的情形下，如果拿 AI 生成圖宣稱是自己的作品，就可能侵害到繪者的智慧財產權，讓創作族群感到冒犯。為避免誤解甚至衍生爭議，請還是不要將 AI 生成圖標示為個人作品。

4. **(承上) 若是再製作品，也請標註說明 AI 繪製的部分**

   前面有提過，目前有不少設計師或繪師會採用 AI 繪圖做為輔助，為了避免事後衍生任何爭議，若作品繪製過程有使用到任何 AI 繪圖服務，建議可以在作品使用工具加註說明。

5. **盡量不要直接要求 AI 模仿當代藝術家或繪師的風格來生成**

   一般藝術畫作的年限為著作人在世與過世後 50 年期間，擅自要求 AI 繪圖參考某些藝術畫作來創作，雖然目前還未明確視為侵權，但這類行為往往會在設計社群中引起撻伐，建議還是盡量避免。

目前最大的訓練圖庫資料集 LAION

訓練 AI 模型需要大量的資料，現在我們看到 AI 繪圖有這麼亮眼的表現，也是受惠於有許多數量龐大、類型多元的影像資料庫，才有辦法做到。目前像是 Stable Diffusion 或是其他大型 AI 繪圖模型，多半都是使用 LAION (Large-scale Artificial Intelligence Open Network) 這個目前全世界最大的圖庫資料集進行訓練。

LAION 有提供不同規模的圖庫資料集，最大的圖庫收錄達 5~60 億張圖片，而且都是採用 CC 4.0 授權，只要提供出處就可以免費使用。由於 LAION 的圖庫實在太龐大，因此也被發現其中含有少數暴力色情或違反善良風俗的圖片，LAION 承諾採取零容忍策略，會不斷改進過濾機制，自動刪除不當圖片。

不過也不是所有的 AI 平台都使用 LAION 的圖庫，Adobe 就是使用自有的圖庫來訓練 Firefly 等 AI 服務背後的模型，並且標榜圖庫中的內容都是合法且經過授權的圖片，讓使用者可以安心使用。

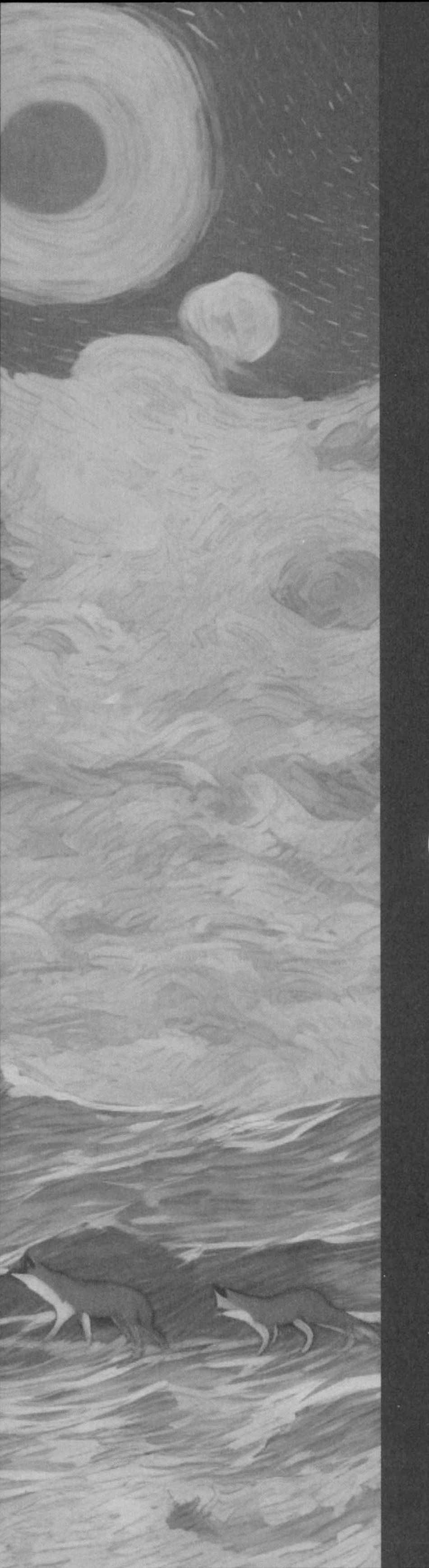

2

Bing Image Creator & DALL · E

在這一章中，我們會介紹兩款最簡單易用的生圖工具，分別是 Bing Image Creator 和 DELL · E。讓初入 AI 繪圖的讀者能立馬享受到文字生圖的樂趣所在，讓我們從這兩款軟體開始，一同邁入 AI 繪圖的世界吧！

Bing 的生圖步驟簡單，適合作為創意發想的起點

2-1 Bing 的生圖工具：Bing Image Creator

Bing 所提供的文字生圖工具，稱為**影像建立者** (Bing Image Creator)，它使用 OpenAI 的 DELL · E 3 模型，生圖的效果也與 OpenAI 官方版的 DELL · E 差不多。但不同的是，目前只要有 Microsoft 帳戶就可以**免費使用**！雖然生成的圖片沒有後續所介紹的繪圖軟體 (如，Midjourney) 精緻，但 Bing Image Creator 對於文字審查非常嚴謹，不會出現禁止未成年觀看或不恰當的圖片。

另外，目前市面上大部份的 AI 繪圖軟體都不支援中文或是太複雜的自然語句，而 Bing Image Creator 的優點在於，**使用者可以輸入非常通順的中英文語句**，例如：「水彩風格的企鵝，有著像氣球一般圓滾滾的身材」，這也讓它使用起來更具靈活性。

微軟已經將旗下的 AI 對話機器人改稱為 Copilot，因此此處應該說是 Copilot 生圖才對，不過目前絕大多數人還是稱為 Bing 生圖，本書內文會以多數人習慣的說法為主。

使用方法

進入 Bing Image Creator 官網

https://www.bing.com/create

由於 Bing Image Creator 為 Microsoft 所提供，使用時建議以 Edge 瀏覽器開啟，不僅可以透過「集錦」功能來蒐藏所生成的圖像，也可以使用 Copilot 聊天機器人來直接生圖。

登入 Microsoft 帳號

❶ 點選

❷ 輸入自己的 Microsoft 帳號並登入

STEP 3 開始創作吧

❶ 輸入中文或英文的提示文字 (Prompt)

雖然免費使用，但仍然有 Credits 限制。每位用戶一開始有 25 點，每生成一張圖片則消耗一點，用完後生成圖片的速度會變慢

❷ 點選建立

所生成的圖像會出現在創作中

點擊給我驚喜，會隨機生成文字提示

> 像 Bing Image Creator 這類的 AI 圖像生成軟體，基本上都是採用 Text to image (文生圖) 的形式。我們會使用文字提示 (Prompt) 來讓模型了解我們的想法，並以此生成圖像。Prompt 的形式可以是一個名詞 (例如，dog)、一句話 (例如，dog is running across the grass), 甚至後續介紹的 Midjourney 或 Stable Diffusion, 會包含其它參數等更複雜的形式。

下載生成圖像

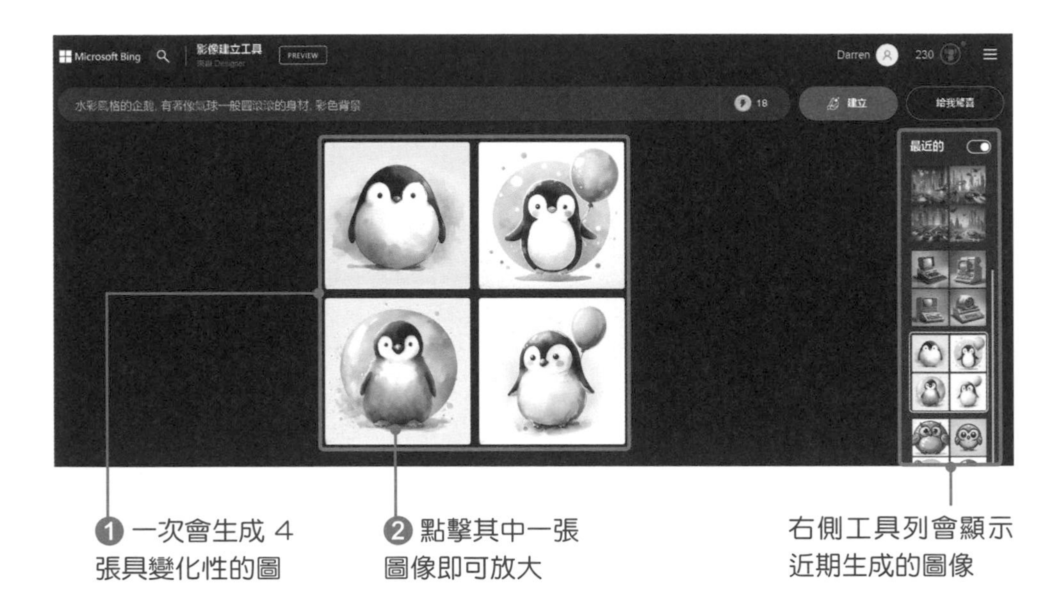

❶ 一次會生成 4 張具變化性的圖

❷ 點擊其中一張圖像即可放大

右側工具列會顯示近期生成的圖像

按此可取得分享連結

按此可儲存到 Edge 瀏覽器的「集錦」中

❸ 按此下載圖像

若是要查看儲存在集錦內的圖片，可以參考以下操作：

Bing Image Creator 所生成的圖像固定為 1024 x 1024 的 jpg 檔，無法像其他 AI 繪圖軟體一樣更改生成圖像的尺寸。另外，在輸入 Prompt 時，建議用**形容詞 + 名詞 + 動詞 + 樣式 / 風格**的格式來輸入 Prompt, 在後續章節中，我們也會介紹更多輸入 Prompt 時的小技巧。

使用 Copilot 聊天機器人直接生成圖像

在 2023 年 7 月份的更新中，Microsoft 將 Bing 生圖的功能整合至 Copilot 聊天機器人中。用此方法生圖的優點在於，如果我們不滿意所生成的圖像，可以請機器人直接修改圖像細節，並生成新的圖像。使用 Copilot 生圖的步驟如下：

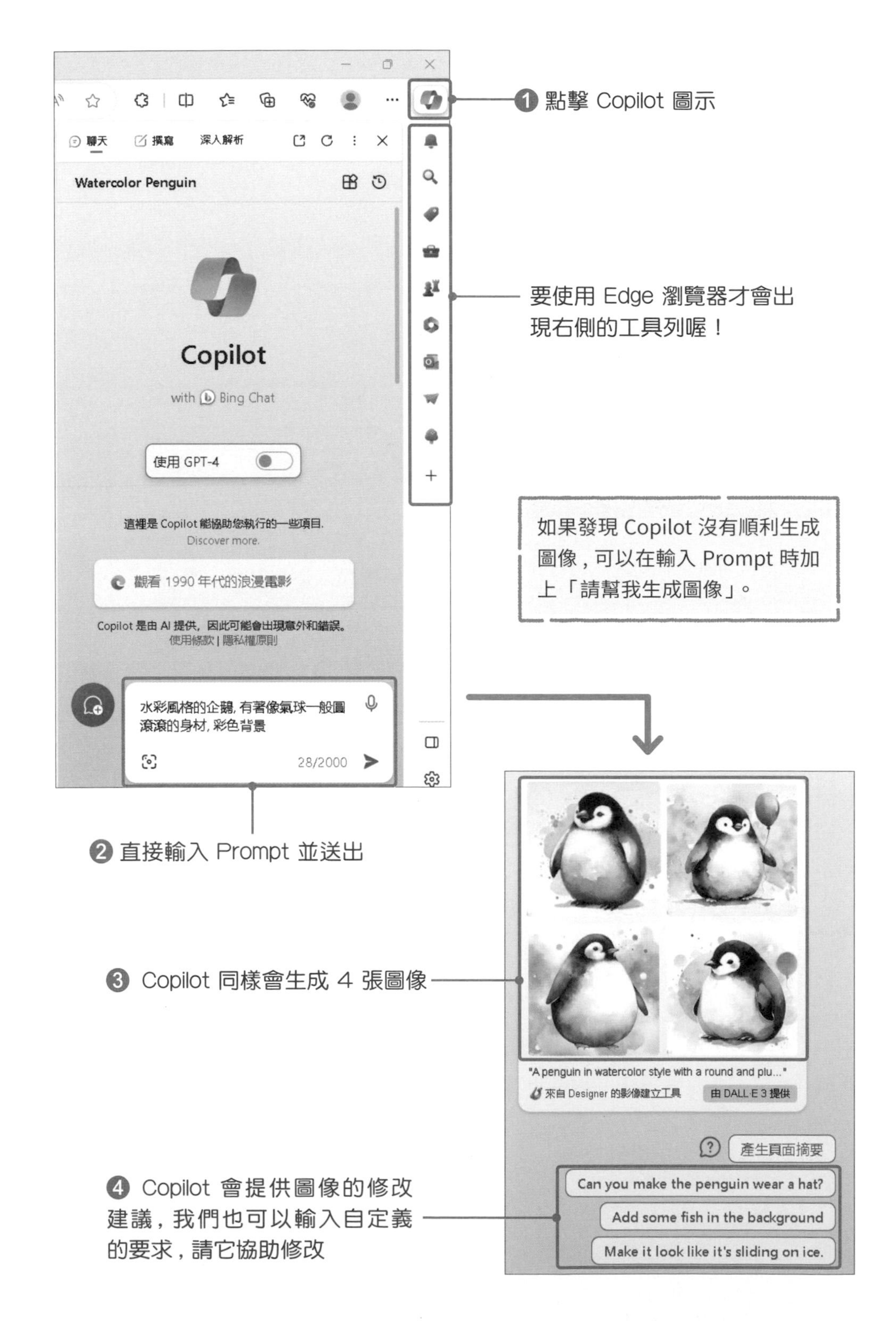

如果發現 Copilot 沒有順利生成圖像，可以在輸入 Prompt 時加上「請幫我生成圖像」。

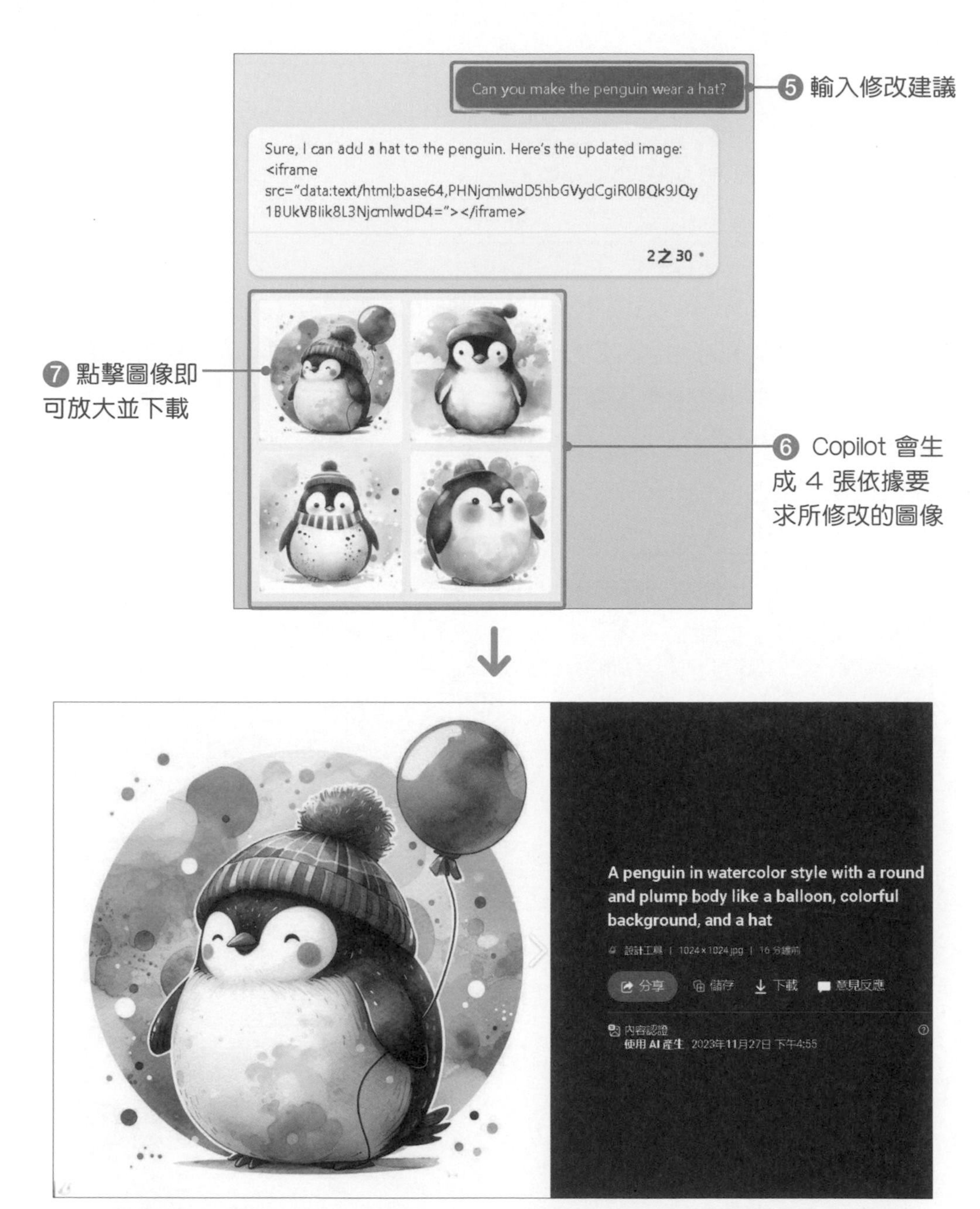

▲點選圖片後會進入 Bing Image Creator 官網，可以依照先前的步驟儲存或下載

Bing Image Creator 和 Copilot 的操作簡單，只要幾個步驟，就算是沒學過美術的讀者，也能化身成為藝術家，生成出天馬行空的各種創作！

2-2 DALL · E

DALL · E 是由 OpenAI 研發的 AI 圖像生成模型，可以生成各種風格迥異的圖像，也是 Bing Image Creator 所使用的底層模型，所以我們也可以使用流暢的自然語句來生成圖像。但與 Bing Image Creator 不同的是，在 OpenAI 官網使用的話，我們可以對所生成的圖像進行更細緻的修改，或是新增圖像框來擴增背景。

> 注意：目前 DALL · E 是否可以免費使用，依照您的註冊時間而定。
>
> 2023 年 4 月 6 日前註冊 DALL · E 的用戶每個月都可以獲得免費的 15 Credits, 期限為一個月 (無法延續到下個月使用), 每月的同一日期會自動補充 (但在 29、30、31 日註冊的話會在 28 日補充)。
>
> **若是在 2023 年 4 月 6 日之後註冊的帳戶皆沒有免費 Credit, 用戶需要自行購買。**

使用方法

STEP 1 進入 DALL · E 官網

https://labs.openai.com/

STEP 2 登入 OpenAI 帳號

Welcome back

Email address

Continue

Don't have an account? Sign up

OR

Continue with Google

Continue with Microsoft Account

Continue with Apple

輸入帳號密碼並登入

可使用 Google 帳號直接登入

STEP 3 輸入 Prompt 即可生成圖片

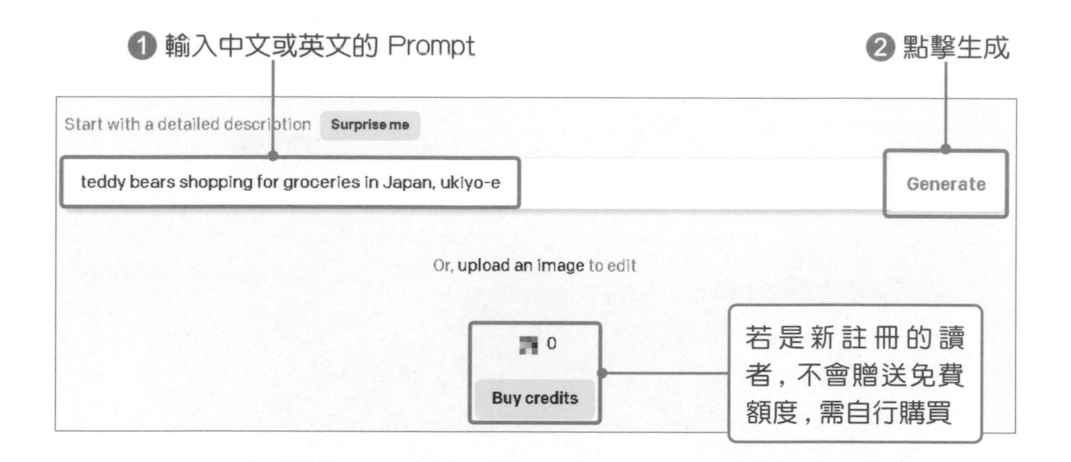

▲DALL・E 會生成 4 張圖像，選擇一張你喜歡的吧！

點擊圖片後可以編輯與儲存

▲ 點擊 Variations 後會產生變化版的圖像

圖像編輯

生成圖像後，DALL · E 有一個非常強大的功能，就是我們可以直接對生成的圖像進行編輯，這個功能可以讓我們對原有的圖像進行擴增、修改或移除不想要的物件。

STEP 1 使用圖像編輯功能

STEP 2 擴增圖像背景

注意！如果想讓新圖的風格和原圖相似，在拖曳圖像框時，請確認圖像框有覆蓋到原圖，新圖才會依照原圖的風格來生成。

❶ 可選擇 4 張不同的新圖像

❷ 滿意的話可以點擊 Accept 確認

DALL · E 會依據所輸入的 Prompt 及原圖風格來生成新的圖像。在此範例中，我們輸入了 Prompt：groceries in Japa, ukiyo-e

STEP 3 移除或修改圖像中的物件

❹ 輸入新物件的 Prompt 並生成

❸ 將新圖像框覆蓋至透明區域

Edit vegetable Generate

Generation frame: 1024 x 1024

Undo

❶ 使用擦除功能移除不想要的物件

❷ 點擊新增圖像框

▲ 這個功能可以方便地移除或更換圖像中的物件。在此範例中，我們覺得玩具熊不太適合出現在蔬果區，所以輸入 Prompt：vegetable 來將玩具熊替換為蔬果

雖然 DALL·E 所生成圖像沒有本書介紹的其他 AI 繪圖工具精緻，但是品質穩定且非常容易上手，非常適合新手玩玩看。但是，在 2023 年 4 月 6 日之後註冊的帳戶無法免費使用，筆者建議可以改用 Bing 或是後續介紹的 Leonardo.Ai 等免費生圖工具。

特別採訪

邱維添 Introversify

我來自馬來西亞，來台灣工作已經超過 7 年了，目前是一名電腦工程師，業餘時間則會經營跟 IT 產業相關的 YouTube 頻道。因為在 IT 產業，一直有在關注相關的技術趨勢。2022 年注意到生成式應用的崛起，和以往的 IT 技術很不一樣的是，生成式 AI 可以採用一般自然語言來跟電腦溝通，只要輸入文字就可以有各種產出，非常直觀、操作也很簡單，看得出很有發展潛力就一頭栽下去了，目前 YT 頻道也是以 AI 繪圖的教學為主要內容。

不侷限工具，熱門、好用的都試試

由於 2022 年就開始接觸 AI 繪圖，當時還是以 Midjuorney v2 為主，也配合 Midjourney 的操作方式，學著開始使用 Discord。後來 DALL-E 2、Stable Diffusion 也陸續問世了，由於 SD 功能較多，所以使用的機會也大幅增加。

AI 繪圖工具在使用上各有特色，以現在來說，工具的選擇多不勝數，只要是比較熱門的新平台，或是在業界引起話題的工具，我都會想要試試看，有些新的平台真的滿好用的，而且功能一直在進化，感覺都快趕不上新功能發佈的速度了！像 OpenAI 最近推出的 DALL-E 3, 用戶可在 ChatGPT 中直接使用，對於 Prompt 的理解和操作就比一開始的 Midjourney 友善許多，只是 ChatGPT 沒辦法指定知名人物或特定藝術家的藝術風格來生圖，這方面得靠同爲 DALL-E 3 爲基礎模型的 Bing Image Creator 才行，但又有次數限制（嘆氣）。目前大部分會用 DALL-E 3 來生圖片，Stable Diffusion 則多用來生成動畫，SD 上的 AnimateDiff 就是最近很流行的，且使用上也很方便的動畫擴充。

準確提詞比堆疊很多關鍵字重要

AI 生成是以提詞為主要的操控方式，一開始使用 Mj 的時候，詠唱的精準度很難捉摸，要實現自己心中的構圖必須反覆測試，往往最後還是會有落差。現在雖然已經穩定許多，不過如果要做到複雜的場景構圖，還是要特別注意詠唱的內容和場景描述的前後順序，像是權重配比、反向提詞等等 (DALL-E 就不適用了), 都是進階的 AI 繪圖需要的技能。

在 Mj 上，我最滿意的作品，往往最後生圖的提詞都不會超過 20 字，因為你下的關鍵字越複雜，關鍵詞之間就會互相干擾，場景中最重要的關鍵字反而容易被忽略，因此，我覺得使用 Mj 時，應該要練習盡可能簡化你的提詞。

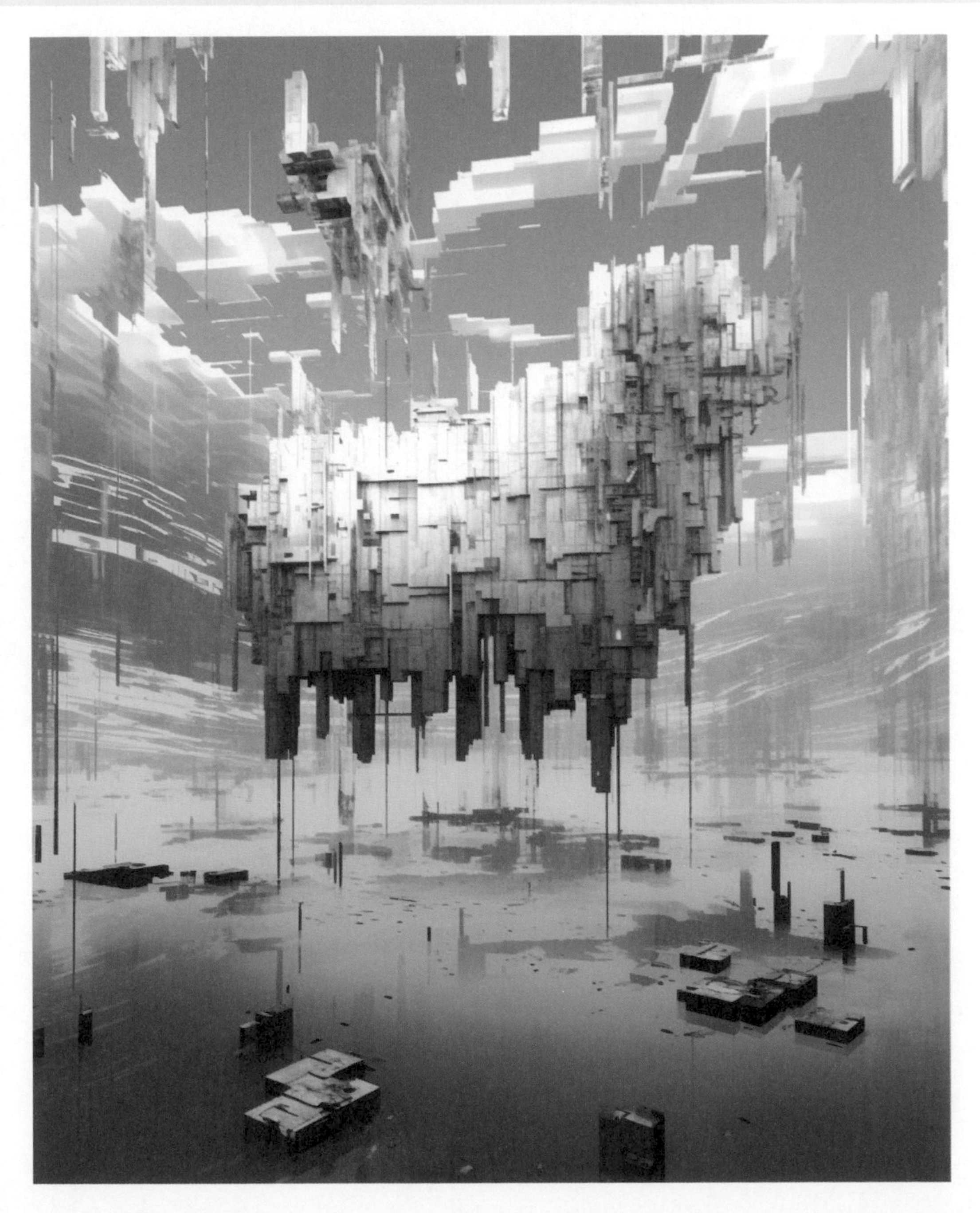

DALL-E 生圖雖然可以使用中文，但 AI 對中文的理解性較差，建議還是以英文提詞為主，準確性和還原度都會好很多，敘述上不用太在意文法，關鍵字有出現就有效。至於 Stable Diffusion 個人覺得還是滿靠運氣的，不同的權重設定差異很大，需要反覆測試才能找到適合的比例，建議可以找 AI 繪圖大神們的範例，先依照他們提供的提詞或種子，比較能準確生出你想要的結果。目前 SDXL 對於提詞的語意理解力大幅提升，但 SDXL 的硬體門檻實在太高，一般人不容易切入。

用 AI 繪圖才能呈現的荒謬情境

前一陣子參加了 Dimension Plus 舉辦的 VS AI Street Fighter 的 AI 繪圖競賽，比賽限定以 Midjourney 生圖，還記得最後決賽的題目是：仿生人會夢見電子羊嗎？(編註：出自電影銀翼殺手原著小說名稱 Do Androids Dream of Electric Sheep?)。最終我生成的作品是在一個很有駭客任務氛圍的空間，中間有一個綿羊的外型的幾何物體，線條非常鮮明，很榮幸獲得現場觀衆和評審的青睞，並順利贏得冠軍。

另外，最近 DALL-E 的生成品質大幅提升，自己有嘗試描述一些極其荒謬的情境來生圖，像是：在傳統菜市場賣軍火的阿嬤，而且提詞的關鍵字非常精簡，只要幾個字就生得出來，這樣的場景大概只有利用 AI 繪圖才看得到吧！

給 AI 繪圖入門者的話

新手要進入 AI 繪圖領域，建議可以多多嘗試不同的平台和工具，這個領域的進展神速，半年前學到的經驗法則現在幾乎都不管用了，所以做就對了，不一定要搞得很懂，也不一定要跟上最新的版本，找到一個自己可以發揮很好的平台，開開心心生圖最重要。AI 繪圖可以讓像我這樣沒甚麼美術細胞的人，也可以讓腦海中的想像力完全展現，自由揮灑各種想法與構想。

現在 AI 繪圖在台灣已經算是很普遍了，我有注意到社群上願意分享自己 Prompt 的朋友還不多，大部分玩家都不太願意公開生圖的 Prompt, 我個人還是建議大家多多分享生圖的經驗，反正生出來的圖片目前也沒版權，AI 繪圖技術又日新月異，不如多分享、多幫助更多新手，讓 AI 繪圖的社群可以更加蓬勃發展。

魔杖
(台灣製)

文具&玩具
(開學季買二送一)

螞蟻上樹

紅燒獅子頭

Midjourney

Midjourney

在現今 AIGC 的生成時代, ChatGPT 引爆了 AI 文字生成的浪潮。而在 AI 繪圖領域, Midjourney 可以說是這方面的領頭羊。就算沒有親自使用過 Midjourney, 肯定也聽過它的名聲。與其它 AI 繪圖軟體不同的是, 就算僅僅輸入簡單的 Prompt, Midjourney 也能夠生成非常精緻的圖像。基於這點, 就算我們沒有相關的藝術背景, 也能搖身一變成為大藝術家!

與其它 AI 圖像生成軟體相比，Midjourney 所生成的圖像非常精緻、不同模型也能呈現多種風格。在本章中，我們會深入淺出地講解 Midjourney 的基本使用方法、提示詞格式與各種進階應用，就算你沒有使用過類似的圖像生成軟體，也能夠簡單上手。準備好了嗎？馬上來試試看吧！

注意！目前 Midjourney 已經取消了免費帳戶可生成 25 張圖像的額度，須付費才能使用。Midjourney 的月費分別為 10（基礎版）、30（標準版）、60（進階版）、120（專家版）美金，一次購買整年則有 8 折優惠。基礎版每月約可生成 200 張圖像（依算圖的複雜度會有些微差異），其它版本則無用量限制，並會加快圖像生成速度。如果使用量不高的話，基礎版提供的 200 張圖像就綽綽有餘了。

3-1 快速上手 Midjourney

Midjourney 需要搭配 Discord 來使用，**若沒有 Discord 帳戶的讀者則需先進行註冊**。Discord 是一個社群聊天軟體，使用者可以依主題參與或建立社群。於此基礎上，Midjourney 有著豐富的社群互動性，我們可以在官方頁面中即時看到其他人所生成的圖像，也能作為創意發想的參考。

Midjourney 的使用方法非常簡單，只要在 Discord 的對話框中輸入斜線指令 **/image** 及描述圖像的 Prompt，就能在對話訊息中看到所生成的圖像。讓我們一起來化身為 AI 繪師吧！

進入 Midjourney 官網

```
https://www.Midjourney.com/home/
```

STEP 2 點選 Join the Beta 快速開始

▲ Midjourney 官網

❶ 點選

❷ 輸入使用者名稱

若已經有 Discord 帳號的話，可按此登入

❸ 點擊繼續後，會跳出 Discord 帳號的申請視窗

STEP 3 進入 newbies 頻道

❶ 進入 Midjouney 的 Discord 主頁

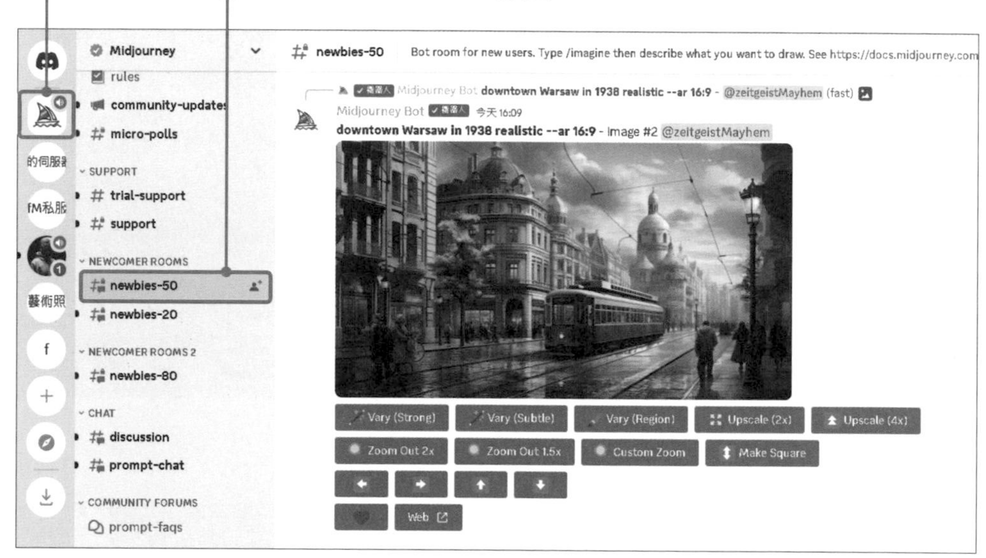

STEP 4 付費購買使用資格

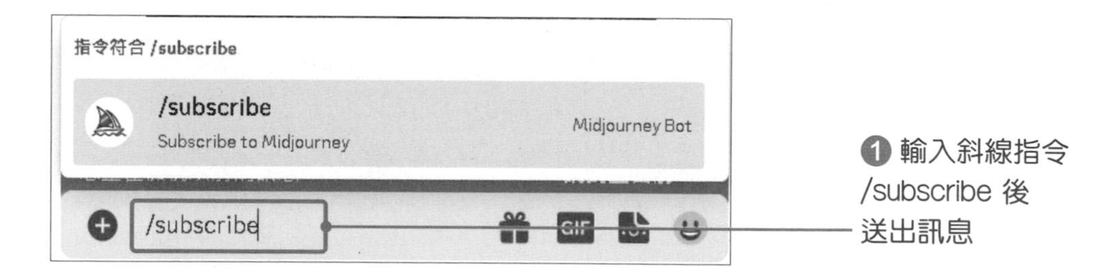

❶ 輸入斜線指令 /subscribe 後送出訊息

❷ 點擊開啟付款頁面

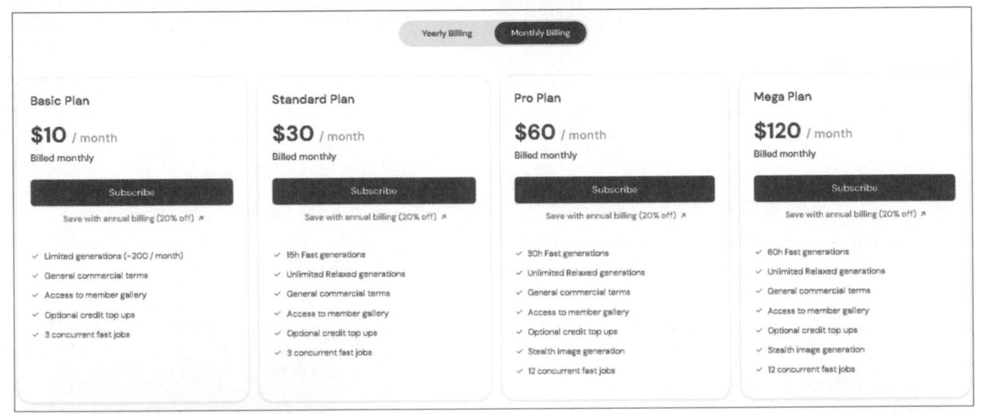

▲ 接著會進入到選擇付款方案頁面，如果只是想測試玩玩看的話，基礎版就非常夠用了！但如果是要進行一些商業應用（例如 logo 生成），需要生成較多的圖像跟調校，則建議購買 30 美元的標準版

◀ 接下來填寫信用卡付款資訊後，確認付款後就能使用 Midjourney 了

STEP 5 輸入 Prompt 來生成圖像吧

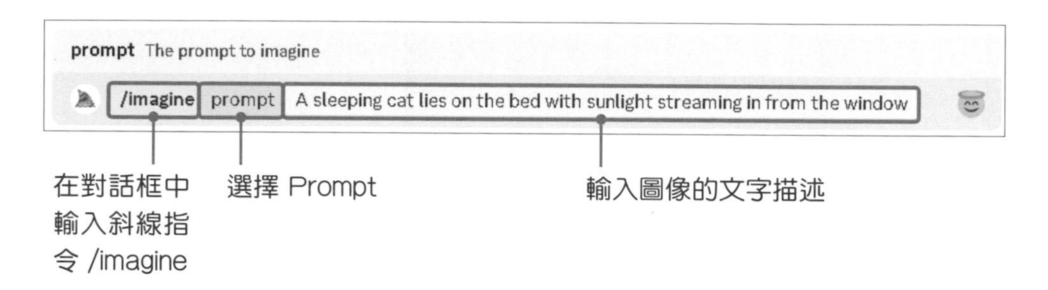

在 Midjourney 的 Prompt 中，開頭格式為 **/imagine prompt < 文字描述 >**。建議輸入「英文」的描述，而我們後續也會介紹更多 Midjourney Prompt 的進階用法。

注意！第一次使用的讀者，應該會出現接受使用條款的訊息。若頻道的使用人數眾多時，訊息可能會很快被洗掉。這時可以重新輸入 /imagine, 讓系統重發驗證訊息。

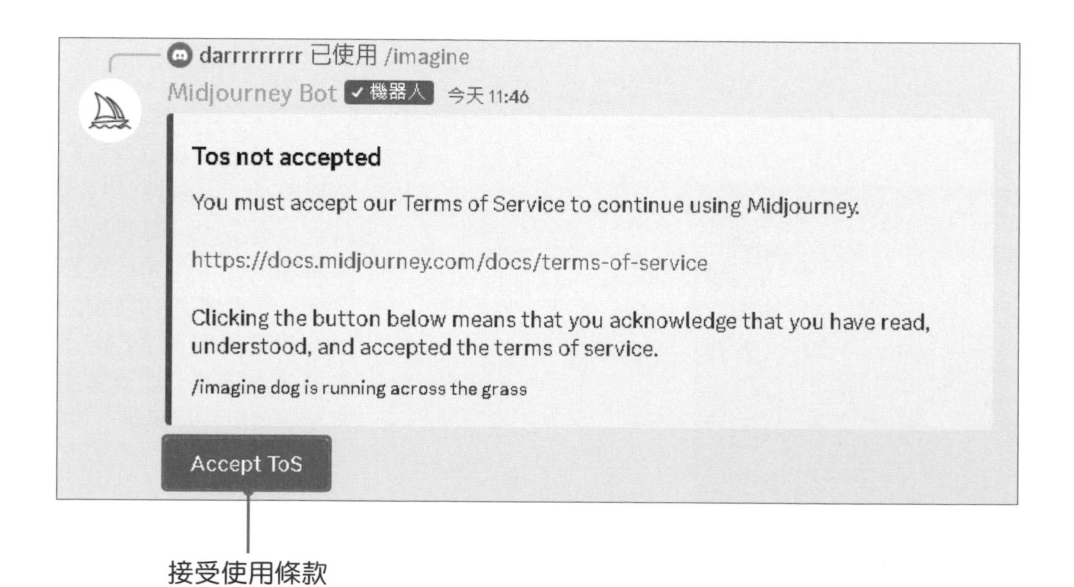

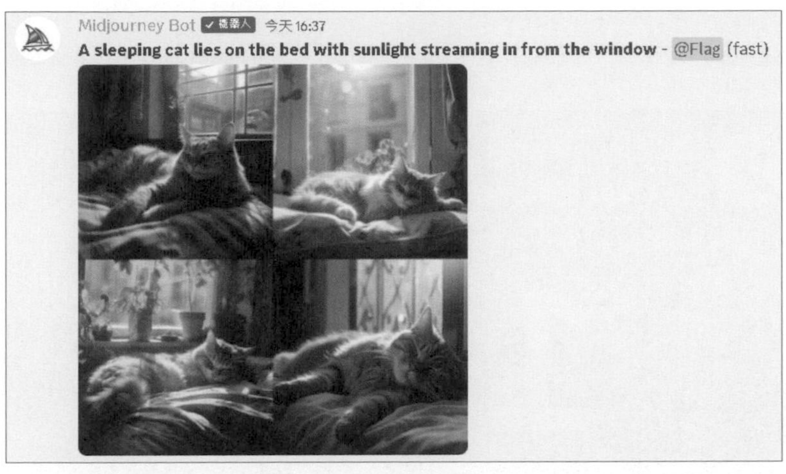

▲ 送出訊息後，Midjourney 會開始生成圖像，約等待幾秒鐘，可以發現圖像會從模糊慢慢變清晰，並加入更多細節

STEP 6 使用基礎按鈕功能

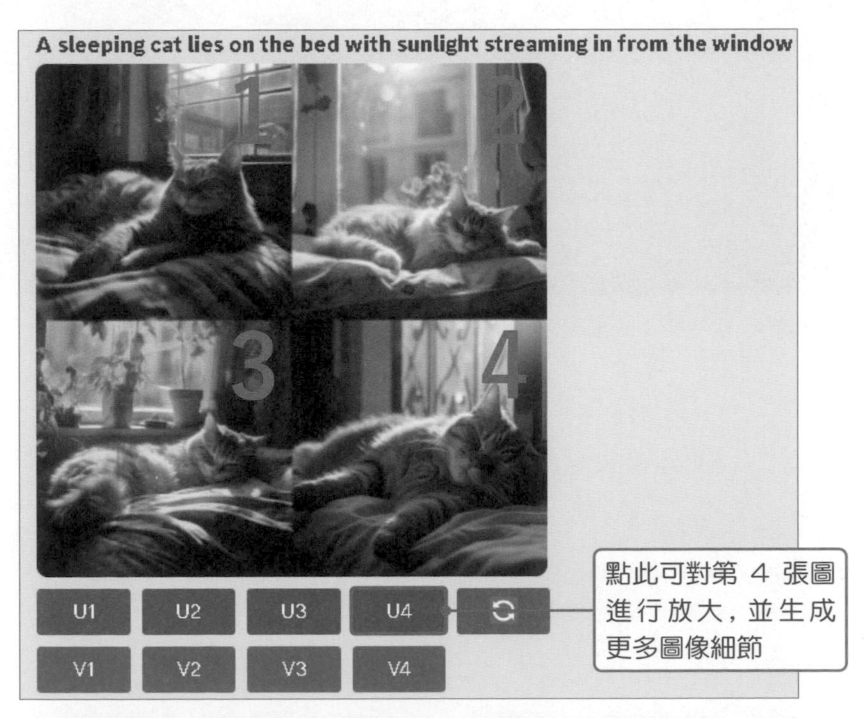

▲ 生成圖像後，我們可以在圖像下方 U 系列和 V 系列的按鈕，分別代表放大 **Upscale** 和變化 **Variation**，而按鈕上的數字 (1 ~ 4) 則分別對應圖中的位置

Midjourney 的基礎按鈕功能

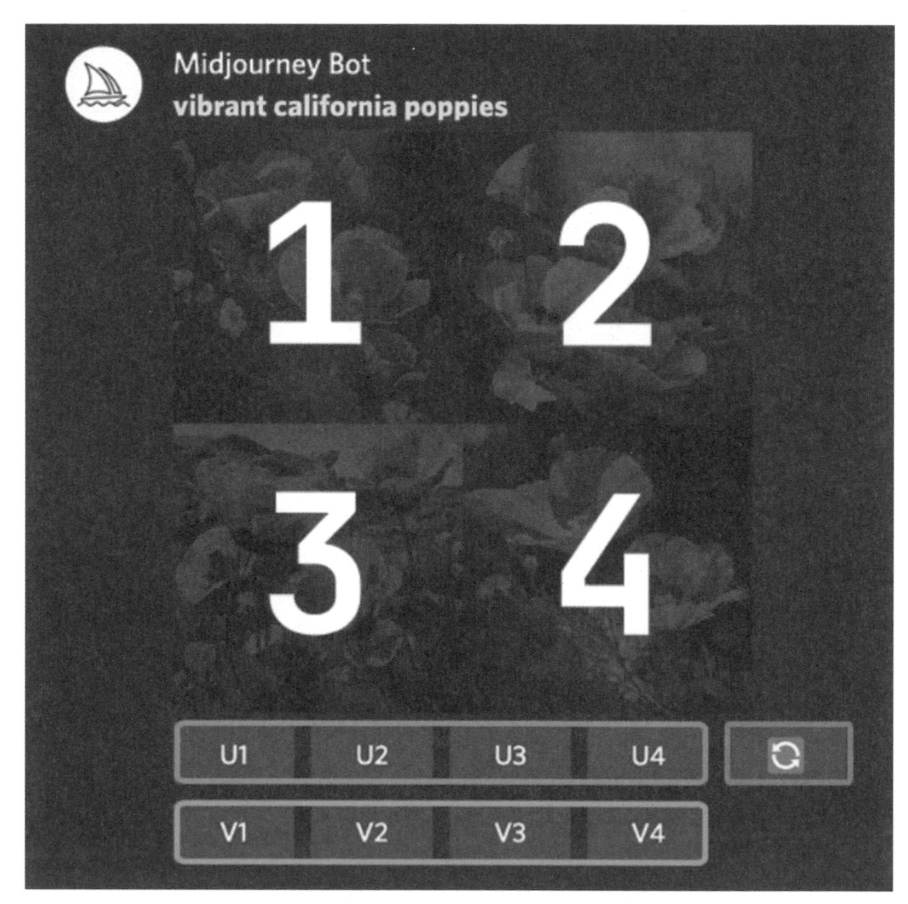

▲ 基礎按鈕功能 (圖像來源：Midjourney 官網)

U1 U2 U3 U4 :

點擊 U 系列的按鈕可以放大該對應的圖像 , 並生成更多圖像細節。

V1 V2 V3 V4 :

點擊 V 系列的按鈕會生成對應圖像的變化版 , 新圖像的風格和構圖會有些微的變化 (這邊不是更改 Midjourney 版本喔 , 別搞混了 !)。

🔄 :

點擊 re-roll 🔄 按鈕會重新運行模型 , 產生完全不同的 4 張新圖像。

儲存圖像

▲ Midjourney 會重新回傳新增細節後的圖像

❶ 點擊圖像來放大

❷ 點此會開啟新分頁，並將圖像放大至 1024 X 1024 大小

❸ 點擊右鍵並選擇另存圖片

Prompt：A sleeping cat lies on the bed with sunlight streaming in from the window

進階按鈕功能

在使用 U 系列的按鈕後，Midjourney 會回傳新增細節後的圖像，底下會出現其它的進階按鈕，讓使用者可以對圖像進行進一步的修改 (目前僅 V5 系列可使用完整功能), 功能說明如下：

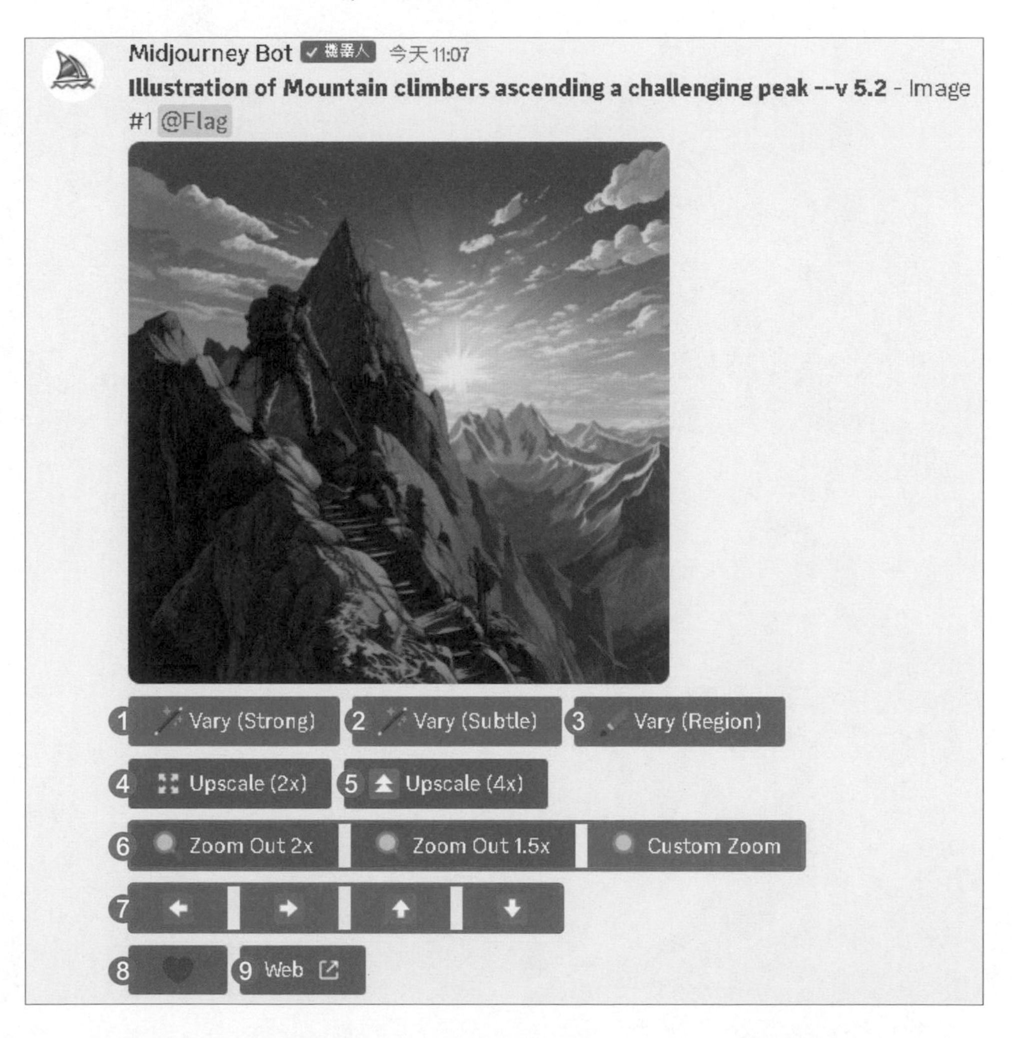

❶ 產生強烈變化版的新圖像
❷ 產生細微變化版的新圖像
❸ 對圖像進行局部修改
❹ 2 倍放大 (2048 X 2048)
❺ 4 倍放大 (4096 X 4096)
❻ 鏡頭縮放功能
❼ 擴展圖像功能
❽ 將圖像加入至最愛
❾ 在官方頁面中開啟圖像

讓我們進一步介紹這些進階按鈕的功能：

- **Vary (Strong)：強烈變化**

▲ 可以針對原圖像重新生成 4 張大幅度修改的新圖像

● **Vary (Subtle)：細微變化**

▲ 可以針對原圖像重新生成 4 張小幅度修改的新圖像

- **Vary (Region)：局部修改**

▲ 點擊後，會跳出新視窗，允許我們對圖像進行局部修改

◀ 成功將背景的山換成海洋了！

- **Zoom Out：鏡頭縮放**

▲點擊 Zoom Out 系列按鈕後，會縮小原圖，可以想像成將拍攝鏡頭拉遠

● ← → ↑ ↓：擴增圖像

▲◀ 點擊箭頭按鈕後，可以擴展原圖的左右上下區域，尺寸會調整為原圖的 1.5 倍大小

在公開伺服器尋找之前的圖像

在 newbies 頻道中發送訊息時，如果頻道內使用者的人數眾多，發送的訊息可能很快就會被洗掉。這時可以**點選右上角的收件匣**，然後**點選提及**，就可以找到之前生成的圖像了！

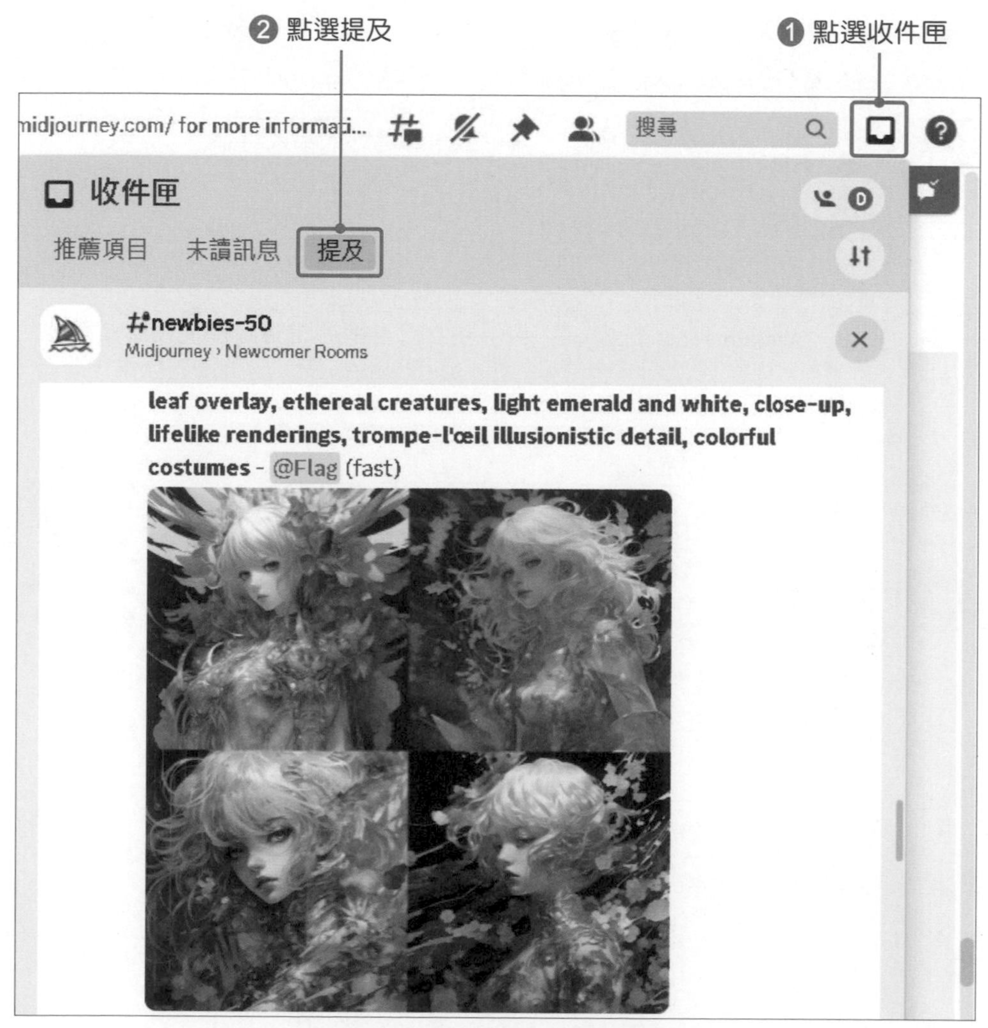

▲ 從收件匣可以快速找到發過的訊息

與 Midjourney 的私人小天地

已經購買 Midjourney 付費版的讀者，可以在私人訊息中使用 Midjourney。這樣就不用再到公開伺服器與眾多用戶人擠人，也可以保有自己的隱私！進入私人訊息的步驟如下：

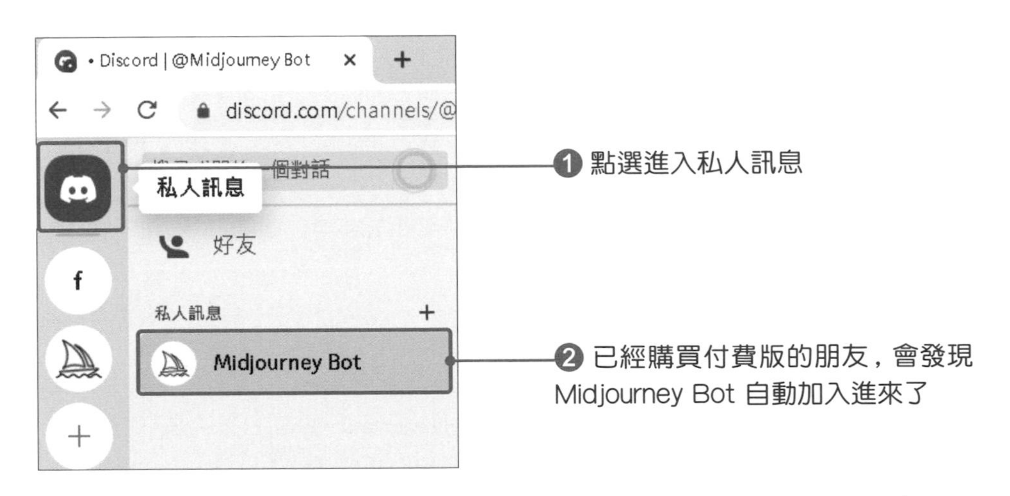

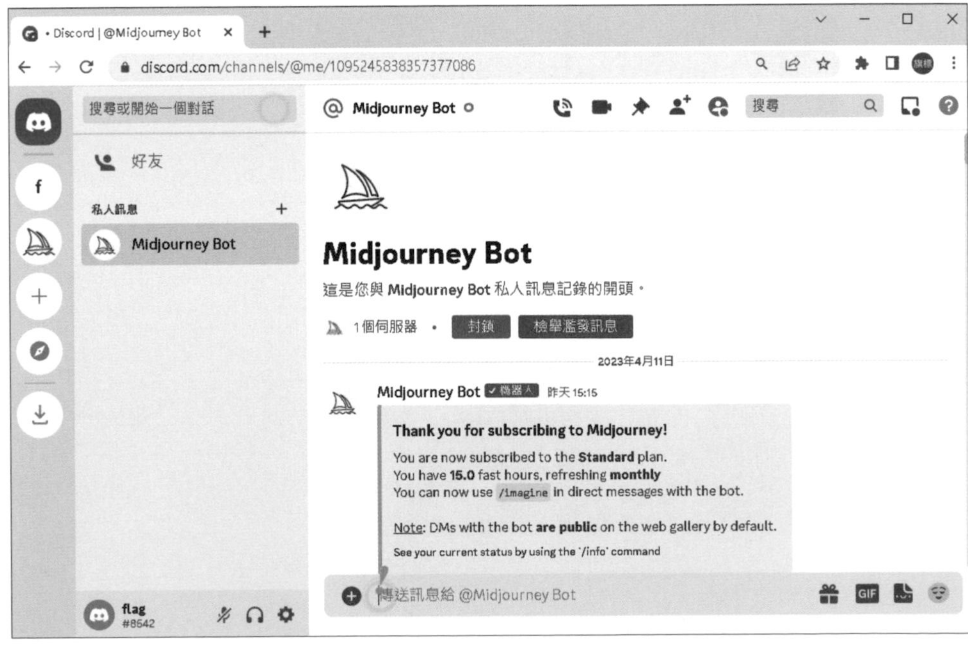

▲ 接下來就可以在私人訊息中使用 Midjourney 了！

3-2 Midjourney 的模型版本差異

Midjourney 推出至今，總共歷經了好幾個不同的模型版本 (V1、V2、V5…V6.0)，各種模型的繪圖風格、圖像精細度、創意性皆不同。除此之外，Midjourney 還提供了專門繪製動漫風格的 Niji 4 和 Niji 5 版本。

Midjourney 目前的預設模型為 V5.2，若想修改的話，只要在 prompt 的末尾輸入 **--v< 空格 >< 版本數字 >** 即可。例如，如果想讓所生成的圖像版本為 V4 的話，就輸入 **--v 4** (注意！中間要加入空格)。

輸入 /settings 來快速替換模型版本

另一種方便替換模型版本的做法，就是在對話框中輸入 **/settings**，系統會自動跳出預設參數選項，我們可以依據自己的喜好來修改預設的模型。舉例來說，我們可以選擇 Niji Model V5，這樣以後生成圖像時都會變成美美的動漫風格了！

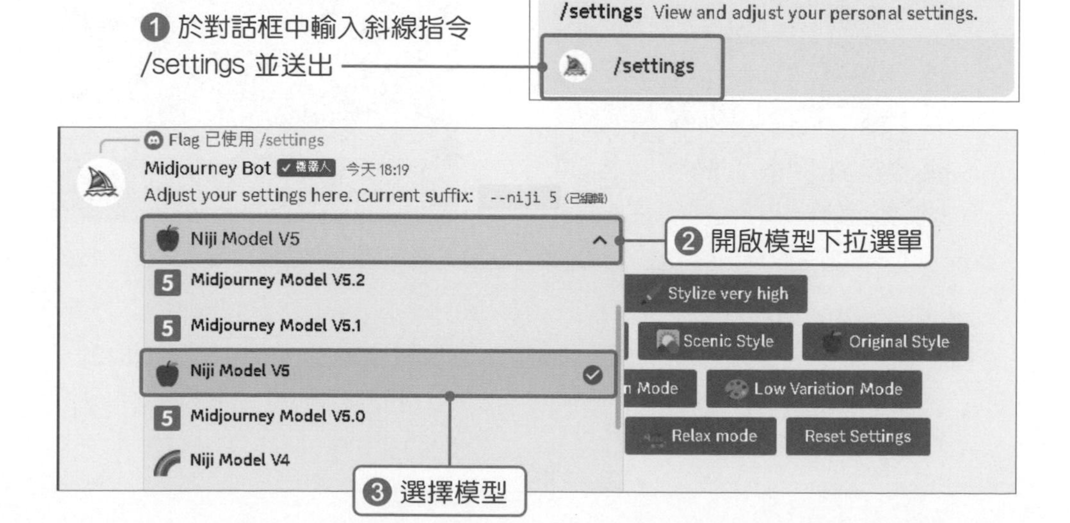

除此之外，/settings 也可以修改許多預設參數，我們後續會介紹其他參數的功能。

Midjourney V 系列模型

在最新的 V5 系列及 V6 模型中，不但可以生成更高清的圖像，也改善了 AI 不擅長繪製手部的毛病 (舊版常會出現多一根或少一根手指的情況)。所以，如果想生成真人圖像的話，建議使用 V5 系列及 V6 模型。

V1

V2

V3

▲ 前三個模型的所生成的圖像有點讓人摸不著頭緒，精緻度也普通

下圖為筆者輸入 Prompt：A beautiful girl playing guitar，各模型所生成的圖像。從圖中可以發現，V4 版本的手指出現了明顯的錯誤，而這個情況到了 V5 及 V6 就改善許多。

V4

▲模型為系列的一大躍進，有相當好的精緻度與創意性，但常會出現手指錯誤的情況

V5.0

▲V5.0 模型主打寫實風格，生成的圖像與真人照片非常相似

V5.1

▲V5.1 相當於 V4 及 V5 的混合版，在真人圖像的基礎上添加許多創意性

V5.2

▲可以發現，最新版的 V5.2 精緻度又更高了！

V6

◀V6 模型可生成媲美專業攝影的真實照

Niji 模型版本

如果你想繪製二次元風格的圖像，那一定不能錯過 Niji 模型。Niji 能夠生成非常精緻的動漫風格人物。在不同版本中，Niji 4 較具有創意性，但從下圖中可以發現，有時在生成人物手指的細節上出現小錯誤；而 Niji 5 則有著更高的穩定性和圖像品質。

3-3 Midjourney Prompt 的進階用法

Prompt 也可以用中文輸入，但是經過測試，效果並不精準，所以建議用英文進行輸入。從下圖中可以發現，Midjourney 在生成中文描述的圖像時，沒辦法精確地達到我們的要求。

Prompt：動漫少女風格的高科技火車

Prompt：一碗泡麵，上面墊著一本書

Midjourney 的 Prompt 不只可以輸入文字描述 (文生圖), 我們還可以輸入**圖像網址**，讓 Midjourney 產生類似風格的圖像 (圖生圖), 也可以使用**參數**來改變圖像的內容、尺寸，如下圖所示。

▼ Prompt 的用法 (圖像來源 : Midjourney 官網)

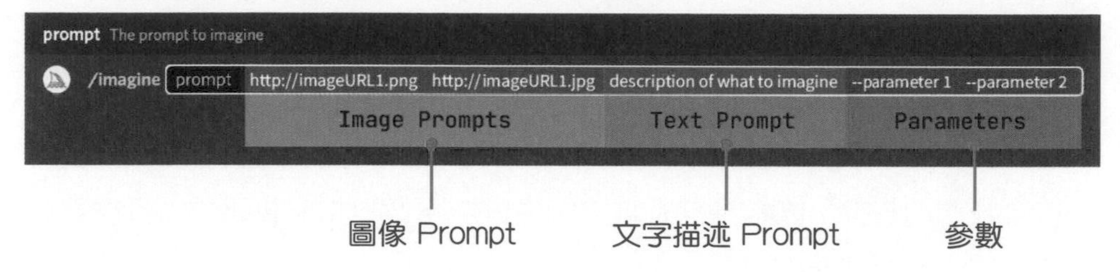

Midjourney 的 Prompt 是由 3 個部分組成 (圖像、文字描述、參數), 讓我們從文字描述 Prompt 開始分別介紹吧 !

文字描述 Prompt (文生圖)

在輸入文字描述 Prompt 時，建議給予清楚、具體的**英文**描述。在 Midjourney V4 以前的模型版本中, 由於模型較難理解長句子, 所以通常會使用「半形逗號」來分隔每個單詞, 而且這種方法能夠有效地加強每個字的影響力；而在 Midjourney V5 之後的模型版本中, 就算使用自然通順的描述語句也會有不錯的效果。

另外，盡量不要使用曖昧不明的形容詞及複數詞, 例如,「gigantic」會比「big」來得更明確、「flock of birds」也會比「birds」更好。在給予文字描述前，建議可以在心中想像下列的的圖像細節，並用具體的形容詞來描述：

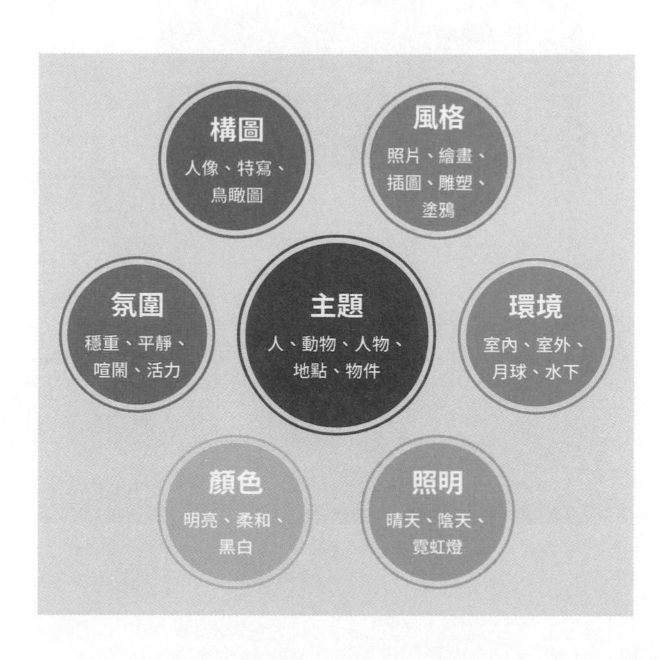

舉例來說，如果我們想生成一張「釣魚老翁的古風畫」，我們可以依序想像圖像的**主題為 Old man fishing、風格 Chinese painting、環境 Outdoors、照明 Sunny、顏色 Black and White、情緒 Warm、構圖 Landscape**。將這幾個圖像細節輸入 Midjourney 後，所生成的圖像會比較符合我們的想像，也能更容易掌控所生成的圖像風格。接下來，就讓我們一步一步來修改圖像細節吧！

◆ **Midjourney Prompt：**

```
Old man fishing, Chinese painting, Outdoors, Sunny, Black and White, Warm, Landscape
```

● 輸出圖像：

▲ 釣魚老翁的古風畫

在 Midjourney 中，我們可以在關鍵詞後加上「**::< 數值 >**」來改變關鍵詞的權重。例如我們希望在剛剛釣魚老翁的圖上加入更多「山」的元素，並以其為主角，可以在剛剛的 Prompt 中加入「mountain::2」來增加山的權重，範例如下。

◆ **Midjourney Prompt：**

```
Old man fishing, Chinese painting , Outdoors ,Sunny ,Black and White, Warm, Landscape, mountain::2
```

● 輸出圖像：

▲山的元素加強了！釣魚老翁漸漸淪為配角

「::」也可以用來移除圖像中不想要的元素，如果我們不希望在圖中出現「樹木」，可以在剛剛的 Prompt 中加入「tree::-0.5」，修改如下。

◆ **Midjourney Prompt：**

```
Old man fishing, Chinese painting , Outdoors ,Sunny ,Black and White, Warm, Landscape, mountain::2, tree::-0.5
```

● 輸出圖像：

▲圖像中的大樹都消失了！

圖像 Prompts (圖生圖)

圖像 Prompt 允許我們加入 1 到 5 張圖像，並將多張圖像的風格結合，如下圖所示，但經筆者測試，不建議同時上傳太多圖像，產出的結果會較不穩定。另一種方法是上傳 1 張圖像，並搭配文字 Prompt 來產生想要的風格。

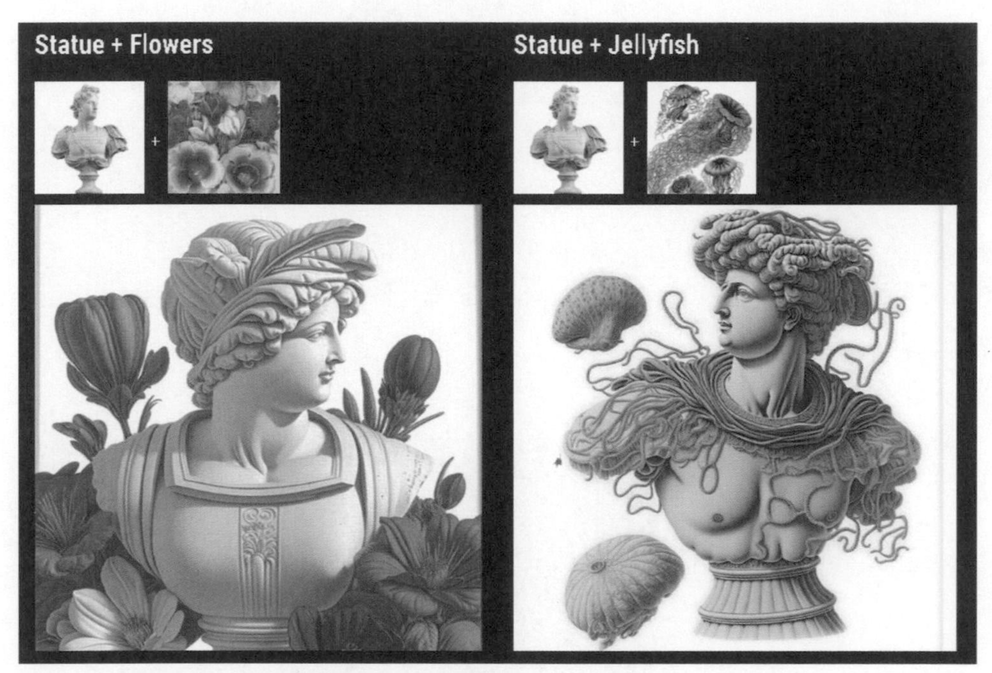

▲ 圖像風格結合 (圖像來源：Midjourney 官網)

只要點擊對話框中的加號並選擇上傳文件，就可以將本機位置的圖像上傳，步驟如下：

STEP 1 上傳檔案

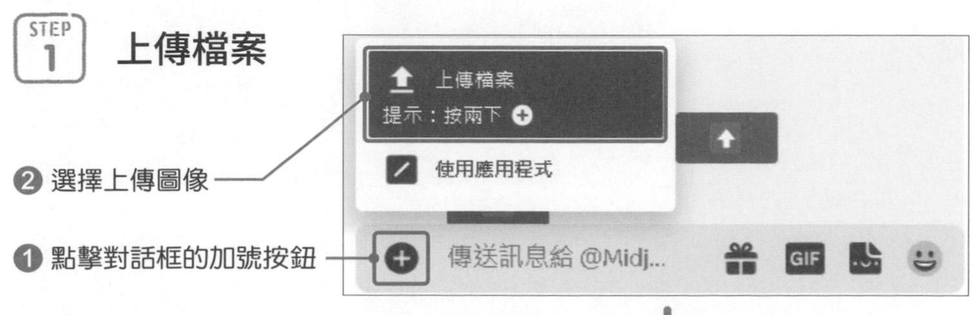

STEP 2 複製圖像網址

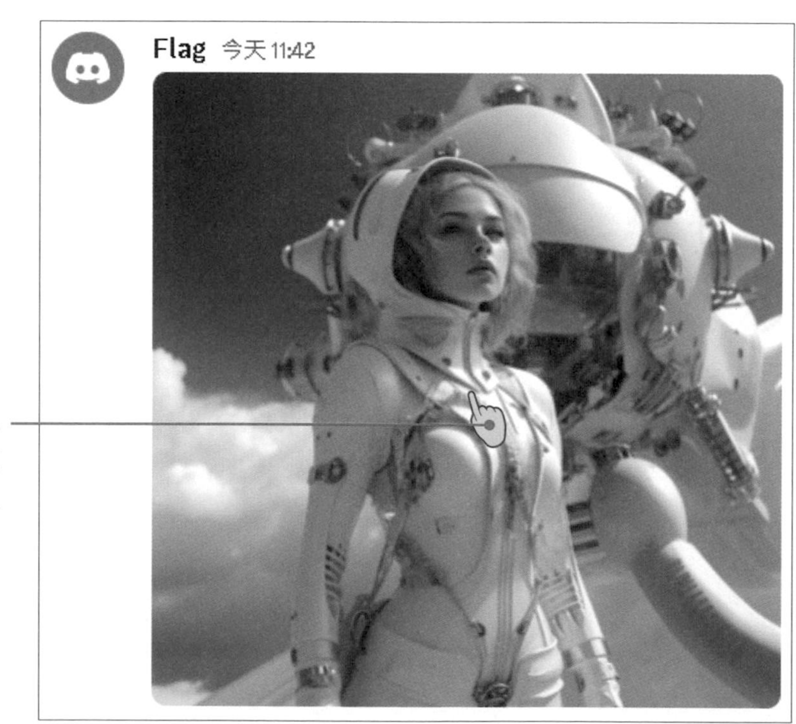

❶ 送出對話後，圖像會出現在 Discord 的訊息中，點擊圖像即可放大

❷ 對圖像點擊右鍵，接著選擇複製圖像位址

STEP 3 貼到對話框中並加入 Prompt

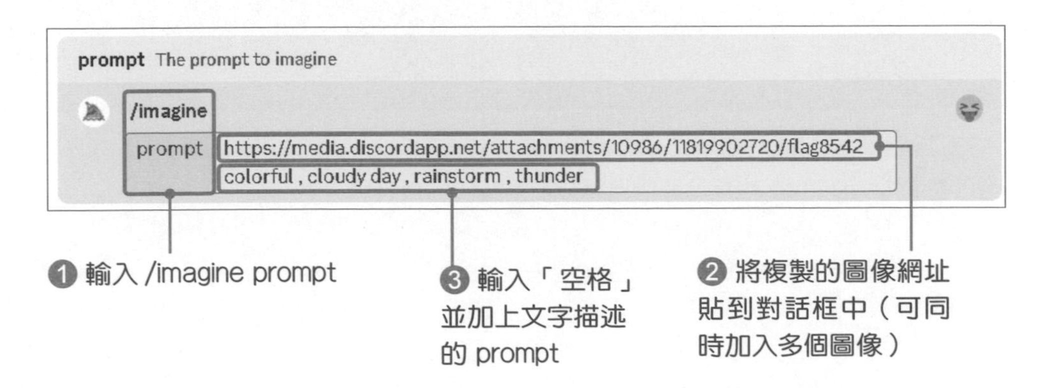

❶ 輸入 /imagine prompt

❸ 輸入「空格」並加上文字描述的 prompt

❷ 將複製的圖像網址貼到對話框中（可同時加入多個圖像）

▲在這個範例中，我們輸入了 **Prompt：colorful , cloudy day , rainstorm , thunder ,** 可以看到 Midjourney 會保留原圖風格並加入我們的新創意

另一個簡單上傳圖像的方法是使用 **/blend** 指令 , Midjourney 會融合圖像的效果。但這種方法只能輸入兩張以上的圖像 (無法單張圖加上文字描述), 步驟如下 :

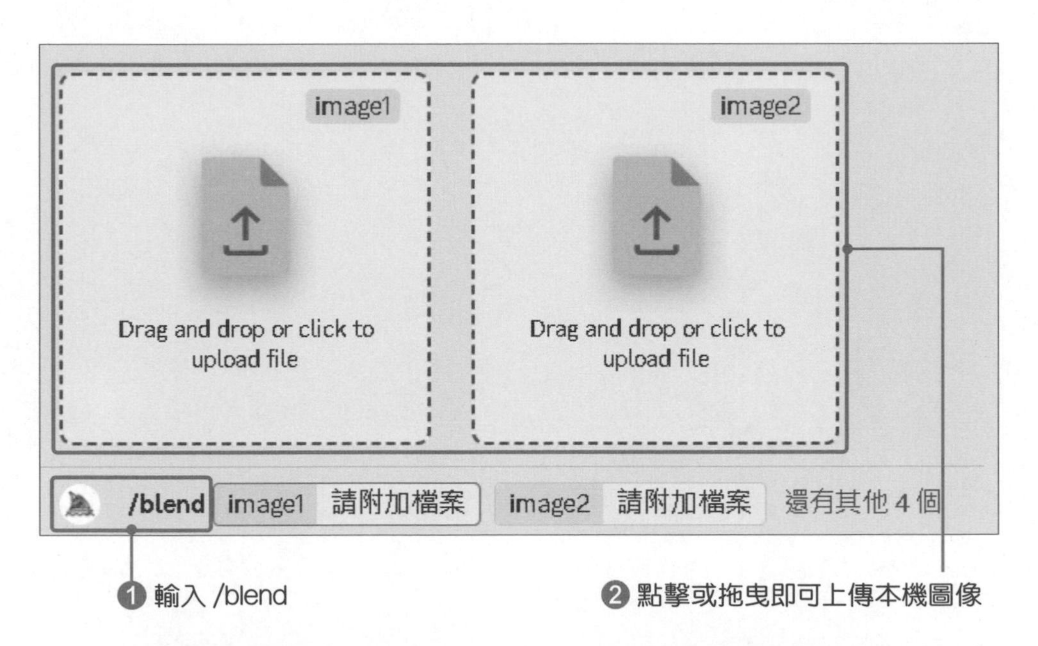

▲ 我們同樣上傳了剛剛的太空人照以及閃電圖像 , 測試看看會融合出什麼樣的效果

▲ Midjourney 完美融合了圖像風格，如果覺得文字效果不好的話，不妨試試這個方法。建議兩張圖的元素不要太混雜，否則效果可能較不穩定

使用 /describe 反查圖像描述

在 Midjourney V5 版本中，更新了一項新的功能，使用者可藉由上傳圖像來反查圖像的「文字描述」。如果在網路上看到不錯的圖像，可以使用這個功能來查詢可能的 Prompt。步驟如下：

② 上傳圖像並送出訊息

① 在對話框中輸入 /describe

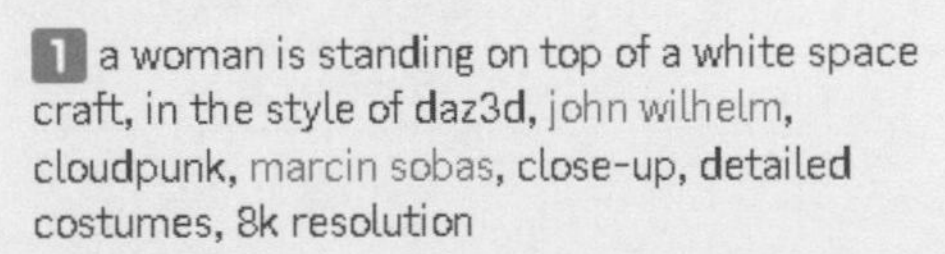

1 a woman is standing on top of a white space craft, in the style of daz3d, john wilhelm, cloudpunk, marcin sobas, close-up, detailed costumes, 8k resolution

2 a woman dressed up in a white spacesuit standing in front of an artificial spacecraft, in the style of daz3d, hans zatzka, steampunk, 8k 3d, alexander fedosav, wojciech siudmak, detailed skies

3 a white woman standing by a large white spaceship, in the style of daz3d, liquid metal, charming characters, golden age aesthetics, robotics kids, detailed skies, molecular

4 a woman in white suits standing in front of a giant machine, in the style of daz3d, space age, baroque maritime, detailed skies, vray, canon eos 5d mark iv, made of liquid metal

▲ Midjourney 會回傳 4 種描述此圖的 Prompt

→ 接下頁

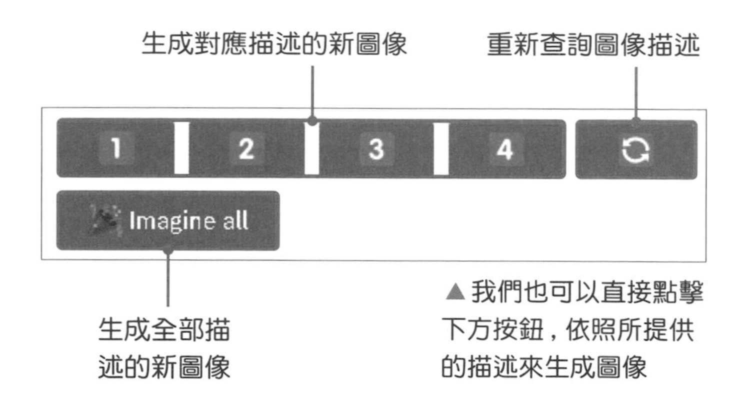

▲我們也可以直接點擊下方按鈕，依照所提供的描述來生成圖像

Midjourney Bot ✓機器人 今天 12:19

a woman dressed up in a white spacesuit standing in front of an artificial spacecraft, in the style of daz3d, hans zatzka, steampunk, 8k 3d, alexander fedosav, wojciech siudmak, detailed skies - @Flag (fast)

▲使用上述 Prompt 來生圖，有機會生成與原圖相似的圖像

參數設置

參數可以幫助我們限定圖像的生成結果，例如，影像尺寸、品質或創意性，通常會添加在 Prompt 的尾端。但有一點需要注意，在 Midjourney 中，各版本的可用參數都不太一樣。以下我們列出幾種常用的參數及範例應用：

◆ **Midjourney 參數**

參數	說明
--v <1, 2, 3, 4, 5>	替換 Midjouney 模型版本，預設爲 --v 5.2。建議使用 V4 之後的模型（前三版大概是小畫家等級）
--niji <4, 5>	替換爲 niji 模型，繪製二次元風格圖像
--ar < 長 >：< 寬 > --aspect < 長 >：< 寬 >	更改生成圖像的長寬比
--c < 0 - 100> --chaos < 0 - 100>	改變生成圖像的變化程度。數值越高，生成圖像越有創意或出乎意料
--no < 物件 >	加入不想在圖像中生成的要素，例如輸入 --no plants 就不會在圖像中出現植物（與 ::-0.5 效果相同）
--q <0.25, 0.5, 1, 2> --quality <0.25, 0.5, 1, 2>	值愈高影像的質量越好，但需要更長的計算時間，預設爲 1
--seed < 0 - 4294967295>	每次模型運算，都會產生不同的結果，這個參數可以固定隨機變數，讓產生的結果一致
--stop < 10 - 100>	讓模型提前停止運算的百分比，越早停止會產生越模糊的結果
--style raw	讓圖像風格更加寫實，偏向原始照片
--s <0 - 1000> --stylize <0 - 1000>	關鍵詞相關性，值越小與輸入詞越匹配，越大則較有創意
--tile	可讓所生成的圖片無縫拼接
--iw <0.5 - 2>	使用圖像 Prompt 時，圖像的影響程度
--video	將生成圖像的過程儲存成影片

修改參數很有可能會大幅改變圖像的生成結果。接下來，我們將列出一些參數的比較效果，讀者可以更明白其中的差異：

▲ ar 參數可以調整圖像的長寬比

▲ 較高的 chaos 會生成出乎意料的圖像

▲ 設置 stop 能讓模型提前停止運算

▲raw 會讓圖像加入寫實風的細節

▲stylize 越小越符合 Prompt 的描述，但會缺少創意性，建議設置預設即可

▲tile 參數能讓生成的圖像無縫拼接

/settings 的其他參數設置

我們前面有使用過斜線指令 /settings 來快速替換模型版本。除此之外，/settings 也能修改一些常用的預設參數，如下圖所示：

❶ --style raw

❷ --s 50

❸ --s 100

❹ --s 250

❺ --s 750

❻ 選擇公用及隱身模式，只有進階版以上的訂閱用戶才可使用

❼ 使用混合模式，點擊 V 系列按鈕時，可以重新修改提示詞來生成變化版的圖像

❽ 高變化度模式，點擊 V 系列按鈕時，變化幅度較高

❾ 低變化度模式，點擊 V 系列按鈕時，變化幅度較低

❿ 固定 style 參數，可生成一系列同風格的圖像，礙於本書篇幅限制，讀者可進入以下網址參考使用方法：

```
https://bit.ly/stickystyle
```

⓫ 修改圖像的生成速度

⓬ 恢復預設值

3-4 搭配 ChatGPT 來生成 Prompt

如前所述，Midjourney 在處理中文 Prompt 時表現有所落差，且就算是輸入英文，描述不清的話也會使所生成的圖像沒辦法達到我們的理想。這時，ChatGPT 是我們的好幫手，使用得當的話，**可以讓我們更好地掌握生成的圖像構圖、風格、尺寸**，達到事半功倍的效果。最簡單的使用方法，就是訓練 ChatGPT 成為 Prompt 生成器，讓 AI 來幫助 AI, 將中文描述轉換為詳盡的 Prompt。

STEP 1 進入 ChatGPT 官網

https://openai.com/blog/chatgpt

STEP 2 登入或註冊 ChatGPT 帳號

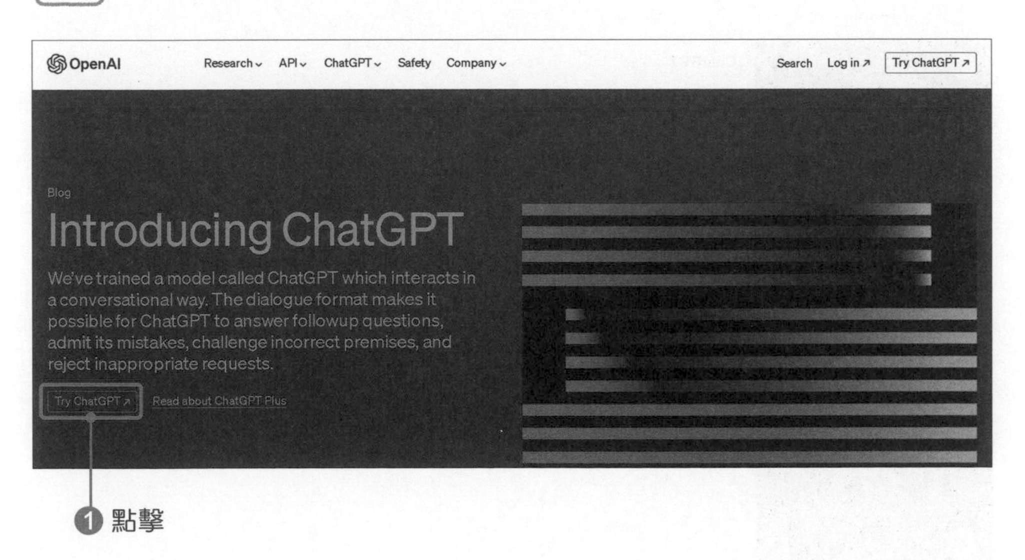

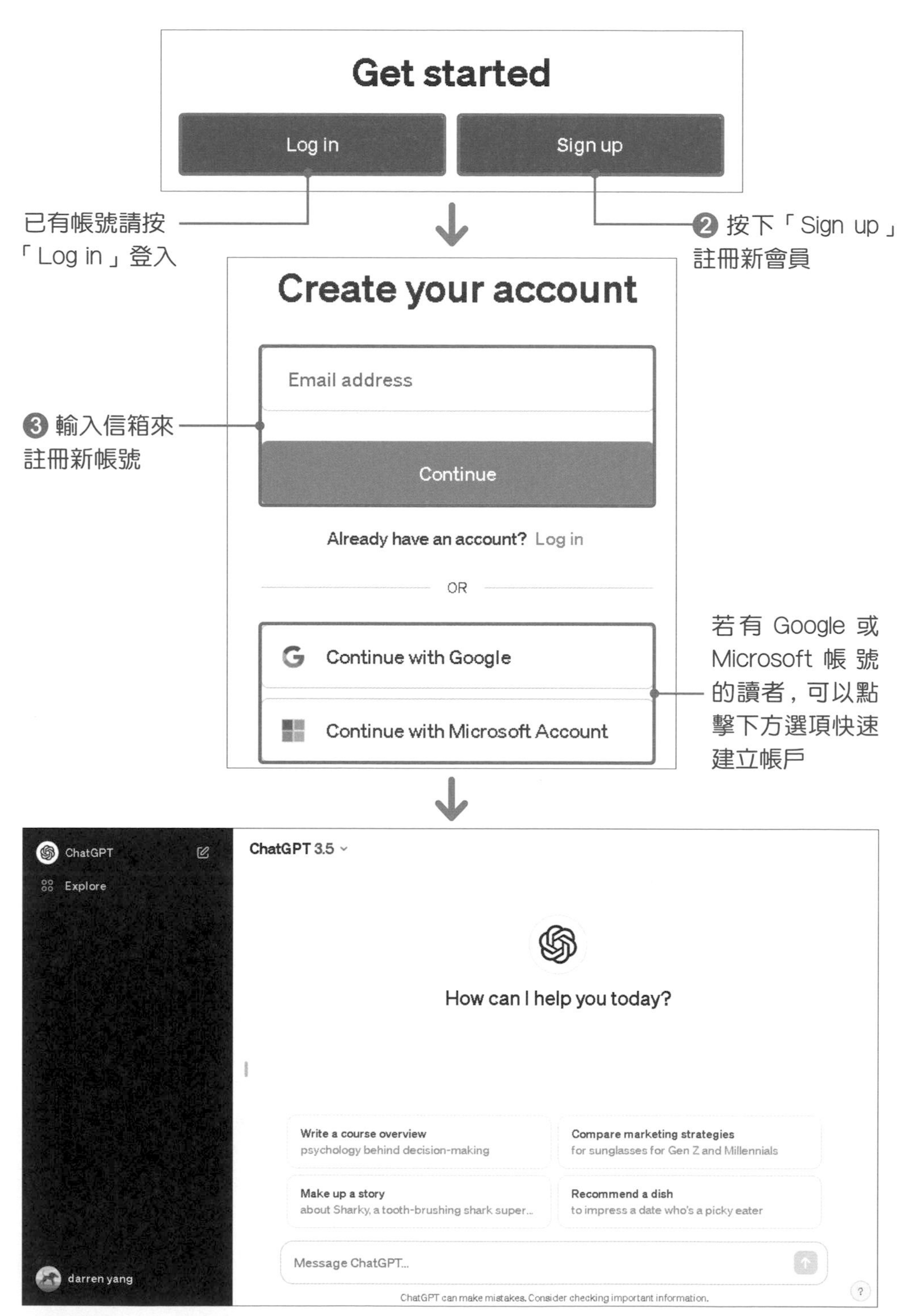

▲成功登入後，會出現以上畫面，在對話框中輸入文字就可以開始與 ChatGPT 聊天了

STEP 3 將下列語句輸入至 ChatGPT 的對話框中

```
你現在是一個 幫助我進行 Prompt 生成的 AI。你會將 Concept 轉換為可供「圖像生成AI」使用的 Prompt。Prompt 要使用明確且具體的形容詞，並用「，」來分隔。以下是一些範例：

Concept: 太空中的蘋果
Prompt: a cluster of ripe apples floating weightlessly in the vastness of space, by Sarah Lee, space art competition winner, vivid colors, high contrast, deep shadows, matte finish, crisp textures, interstellar background, a burst of freshness amidst the cold vacuum, spherical shapes, shiny skin, variety of shades, ready to be picked by astronauts on a long journey

Concept: 台北西門町的街頭
Prompt: A bustling street view of Ximending, Taipei, by Jason Chen, street photographer, vibrant atmosphere, neon lights, diverse crowds, dynamic energy, urban landscape, traditional shophouses, modern high-rises, lively storefronts, delicious food vendors, hip fashion boutiques, artistic graffiti, bustling night market, a perfect blend of traditional and contemporary Taiwanese culture

Concept: 淡水河景
Prompt: A serene night view of Tamsui River, by Hans Schwarz, landscape photographer, peaceful atmosphere, moonlit sky, glittering lights from the cityscape, shimmering reflections on the water, silhouettes of boats and ships, gentle ripples of the river, quiet riverbanks, cool breeze, distant sound of the waves, a perfect spot for a romantic evening stroll

如果你了解了，請等待我輸入 Concept。Reply in English
```

▲ 可開啟檔案 Prompt-Midjourney.txt 來複製

輸入概念到 ChatGPT 中

You

Concept：沙漠中的駱駝

ChatGPT

Prompt: Majestic camels trekking through the arid expanse of the desert, captured by Ahmed Hassan, desert expedition photographer, golden sands stretching to the horizon, radiant sunlight casting long shadows, resilient desert flora, intricate camel caravans, intricate patterns of dunes, nomadic way of life, soft, warm hues, vast open space, a symbol of survival and endurance in the harsh desert terrain

▲ ChatGPT 已經變成了 Prompt 生成器了！

▲ 根據 ChatGPT Prompt 所生成的圖像

如果不滿意所生成的圖像風格，有很多網站 (例如後續會介紹的 Prompt hero、Lexica) 提供其他人所生成的圖像及所使用的 Prompt, 我們可以使用其他人的 Prompt 來更改 ChatGPT 的訓練範例，讓所生成的圖像風格跟其他人的風格較為相像。

舉例來說，如果我們在網路上找到一張非常喜歡的卡通風格圖，並且作者有附上所使用的 Prompt (如果沒有的話，可以試試看 **/describe** 功能來查找可能的 Prompt)。接著，把這段 Prompt 修改為 ChatGPT 的訓練範例 (可開啟檔案 Prompt-Midjourney 卡通風格.txt 來複製)，如下所示：

```
你現在是一個幫助我進行 Prompt 生成的 AI。你會將 Concept 轉換為可供「圖像生成AI」使用的 Prompt。Prompt 要使用明確且具體的形容詞，並用「，」來分隔。以下是範例:

Concept: 小男孩與小馬
Prompt: children's book illustrations, young boy with short blonde hair wearing a green shorts and sandals, walking with his pet pony, the pony has brown fur, the boy is holding a kite, pastel colors, 2D

如果你了解了，請等待我輸入 Concept。Reply in English
```

然後將想生成的概念輸入到 ChatGPT 中：

You
釣魚的小女孩，希望圖像風格跟範例相同

ChatGPT
Certainly! Here's a prompt for "image generation AI" based on your concept of a girl fishing, with a style similar to the example:

"fishing scene by the riverbank, young girl with long brown hair wearing a sunhat and overalls, sitting on a wooden dock with her fishing rod, peaceful river landscape with trees and a clear blue sky, soft pastel tones, 2D"

▲這邊我們輸入「釣魚的小女孩，希望圖像風格跟範例相同」，ChatGPT 會回覆給我們類似風格的 Prompt

Prompt 的相關資源非常多，我們可以到下網站來搜尋想要的圖像風格，然後修改 ChatGPT 的訓練範例，讓 ChatGPT 產生不同繪圖風格的 Prompt。

Lexica 網址：https://lexica.art/

Prompt hero 網址 :https://prompthero.com/

最後，將這段 Prompt 丟到 Midjourney 中，我們得到了下表的圖像。雖然風格還是有點差異，但已經相去不遠了！

▲範例圖像

▲ChatGPT Prompt 所生成的圖像風格會與範例相近

特別採訪

AI 溝通師

在投入設計領域之前，曾擔任軟體工程師有 5 年之久，而後轉換跑道成為平面設計師。目前軟體應用普遍使用到各種 AI 技術，從 ChatGPT 到生成式 AI 繪圖，看著生成的品質不斷提升，開始意識到，這樣的技術對於未來的設計創作可能會有很大的改變，因而開始嘗試接觸 AIGC，希望對於自己未來的設計專業和創作，可以有所助益，也期望發展出更多價值與應用可能。

主攻 SD 1.5，也用 Mj 找靈感

個人使用工具偏好 Stable Diffusion，1.5 與 XL 都會用，XL 的輸出內容可以做到非常細膩，遇到人像畫就再搭配運用 ControlNet 中的 Openpose，也常常會使用到 Reference Only 功能，單純複製風格，包括複製物體的紋路或特徵（如：貓咪或人臉）等。

目前 Bing、Midjourney 生成的圖片越來越有創意，可用性提高很多，所以也會用來發想一些天馬行空的內容，尋找創作靈感，要生成比較進階風格的作品，再回到 SD 中來操作。

構圖優先，再追求細節

對於作品的創作最重視的就是構圖，像是自己在創作人像、人物作品，會如同漫畫家一樣，先仔細的打好構圖用的草稿，再透過圖生圖的方式開始生圖，然後來回不斷精修調整，一個作品大概會花上 30～40 分鐘，這樣精雕細琢才能確保最後作品符合需求。

個人近期最滿意的就是女巫系列，這個系列有嘗試真人版和繪製版，真人版在視覺傳達和光影的運用，都呈現了出乎意料的結果，生圖品質非常好，整體魔法的氛圍也很到位。也有接到虛擬網紅的案子，有特別針對臉部微調下了一點功夫，最後成果也非常滿意

當然也不可能都一帆風順，手部就很常生出難以預料的結果，像是萬聖節賀卡的創作，參考了楓之谷的幻影俠盜，就出現了手部扭曲的狀況，只能嘗試用 ControlNet 來修正。

對技術樂觀看待，對產業發展仍有隱憂

身為設計圈的從業人員，要認知到設計產業必定會受 AIGC 影響而產生變化，個人是抱持樂觀、正面的態度，技術上的革新勢必能讓業主跟設計師在溝通過程，或是交稿流程上更有效率。

當然還是會有點擔心資源不平均的問題，像是生成模型需要耗費大量資源，對於一般個人或是小工作室的門檻不低，很容易讓大公司、工作室等既得利益者拉大優勢，造成市場壟斷問題。

給新手的話

在接觸 AIGC 的一開始要著重在實現自己的想法，做自己喜歡的、抱持熱忱地去探索，AI 繪圖的技術還在發展中，可以先透過 Bing 或是 MJ 來開始自己的旅程會相對友善，有興趣再往 SD 雲端服務鑽研，或者在本機自己安裝 SD 來玩玩看，過程會比較繁雜難上手，但有了更深層的熱情去追求，會有更多的動力精進自己。

CHAPTER 4

Stable Diffusion

Stable Diffusion 是一款公開原始碼的擴散模型，任何人都可以對模型進行**微調 (fine-tune)** 或是使用自己的資料集來訓練，所以我們在網路上可以找到其他人分享出來的不同版本，每種版本所生成的圖像風格都不同 (如，寫實、動畫風、藝術繪圖)。與其他 AI 影像生成軟體不同的是，Stable Diffusion 的繪圖風格多樣，且自行安裝的話可以免費使用！還等甚麼呢？讓我們來建構自己的 Stable Diffusion 吧！

Stable Diffusion 是由 StabilityAI、Runway 與慕尼黑大學團隊 CompVis 所研發，並公開原始碼至網路上。由於其開源的特性，網上高手們為其開發了許多外掛，包括設計使用者操作介面、微調不同畫風的模型、增加控制人物姿勢等眾多功能。StabilityAI 也有推出官方版本的 DreamStudio, 但比起擁有一堆擴增功能的 Stable Diffusion 來說，使用上較為陽春且需額外付費 (10 美元約可算 5,000 張圖)。

4-1 輕鬆運行 Stable Diffusion

有兩種方法可以讓我們使用 Stable Diffusion, 一種是在自己的電腦上安裝，但需要較高的硬體配置，建構起來較為複雜；另一種方式則是使用雲端運行 (例如：Google Colab、RunDiffusion), 完全不會用到本機資源 (在筆電或手機也能輕鬆算圖)。在本章中，我們會分別介紹在雲端及本機運行 Stable Diffusion 的方法。

下表為不同運行方法的比較：

運行方法	本機電腦安裝	Google Colab	RunDiffusion
價格	免費 (但可能會有顯卡燒掉的風險)	需購買運算單元，10 美元約可連續算圖 50 小時	10 美元約可連續算圖 20 小時
啟動速度	依電腦效能決定	約 10 ~ 15 分鐘	約 3 分鐘
算圖速度	依電腦效能決定	512 × 512 的圖約 10 秒	512 × 512 的圖約 3 秒
模型選擇	自行下載安裝	數十種模型可選擇，但更換模型需重新等待開啟時間	內建數十種模型，不須重開
穩定度	依電腦效能決定	依 Colab 資源分配決定，可能會出現某些 Bug 而當掉	非常穩定

很可惜的是，目前 Google Colab 增加對 Stable Diffusion 算圖的限制，免費使用者無法再白嫖雲端虛擬主機資源了，導致開發者們也漸漸停止了在 Colab 上的更新與維護 (可能會出現因版本問題導致的 Bug)。所以在本書中，我們會著重介紹使用 RunDiffusion 運行的方式。

使用 RunDiffusion 運行 Stable Diffusion

RunDiffusion 為另一個雲端運行 Stable Diffusion 的平台，與 Colab 相比，雖然價格稍貴了一點 (10 美元約可連續算圖 20 小時)。但換來的是更高的穩定度和算圖速度，切換模型也不需重新等候啟動時間。目前 RunDiffusion 有提供 30 分鐘的免費試用，且運行的方法非常簡單。我們不用在本機上安裝任何程式、不佔電腦資源，並且可以在各種作業系統上運行！快來試用看看 RunDiffusion 吧！

STEP 1 進入 RunDiffusion 官網

```
https://rundiffusion.com/
```

STEP 2 註冊 RunDiffusion

❶ 按此登入或註冊

新註冊會員可獲得 30 分鐘的免費試用

建議透過 Google 或 Microsoft 等帳號快速登入

STEP 3 選擇使用版本

❶ 選擇 Auto1111，此為最主流的版本

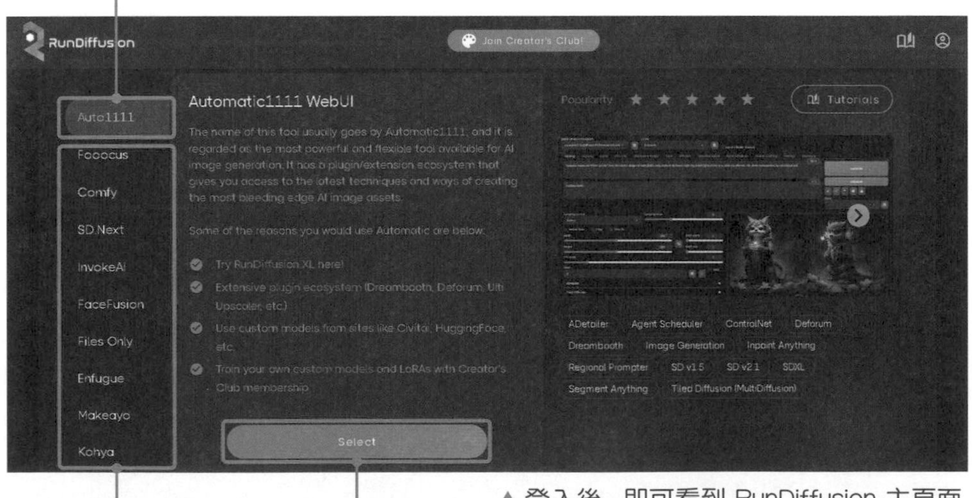

左側選單為不同的 Stable Diffusion 操作介面

❷ 點擊

▲ 登入後，即可看到 RunDiffusion 主頁面

如果有購買使用額度的話，可選擇三種不同的硬體配備，若無大量生圖需求的話，建議選擇 Small 版本即可。

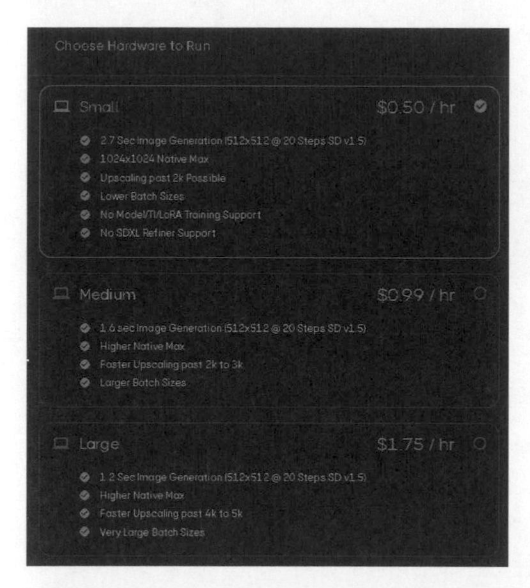

Small

- 每小時 $ 0.5 美元
- 生成一張 512 × 512 圖像約 2.7 秒
- 最大解析度爲 1024 × 1024
- 使用放大功能可放大至 2k 解析度
- 同時生成的圖像張數較少
- 無法運行模型訓練
- 不支援 Refiner 模型 (還是能跑最新 SDXL)

Medium

- 每小時 $ 0.99 美元
- 生成一張 512 × 512 圖像約 1.6 秒
- 更高的圖像解析度
- 可放大至 5k 解析度，並提升速度
- 同時生成的圖像張數較多

Large

- 每小時 $ 1.75 美元
- 生成一張 512 × 512 圖像約 1.2 秒
- 更高的圖像解析度
- 可放大至 3k 解析度，並提升速度
- 同時生成的圖像張數更多

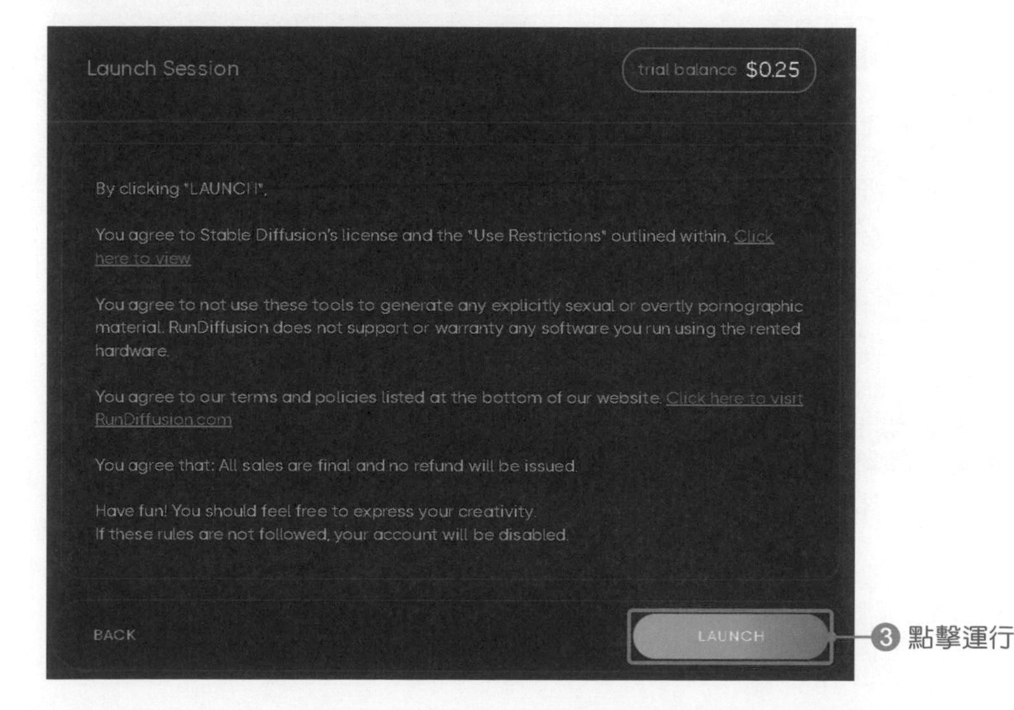

免費試用只能開啟 Small 版本

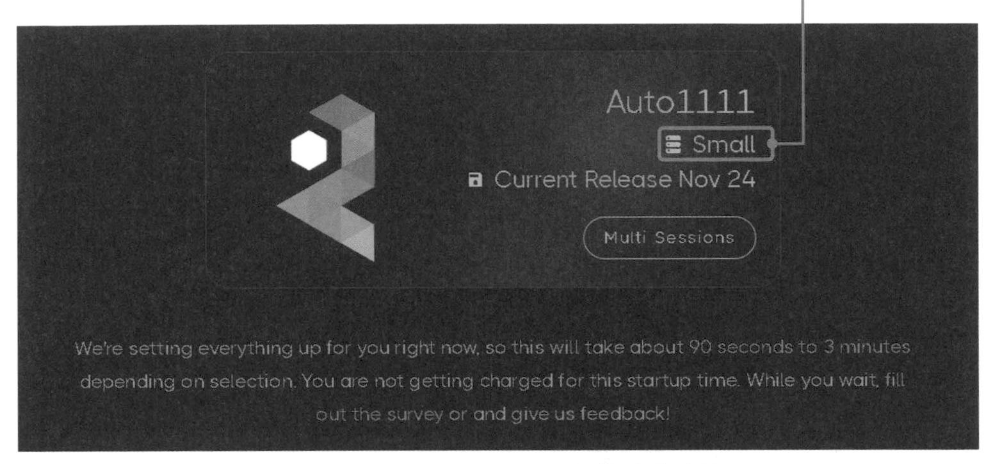

▲ 接著，需等待大概 3 分鐘的啟動時間

STEP 4 開始使用 Stable Diffusion 吧！

模型選單，內建數十種模型可選

顯示剩餘使用時間，不用的話請按 Stop 停止運行

生成的圖像會出現在 images 資料夾中

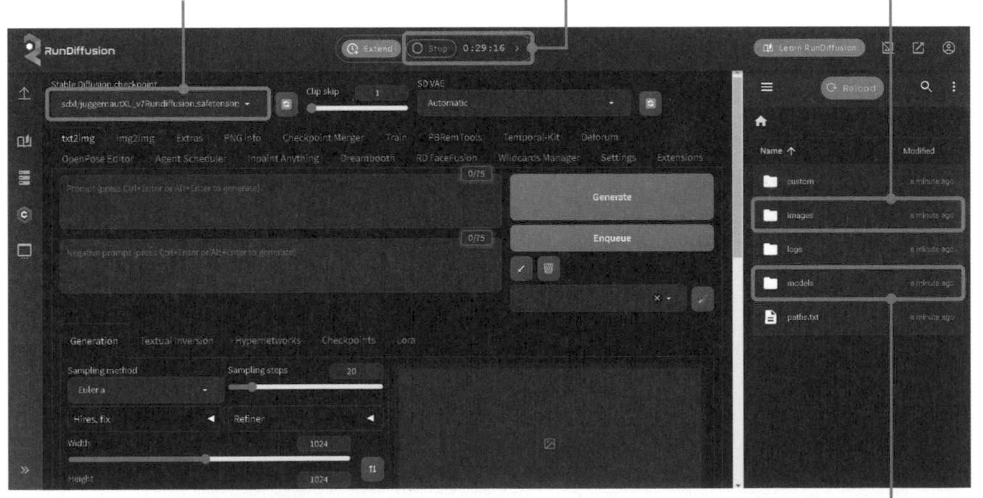

▲ 運行完成後就會自動開啟 WebUI 的介面

models 資料夾可放置自訂模型

> 我們目前所使用的這個介面稱之為 **WebUI**, 它是由 Github 大神 Automatic1111 製作。其整合了多種 Stable Diffusion 的外掛、提供使用者更為友好的操作介面。

本機安裝 Stable Diffusion

如果我們想要在自己的電腦上建構 Stable Diffusion, **最低的電腦配置為 NVIDIA 6GB VRAM 的獨立顯卡、RAM 8G 以上, 但建議使用 12 GB 以上的 VRAM 才能畫解析度較高的圖像**, **並請保留約 100 GB 左右的硬碟空間**。電腦配置也會影響算圖的速度和細節。

在本機安裝的步驟較為繁瑣, 需要先自行安裝 Python 和 Git, 然後使用 git clone 指令的方式來複製 WebUI 介面和模型。但是, 不熟程式操作的讀者也不用擔心, 貼心的**杰克艾米立**已經幫我們製作好一鍵安裝的懶人包教學了！如果你的電腦配置有符合需求的話, 就跟著以下步驟直接使用懶人包安裝吧！

> 注意！懶人包安裝無法在自己的電腦訓練模型。但是, 我們可以透過雲端訓練的方式解決這個問題 (可參考第 9 章)。

STEP 1 輸入以下網址來下載懶人包

```
https://bit.ly/F4359_SD
```

STEP 2 解壓縮並運行更新檔

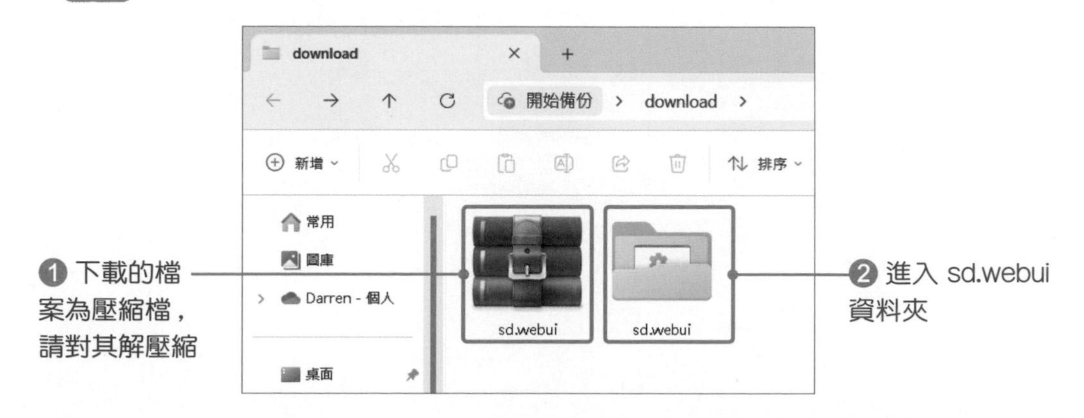

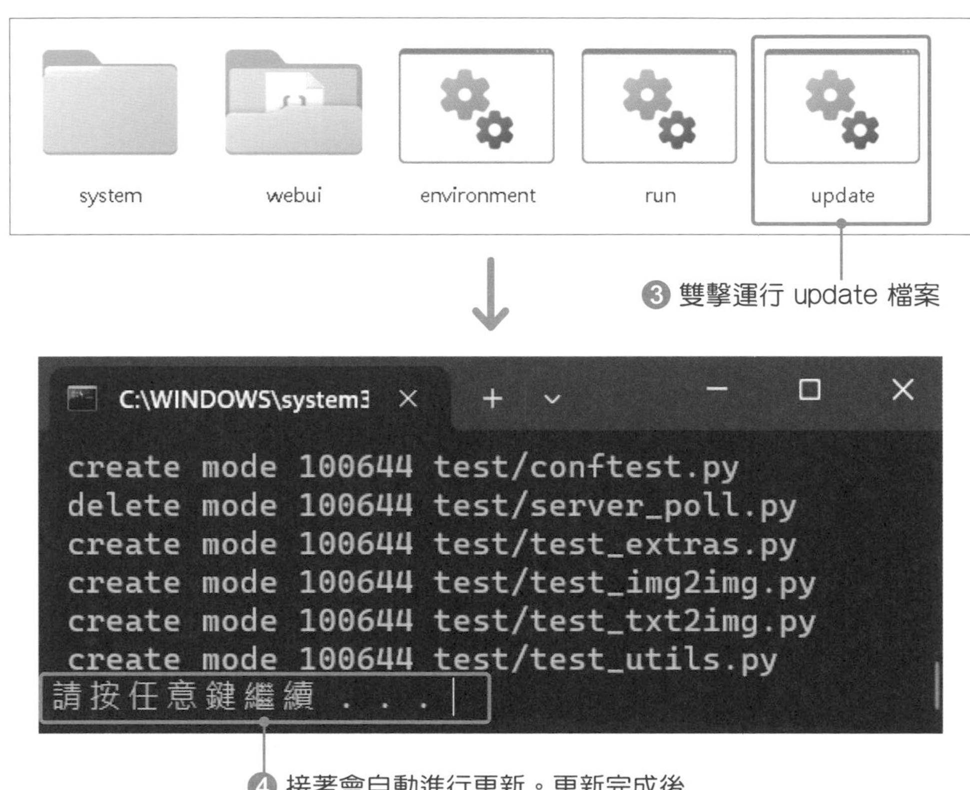

STEP 3 加入優化命令

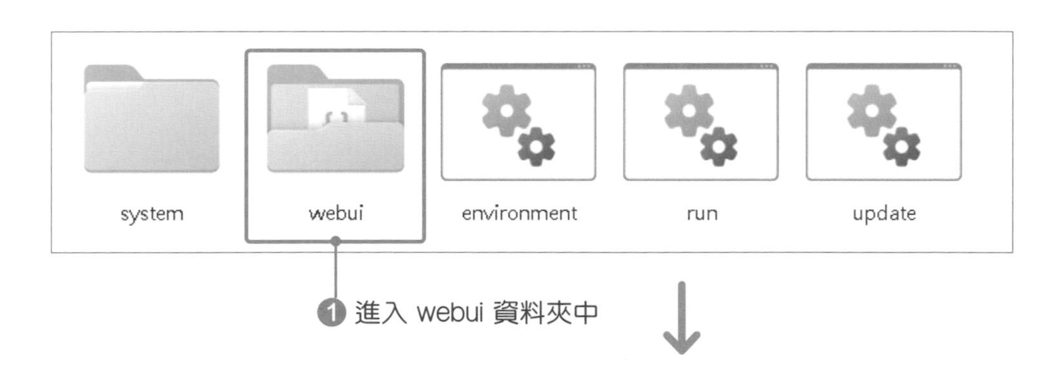

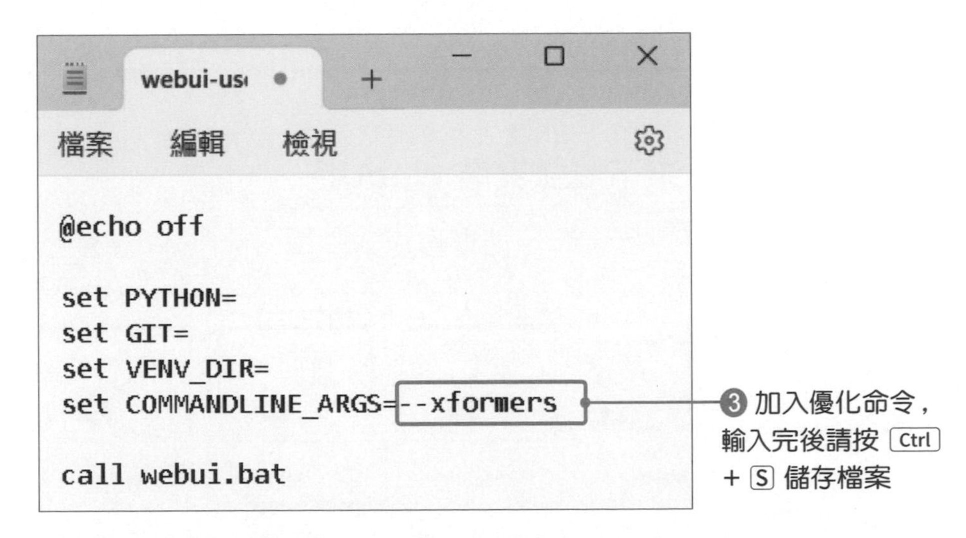

▲在 "set COMMANDLINE_ARGS=" 後方輸入 "--xformers"，此步驟是為了降低 VRAM 消耗

注意！如果 VRAM 低於 8GB 的讀者，需加入 --medvram 命令，否則可能無法順利運行，如下圖：

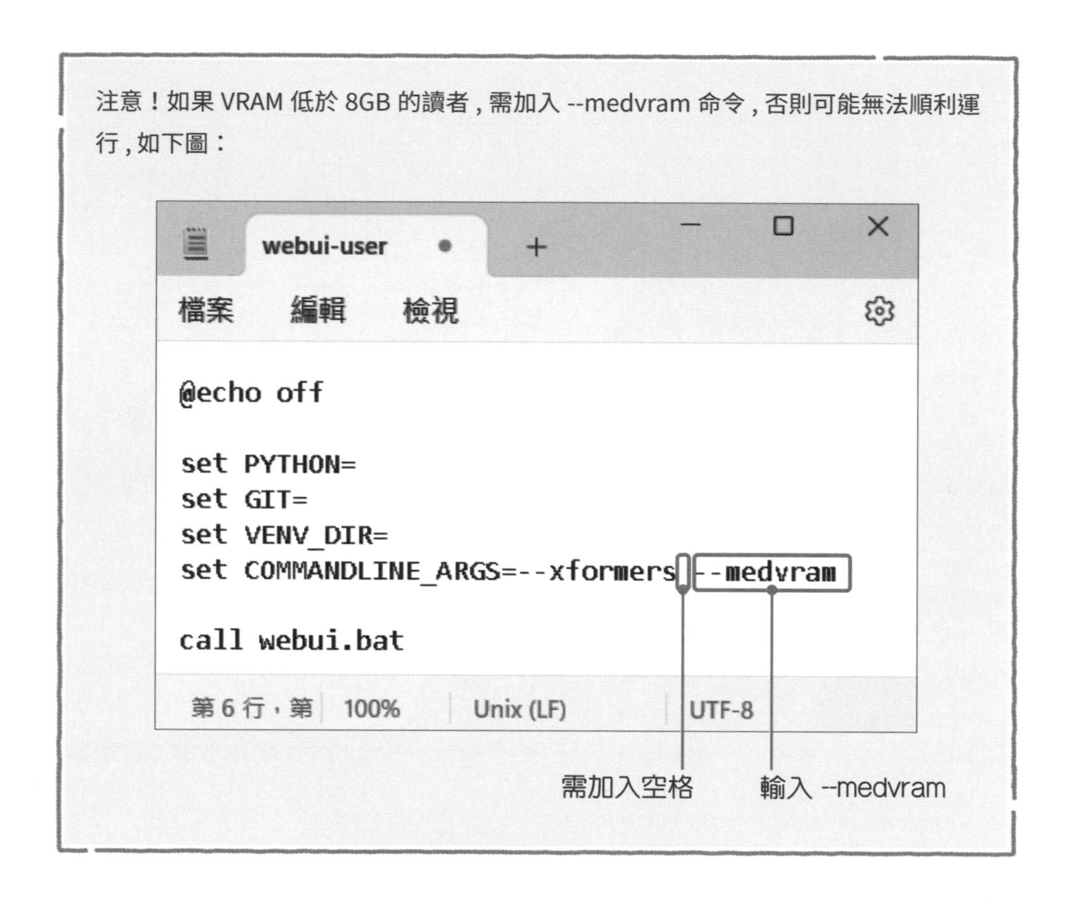

STEP 4 執行 run 來下載並安裝 WebUI

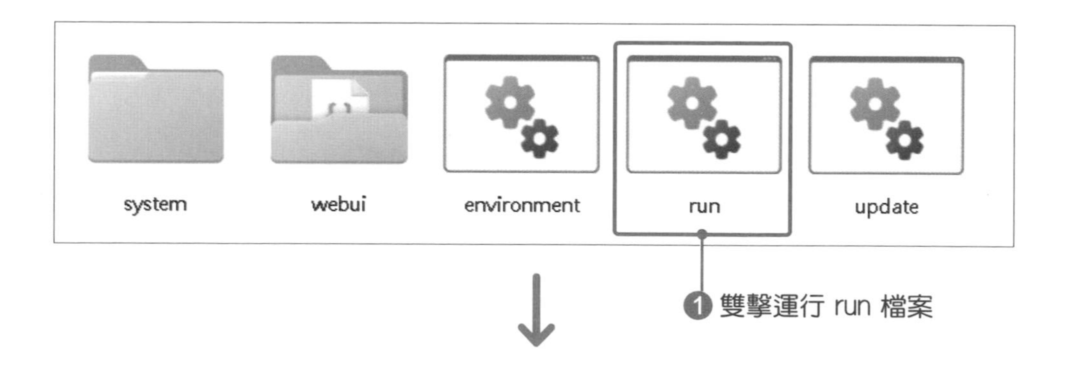

```
C:\WINDOWS\system32\cmd.
64)]
Version: v1.6.1
Commit hash: 4afaaf8a020c1df457bcf7250cb1c7f609699fa7
Installing torch and torchvision
Looking in indexes: https://pypi.org/simple, https://download.pytorch.org/whl/cu118

Collecting torch==2.0.1
  Downloading https://download.pytorch.org/whl/cu118/torch-2.0.1%2Bcu118-cp310-cp31
0-win_amd64.whl (2619.1 MB)
     ━━━━━━━━━━━━━━━━━━━━━━━━━━━━━━━━━━━━━━ 1.5/2.6 GB 11.3 MB/s eta 0:01:37
     ━━━━━━━━━━━━━━━━━━━━━━━━━━━━━━━━━━━━━━ 1.5/2.6 GB 11.5 MB/s eta 0:01:35
     ━━━━━━━━━━━━━━━━━━━━━━━━━━━━━━━━━━━━━━ 1.5/2.6 GB 11.3 MB/s eta 0:01:36
     ━━━━━━━━━━━━━━━━━━━━━━━━━━━━━━━━━━━━━━ 1.5/2.6 GB 11.3 MB/s eta 0:01:36
     ━━━━━━━━━━━━━━━━━━━━━━━━━━━━━━━━━━━━━━ 1.6/2.6 GB 11.3 MB/s eta 0:01:34
     ━━━━━━━━━━━━━━━━━━━━━━━━━━━━━━━━━━━━━━ 1.6/2.6 GB 11.5 MB/s eta 0:01:32
     ━━━━━━━━━━━━━━━━━━━━━━━━━━━━━━━━━━━━━━ 1.6/2.6 GB 11.5 MB/s eta 0:01:32
     ━━━━━━━━━━━━━━━━━━━━━━━━━━━━━━━━━━━━━━ 1.6/2.6 GB 11.3 MB/s eta 0:01:34
```

❷ 程式會自行下載並安裝 Stable Diffusion 的模型和 WebUI 介面，通常需要半個小時以上的時間

STEP 5 開始使用 Stable Diffusion 吧！

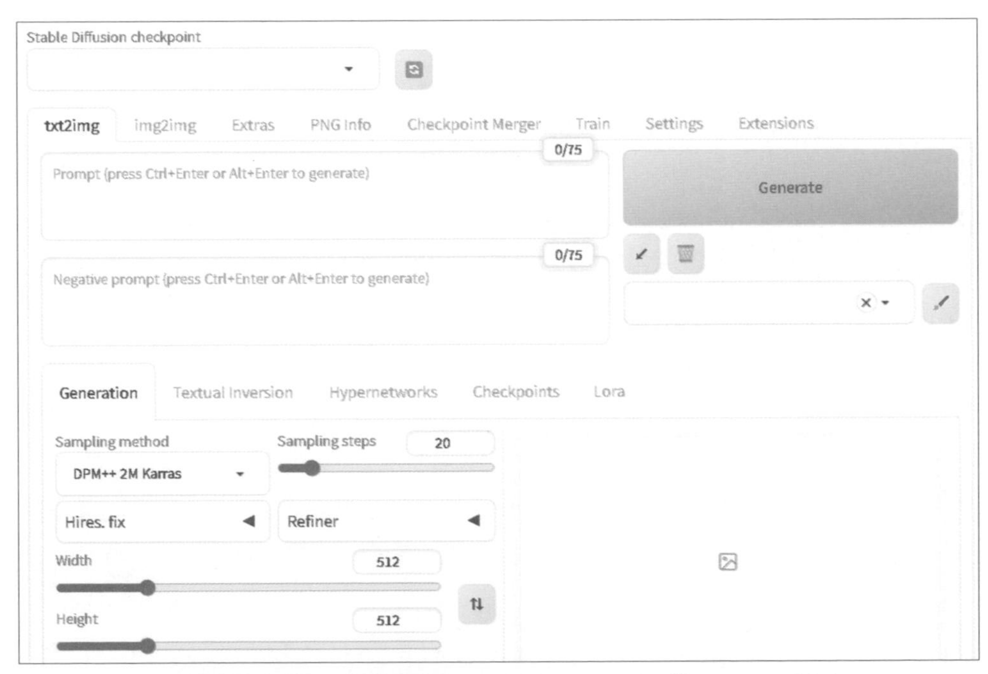

▲ 安裝完成後，會自動開啟 Stable Diffusion 的 WebUI 介面

若要關閉 Stable Diffusion 的話，**請在 cmd 視窗中輸入** Ctrl + C，待出現「要終止批次工作嗎 (Y/N)？」的字樣後，**輸入 Y 並按** Enter **來關閉**。

更詳細的安裝步驟可參考**杰克艾米立**的影片：

https://bit.ly/jackellie_sd

4-2 Stable Diffusion 模型介紹

Stable Diffsuion 的基礎模型有 1.5 和 2.1 版本，近期也推出了參數更多、且支援生成高解析度圖像的 SDXL。而作為一款開源模型，最讚的一點就是開發者或玩家們可在基礎模型上進行客製化的微調訓練，每種模型所擅長的繪圖風格都各有特色。

Stable Diffusion 的模型種類非常多，初學者可能會被這些專有名詞搞得霧煞煞。不用擔心！以下為一些常用的模型種類介紹：

- **Checkpoint**：更改整個神經網路參數的完整模型，不同模型的繪圖風格差異非常大。檔案較大，從 2 ~ 10 幾 GB 都有。
- **LoRA**：簡化訓練過程的小模型，能保留特定的人物角色或風格，需搭配 Checkpoint 或基礎模型來使用。我們會於第 9 章詳細介紹 LoRA 模型的訓練方式。
- **VAE**：變分自編碼器，是在擴散模型之前就發展成熟的生成技術，在 SD 中通常用於對圖像細節進行補強，也需搭配 Checkpoint 或基礎模型來使用。

模型安裝方法

如前所述，Stable Diffusion 的一大優點就是擁有非常多不同風格的繪圖模型。那要怎麼找到這些模型呢？比較建議的方法是到 Civitai 網站（俗稱 C 站）來搜尋並下載喜歡的模型。

STEP 1 進入 Civitai 網站

```
https://civitai.com/
```

STEP 2 選擇喜歡的模型並下載

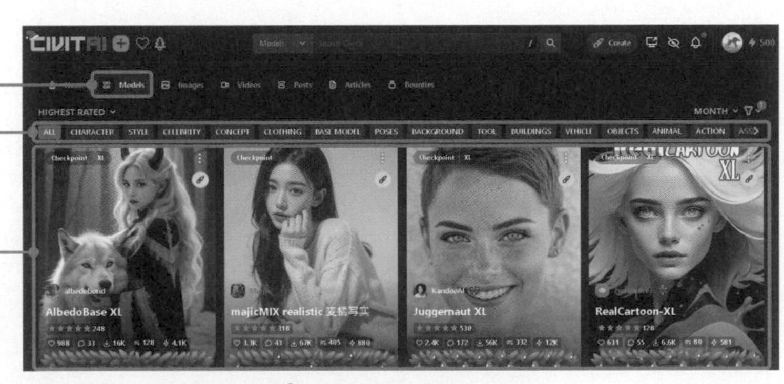

❶ 點擊 Models

可選擇不同類型的模型

❷ 此為其他人所訓練的微調模型，挑選一個喜歡的吧

❹ 點此可以下載模型（有些模型需註冊 Civitai 會員才能下載）

❸ 確認類型為 Checkpoint 模型

STEP 3 將下載的模型放入資料夾中

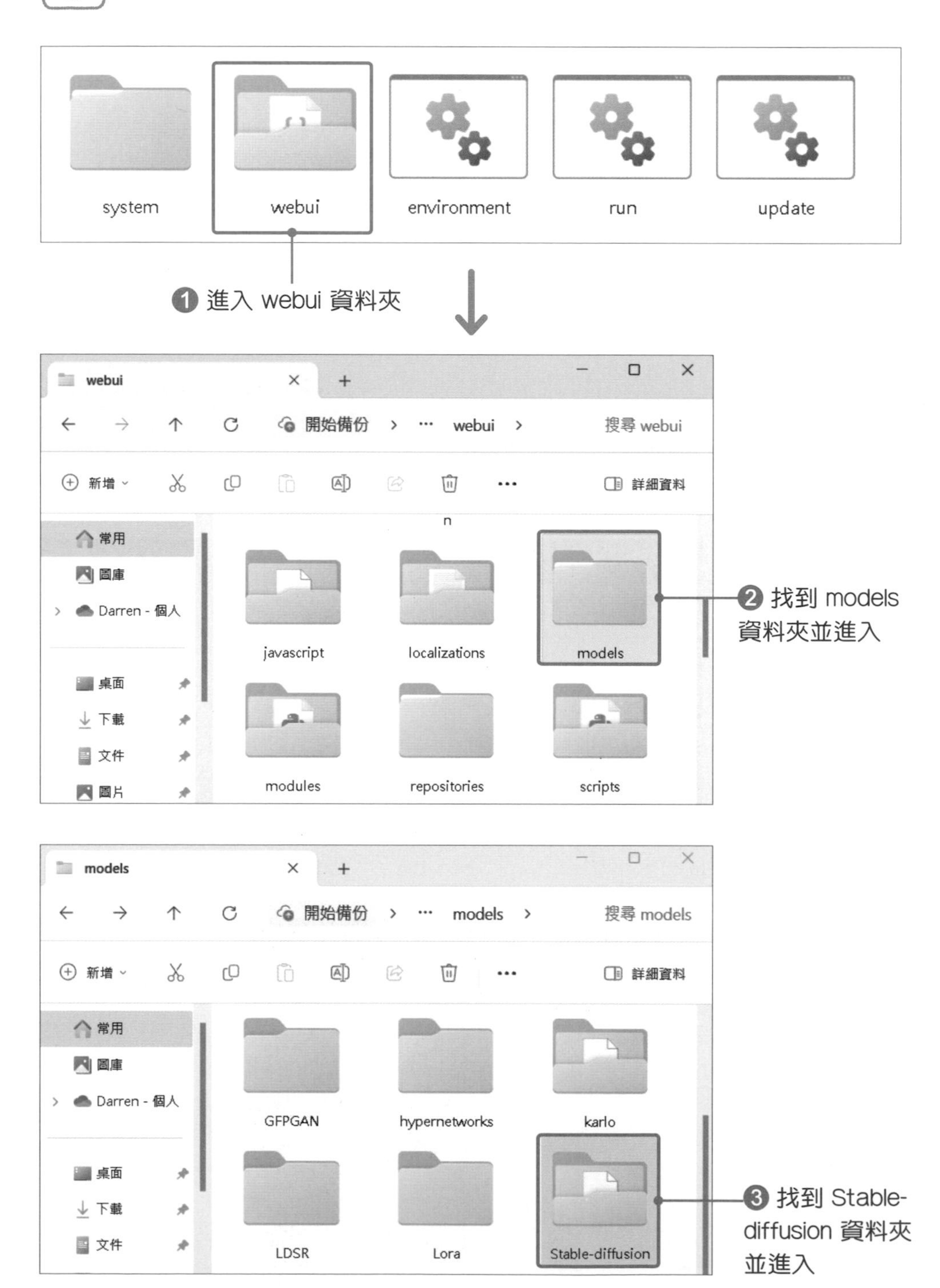

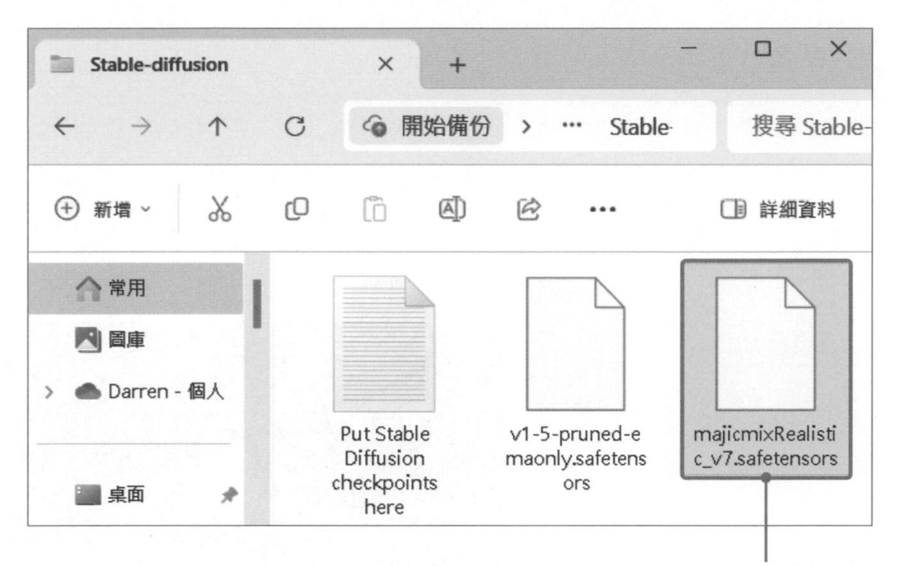

❹ 將下載的模型放置在 Stable-diffusion 資料夾下

如果下載的是 LoRA 模型，則需放在 **webui > models > Lora** 資料夾下。另外，如果是使用 **RunDiffusion** 的讀者，可以將模型上傳至介面右側的資料夾中：

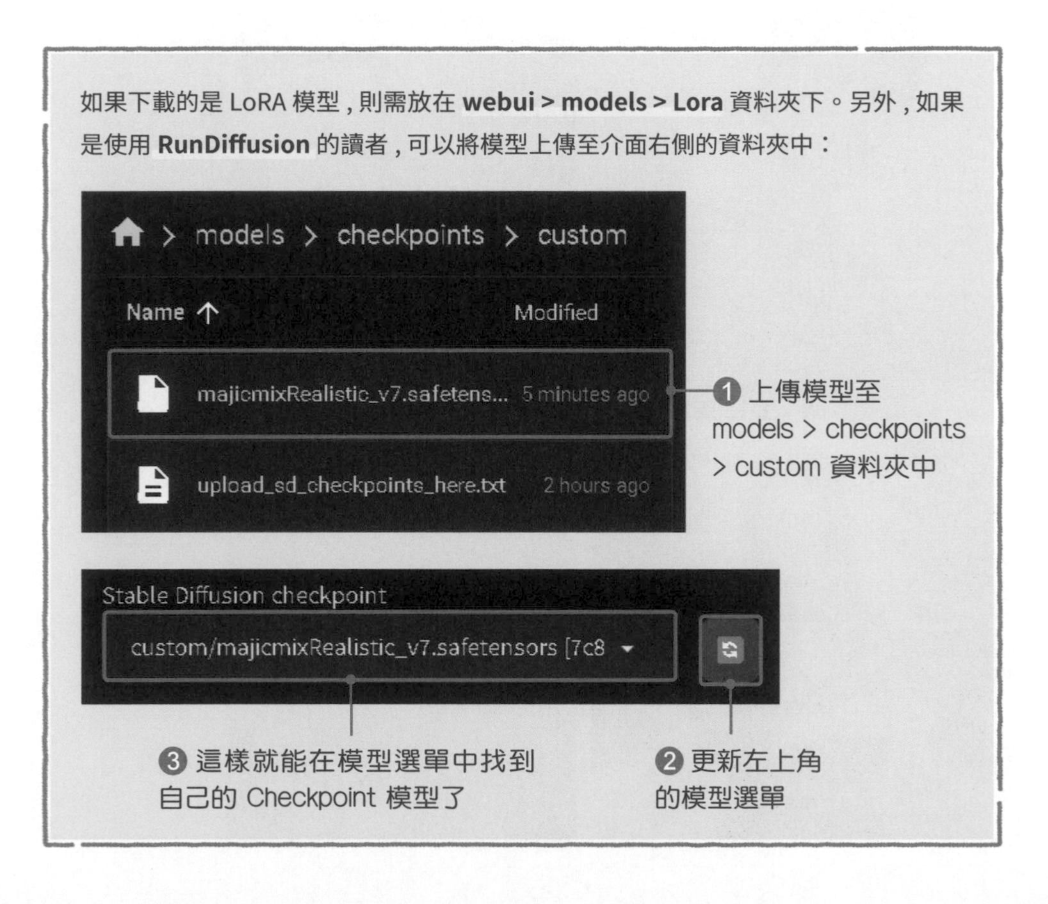

❶ 上傳模型至 models > checkpoints > custom 資料夾中

❷ 更新左上角的模型選單

❸ 這樣就能在模型選單中找到自己的 Checkpoint 模型了

模型風格介紹

在這一節中，我們會介紹幾種常用的 Stable Diffusion 模型。希望你在閱讀本節後，能夠更熟悉這幾種模型，並能依據想要的繪圖風格來選擇模型。

Realistic Vision

Realistic Vision 擅長繪製超級擬真的虛擬人物照。

majicMIX

近期最火爆的 majicMIX, 擅長繪製亞洲女性。

Kakarot 2.8D

同樣擅長繪製正妹照，但增添了些許手繪風的藝術風格。

DreamShaper

DreamShaper 擅長繪製美版藝術圖像。

RealCartoon-XL

RealCartoon 在美術基礎上加入了卡通風格，旗下還有 2D 或 3D 的系列。

ReV Animated

同樣擅長繪製美版風格，不過加入了更多光影與層次上的細節。

MeinaMix

MeinaMix 為日版動漫風格的佼佼者。

OrangeMix

OrangeMix 同樣擅長日版風格，但光線感較為柔和。

使用 PNG info 查找圖像資訊

如果我們在網路上找到一張不錯的圖像，想知道當初生成時所用的 Prompt 和參數，可以將圖像丟入至 PNG info 中來查看圖像資訊（**注意！要使用 Stable Diffusion 生成的圖像才能查找相關資訊喔**）。

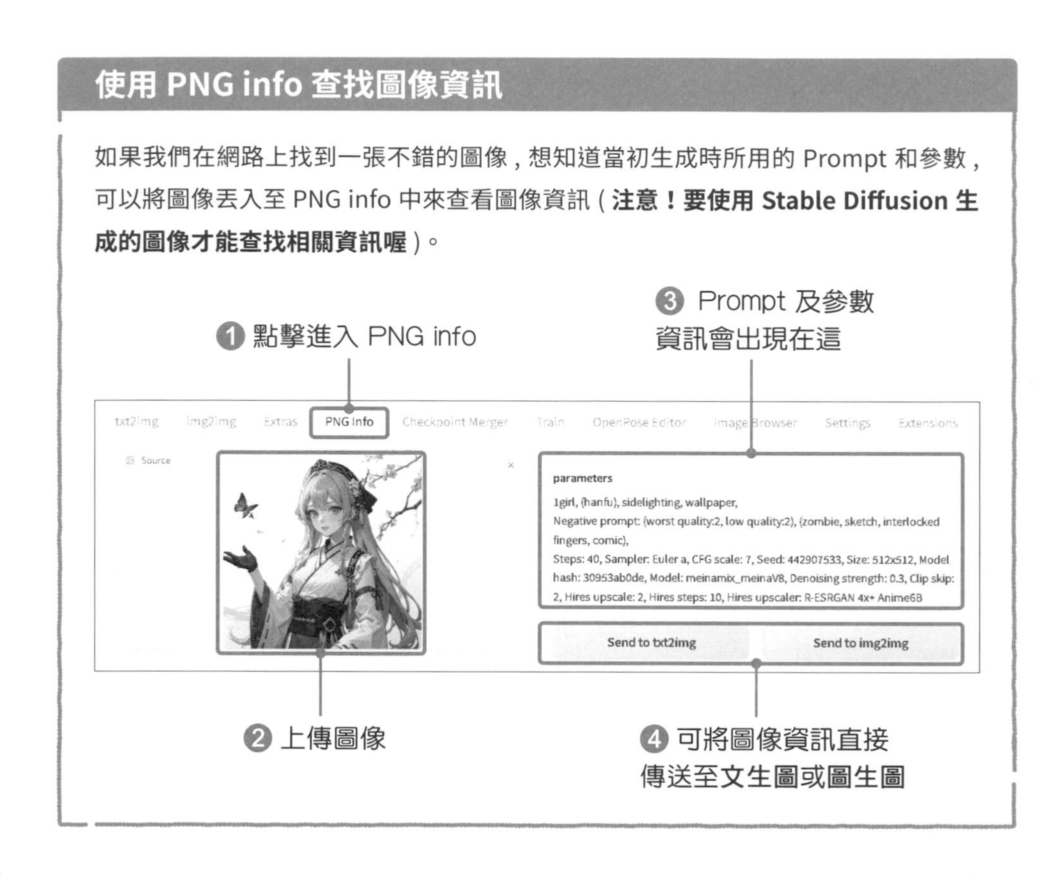

4-3 文生圖 (txt2img) 使用方法

接下來，我們會介紹 Stable Diffusion 最基礎的兩個功能－**txt2img** 和 **img2img**。與 Midjourney 類似，我們可以使用文字描述來生成圖像（文生圖），也能使用現有圖像來產生新圖像（圖生圖）。但 WebUI 的介面較為複雜，初學者可能會對一堆專有名詞感到很困惑。但不用擔心，我們接下來會循序漸進地介紹各種功能，熟悉之後你就會漸漸發現 Stable Diffusion 的強大之處。

輕鬆上手文生圖

STEP 1 進入文生圖頁面

txt2img 的介面主要分成三大區域，。稍後我們會對 **Prompt 格式跟微調選項區**詳細介紹

STEP 2 開始你的第一張創作吧！

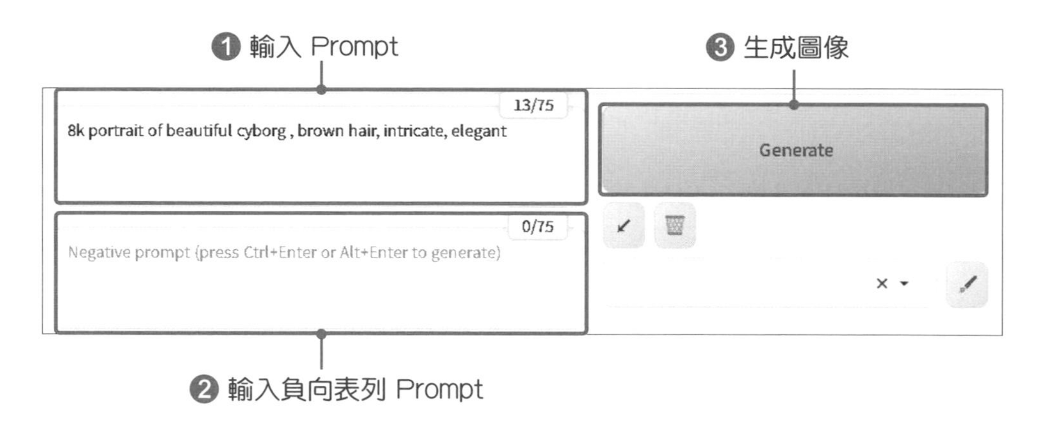

與 Midjourney 一樣，輸入任意的提示詞就可以開始產生圖片了！剛開始所生成的圖像精緻度可能較差，不過別擔心，Stable Diffusion 最擅長的就是能夠駕馭多種圖像風格，且可調整的選項非常多

Prompt 格式

在 Stable Diffusion 中，Prompt 的規則和 Midjourney 有些許不同。我們在這邊統整了一些常用的 Prompt 輸入規則，如下所示：

1. Stable Diffusion 可使用**正向表列 (Prompt)** 和**負向表列 (Negative Prompt)**, Negative Prompt 可以移除掉不需要的畫風、物件或結構。
2. 關鍵詞之間一般用**半形逗號**來分隔, 也可以使用 + 和 |, + 通常連接短關鍵詞； | 則是融合符號, 用於循環繪製效果 (例如輸入 black T-shirt | green T-shirt 會生成黑綠相間的衣服)。
3. 越往前的關鍵詞權重越高。
4. 空格和換行不會影響關鍵詞的權重。

5. 可以在關鍵詞的後面加上「**:<數值>**」來改變權重。另外,對**關鍵詞加上括號 ( ) 可以增加權重為 1.1 倍**;而**方括號 [ ] 則會減少權重為 0.91 倍**。

接下來，我們將透過實際範例，讓你能更加了解 Prompt 對於生成圖片的影響。在這邊，我們使用 **dreamshaper_8** 模型進行繪製，想跟著操作的讀者也可以下載此模型，試試看有沒有辦法畫出一模一樣的圖像。

首先，請在 Prompt 框中輸入「**8k portrait of beautiful cyborg , brown hair, intricate, elegant**」等提示詞，並設定微調選項區中的 **Seed：669512997**（如果沒有固定隨機種子，每次所生成的圖片都會有所不同)，其他選項依照預設即可。就讓我們開始一步一步修改圖像細節吧！

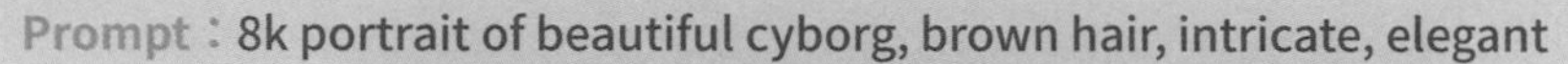

我們不希望改造人的臉部出現異物，加入 (disfigured) 的負面提詞

Prompt：8k portrait of beautiful cyborg, brown hair, intricate, elegant

Negative Prompt：(disfigured)

機器人的臉太西方了，
加入 taiwanese face 來繪製亞洲臉孔

Prompt：8k portrait of beautiful cyborg, brown hair, intricate, elegant, taiwanese face

Negative Prompt：(disfigured)

將 brown hair 改成 brown hair | yellow hair 達到頭髮顏色的交互繪製效果

Prompt：8k portrait of beautiful cyborg, brown hair | yellow hair, intricate, elegant, taiwanese face

Negative Prompt：(disfigured)

不夠明顯！讓我們加上雙括號 (()),
強化改造人和漸層頭髮元素

Prompt：(8k portrait of beautiful cyborg), ((brown hair | yellow hair)), intricate, elegant, taiwanese face

Negative Prompt：(disfigured)

只要對 Prompt 稍加修改，我們就能對圖像細節進行增添或刪減，或是對重點進行強化，這也許就是為什麼其他人的 Prompt 都越來越長的原因！閱讀到這邊的讀者，可以盡情發揮想像力，為機器人加入更多背景或動作細節。接下來，我們會介紹 Stable Diffusion 的微調選項區，讓你能對圖像進行更多細節上的調整。

微調選項區

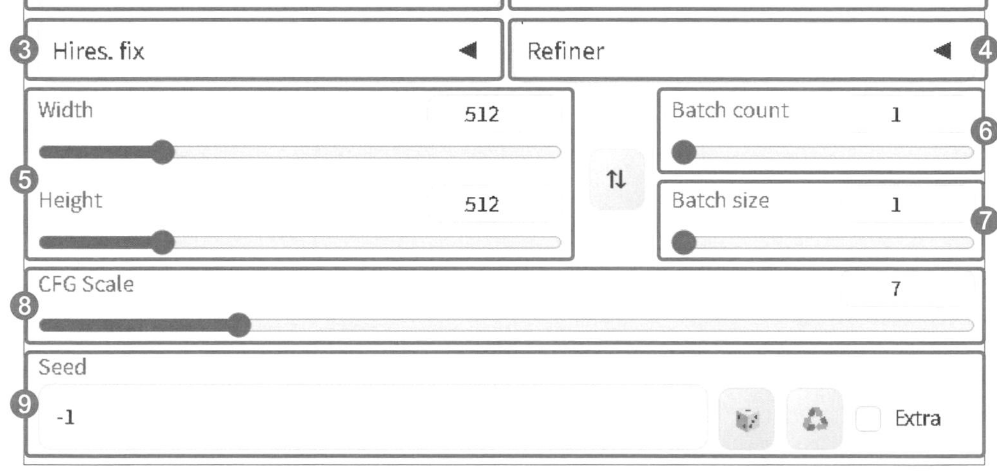

❶ 圖像採樣處理，影響圖像風格
❷ 採樣步數，值越高會增加採樣處理的影響程度
❸ 高品質圖像，會花費較久時間運算
❹ 精修模型，對圖像細節進行加強
❺ 圖像的寬跟高
❻ 每次輸出批次（共算幾次）
❼ 每批輸出圖像張數（一次算幾張）
❽ Prompt 相關性
❾ 隨機種子設定

筆者認為，生成圖像的過程像在抽獎，而善用這些功能區選項可以提升我們抽到大獎的機率。這些功能區選項不管是 **txt2img** 或 **img2img** 都可以使用，以下我們會介紹幾種常用的功能區選項：

- **Sampling method（採樣方法）& Sampling steps（採樣步數）：**

  這兩個選項是指生成圖像過程中處理雜訊的設定，其中採樣方法會影響圖像的風格；採樣步數越多則通常越細緻（但時間會更長）。因本書非模型原理專書，在這邊就不多加著墨了。以下我們列出了幾種採樣方法所生成的圖像。

Euler a

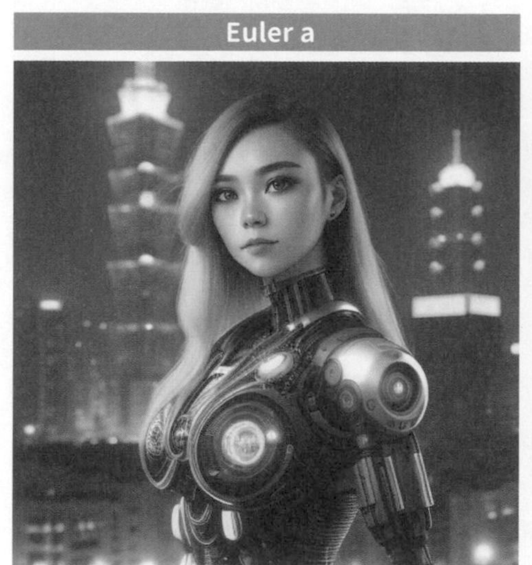

LMS

DDIM

Restart

DPM++2M Karras

DPM++3M SDE Karras

▲ 採樣方法會影響模型所生成的圖像風格。採樣步數通常會設置在 **20 ~ 30**。如果對於所生成的圖像不甚滿意，不訪換個採樣方法和調整採樣步數試試。

- **Hires. fix (高品質圖像)：**

  展開後可生成更高解析度的圖像，但會增加運算負擔並降低速度，**不建議開啟**。較推薦的作法是，當抽到不錯的圖像時，**可將隨機種子固定後再開啟 Hires. fix 功能，或是傳至上方標籤中的 Extras 功能來生成高解析度圖像**。

- **Refiner (精修模型)：**

  在使用基礎模型生圖後，可使用 Refiner 模型對圖像進行第二次的補強，此功能可融合兩種模型的風格，或是在人臉修復的部分非常好用。

- **Width (圖像寬度) & Height (圖像高度)：**
  預設為 512 × 512 像素，使用者可以自行調整影像尺寸。如果發現圖像發生破圖、失真 (例如，人像變成水桶腰、臉部歪斜或是發生多張臉等狀況), 這時對圖像的長寬進行調整會有不錯的改善。

- **batch count (輸出批次) & batch size (輸出張數)：**
  batch count 會進行多次算圖；而 batch size 則是每次算圖時的圖像張數。簡單來說，就是**共算幾次**跟**一次算幾張**的差別。每次算圖都是加入隨機噪聲的過程，所以 batch count 會產生更高的隨機性。**建議將 batch count 設置為 2 或 4**, 而 **batch size 設置為 1** (可依電腦配備來調整)。

- **CFG (縮放因子)：**
  CFG 為 Prompt 的影響程度，與 Midjourney 的 stylize 類似。CFG 的值越高，所生成的圖像會越符合文字描述；若值越小，模型則會加入自己的創意。下圖為輸入「**female, student , blue suit, long straight hair, beautiful face**」等提示詞所產生的圖像。

CFG 7

CFG 13

▲當設定 CFG 值為 13 時，生成的圖片更符合 student、blue suit、long straight hair 等提示詞，而 CFG 為 7 時，模型則忽略了「long straight hair (長直髮)」和「blue suit (藍色西裝)」等要素

- **Seed（隨機種子）：**

  在生成圖像時，就算輸入相同的 Prompt，每次所生成的圖像都會有所差異。而固定 Seed 則可以讓圖像的生成方式穩定下來，讓所生成的圖像相同。這在慢慢調整影像時（例如，影像構圖、焦距、角度或加入物件時）非常有用！但是，就算固定 Seed，也不可能讓每次生成的人物長得一模一樣，若要解決這個問題，勢必要訓練出一個專屬的 **LoRA** 模型。

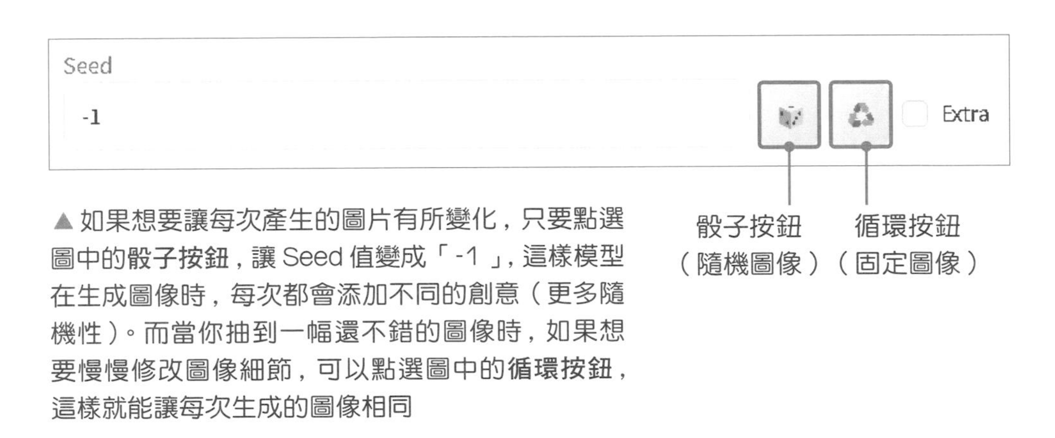

▲ 如果想要讓每次產生的圖片有所變化，只要點選圖中的**骰子按鈕**，讓 Seed 值變成「-1」，這樣模型在生成圖像時，每次都會添加不同的創意（更多隨機性）。而當你抽到一幅還不錯的圖像時，如果想要慢慢修改圖像細節，可以點選圖中的**循環按鈕**，這樣就能讓每次生成的圖像相同

4-4 圖生圖 (img2img) 使用方法

img2img 讓我們能透過擴增原圖風格的方式來產生新圖像。在 AI 繪圖的世界裡，我們可以把模型視為「繪師」，每個繪師的風格都不太一樣；而原圖就像是我們交給模型的「設定稿」，讓其依據原圖色彩來生成新圖像。接下來，我們會一步一步詳細介紹 Stable Diffusion 中的圖生圖功能。

輕鬆上手圖生圖

STEP 1 進入圖生圖頁面

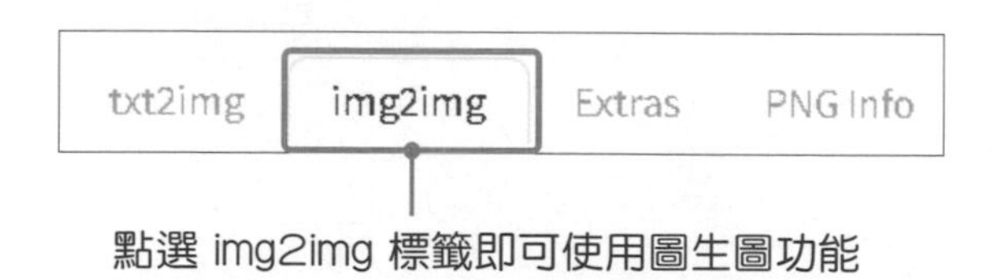
txt2img
img2img
Extras
PNG Info
點選 img2img 標籤即可使用圖生圖功能

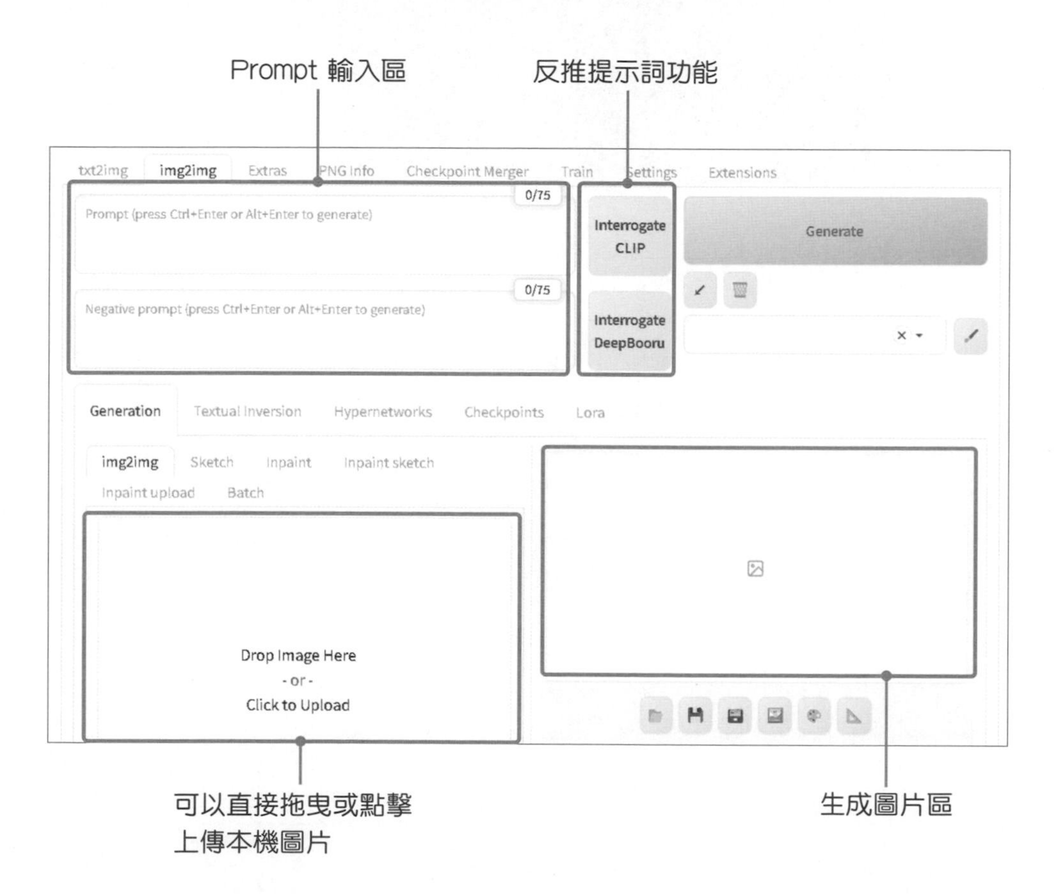
Prompt 輸入區
反推提示詞功能
txt2img
img2img
Extras
PNG Info
Checkpoint Merger
Train
Settings
Extensions
0/75
Prompt (press Ctrl+Enter or Alt+Enter to generate)
0/75
Negative prompt (press Ctrl+Enter or Alt+Enter to generate)
Interrogate CLIP
Interrogate DeepBooru
Generate
Generation
Textual Inversion
Hypernetworks
Checkpoints
Lora
img2img
Sketch
Inpaint
Inpaint sketch
Inpaint upload
Batch
Drop Image Here
- or -
Click to Upload
可以直接拖曳或點擊上傳本機圖片
生成圖片區

STEP 2 上傳圖片

◀ 拖曳或點擊即可上傳圖像，在此範例中我們上傳一張小女孩看海圖

STEP 3 調整微調選項區

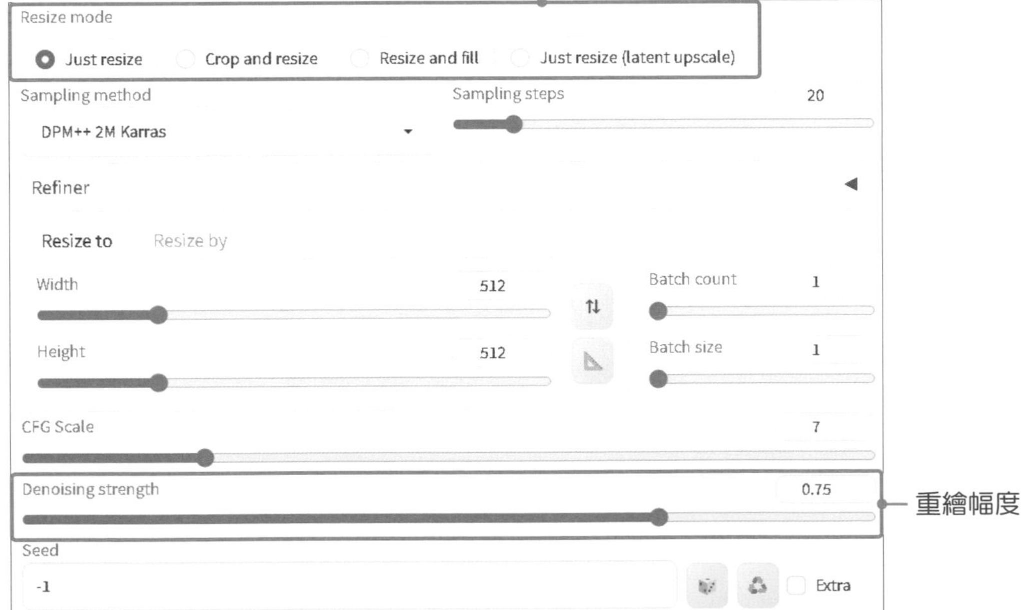

▲ 滾輪下滑即可看到微調選項區，基本上與文生圖相同，但多了 **Resize mode**（圖像縮放模式）和 **Denoising strength**（重繪幅度），稍後會詳細介紹

反查 Prompt 並生成圖片

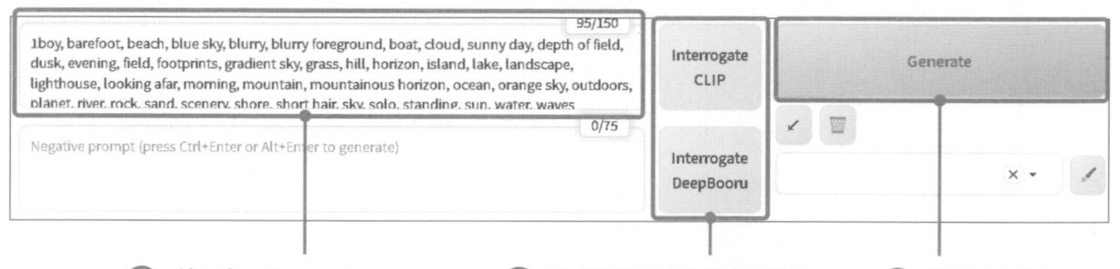

❷ 修改 Prompt。這邊我們將 Prompt 中的女孩改成男孩

❶ 點選可以反查此圖的 Prompt, 建議使用 Interrogate DeepBooru

❸ 開始抽獎吧！

▲ 生成的圖片會出現在 WebUI 的右下角。基本上沒有辦法一次就生成完美的圖像，此時需要反覆測試並對 **Prompt** 或功能區選項進行調整，這個過程類似於抽獎，直到產生滿意的圖像為止

圖像縮放

在圖生圖的微調選項區中，可以自行設定生成圖像的「寬和高」，而縮放模式共有 4 種，分別是**拉伸**、**裁切**、**填充**及**調整大小**。這 4 種模式會對生成的圖片產生大幅度的影響，讓我們跟著步驟一一來介紹吧！

STEP 1 調整縮放尺寸

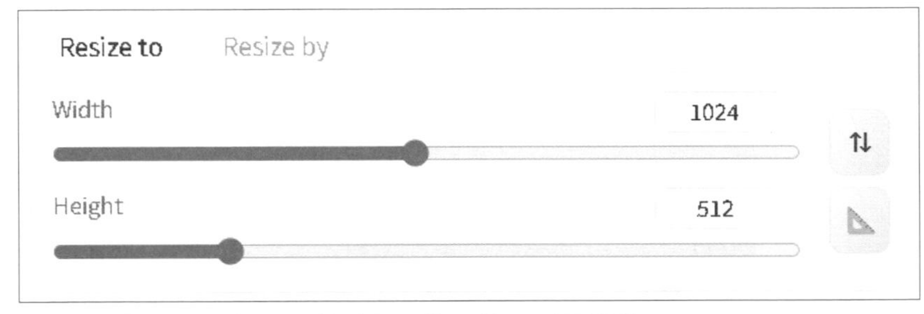

▲ 延續「男孩看海圖」的範例，將圖像尺寸調整為 1024 × 512

STEP 2 選擇圖像縮放模式

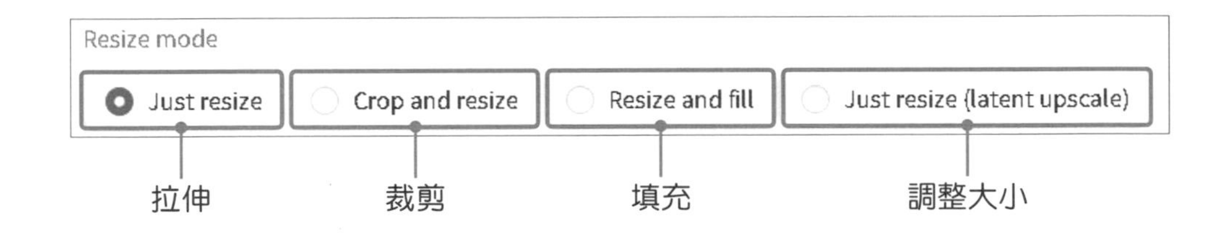

以下為 4 種縮放功能介紹：

- **Just resize (拉伸)：**

▲原圖 (512 × 512)

▲拉伸 (1024 × 512)

拉伸功能如同字義，會直接將圖片拉伸至指定尺寸並重新算圖，景物大致不變

- **Crop and resize（裁剪）：**

▲原圖 (512 × 512)

裁剪 (1024 × 512)

裁剪功能會先對原圖進行裁剪，然後等比例放大算圖，景物有所刪減

- **Resize and fill (填充)：**

▲ 原圖 (512 × 512)

▲ 填充 (1024 × 512)

填充功能會將原圖尺寸不足的地方進行重新繪圖，景物有所增加

- **Just resize-latent upscale (調整大小)**：

▲ 原圖 (512 × 512)

▲ 調整大小 (1024 × 512)

調整大小功能與拉伸類似，但會添加模型自己的創意 (隨機性更高)

重繪幅度

Denoising strength 0.75

▲如前所述，我們可以把模型看作繪師，而重繪幅度代表繪師依樣畫葫蘆的程度。若重繪幅度的值越小，模型就會完全依據設定稿來繪圖；而重繪幅度的值越大，模型會開始突發奇想，加入一些自己的創意

另外在 Stable Diffusion 中，有兩個非常強大的外掛功能－**ControlNet** 和 **LoRA**。這是使用 Stable Diffusion 時必須要學會的精髓。簡單來說，ControlNet 可以幫助我們控制圖像的構圖（例如，人物姿勢、建築格局等）。而 LoRA 則是**微調**原模型，讓模型記住新樣本的**人物**或**風格**。因其功能較為複雜，我們會於後續章節在詳細介紹。

4-5 使用 Extras 提高圖像解析度

我們之前有提過，在生成圖像時，不建議開啟 Hires. fix（高品質圖像）功能。原因在於，開啟 Hires. fix 會導致運算時間增加大約 4 至 16 倍。由於每次生成圖像的過程都是隨機的，如果不滿意抽到的圖像，那就白白浪費額外的等待時間了。若想提高圖像品質，除了設定固定的隨機種子外，**我們還可以利用 Extras 功能來提升圖像解析度**，步驟如下：

STEP 1 進入 Extras 頁面

txt2img　img2img　Extras　PNG Info

點擊上方的 Extras 標籤

STEP 2 上傳欲提高品質的圖像

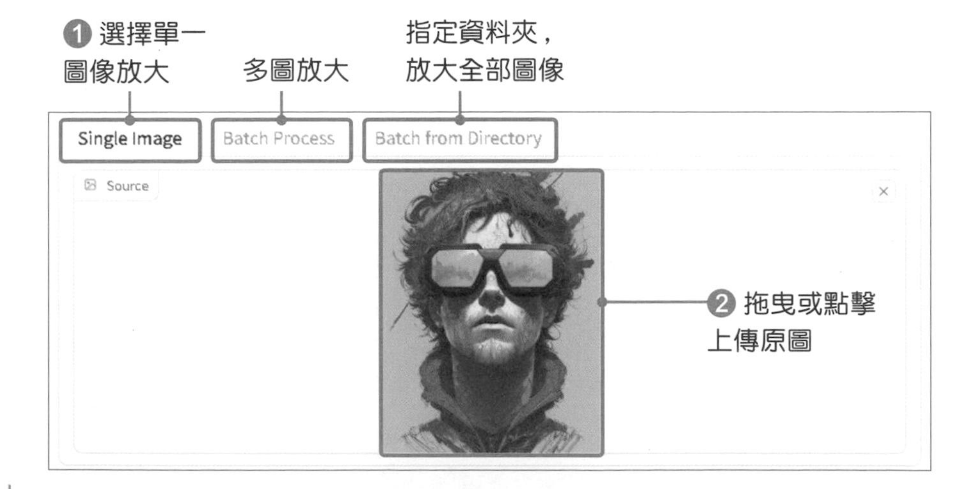

STEP 3 選擇放大器

在選擇放大器時，會看到一大堆的專有名詞 (Lanczos、Nearest、ESRGAN_4x、LDSR…等)。看不懂怎麼辦？這邊我們推薦兩種放大器來使用，**如果是寫實風格的圖像，建議選擇 R-ESRGAN 4x+；如果是動漫風格的圖像，則建議選擇 R-ESRGAN 4x+ Anime6B**。另外，同時使用兩種放大器的效果並不明顯，選擇放大器 1 即可。

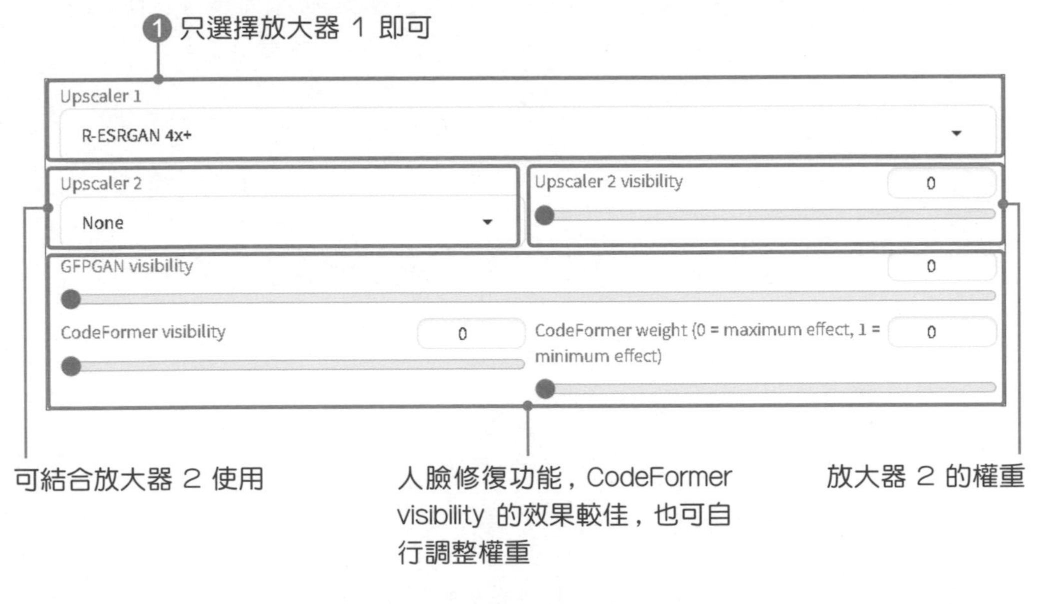

STEP 4 選擇放大倍數並生成圖像

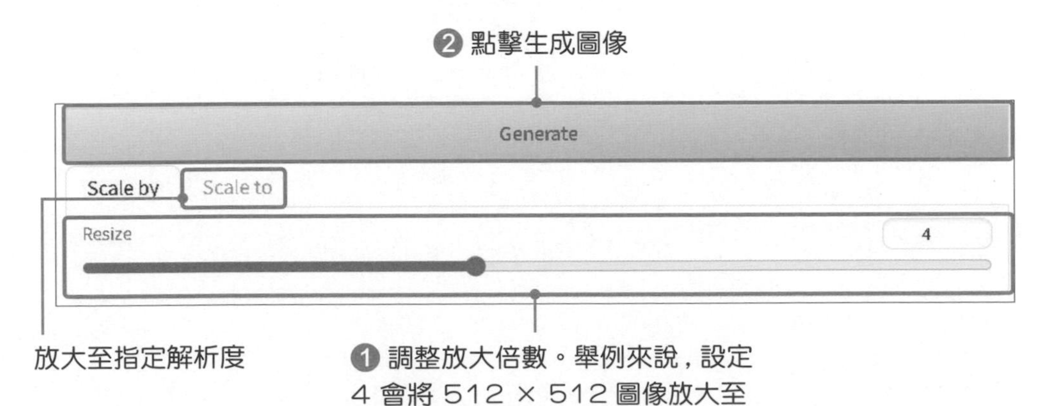

▲ 可以發現，圖像解析度提升的同時，細節也變得更豐富了！

4-6 搭配 ChatGPT 來生成 Prompt

我們之前介紹過如何請 ChatGPT 來幫助我們生成適合的 Prompt。在這節中，我們會對之前的訓練命令進行修改，使其更符合 Stable Diffusion 的格式。ChatGPT 的訓練命令如下。

請將下列語句輸入至 ChatGPT 的對話框中（可開啟檔案 Prompt-SD.txt 來複製）：

```
你現在是一個 Prompt 生成的AI。我將在之後的對話框中輸入 Concept, 然後你會將
Concept轉換為可供「圖像生成AI」使用的 Prompt 和 Negative Prompt。使用括號
( ) 可以增加關鍵詞的權重為 1.1 倍, 而使用方括號 [ ] 則會減少權重為 0.91 倍
。
以下是範例:

Concept: 冬天的挪威女人

Prompt: professional portrait photograph of a gorgeous Norwegian girl
in
Winter clothing with long wavy blonde hair, ( (sultry flirty look) ),
freckles,
```

接下頁

```
beautiful symmetrical face, cute natural makeup, ( (standing outside
in snowy
city street) ), stunning modern urban upscale environment, ultra
realistic,
Concept art, elegant, highly detailed, intricate, sharp focus, depth
of field,
f/1. 8, 85mm, medium shot, mid shot, (centered image composition),
(professionally color graded), ( (bright soft diffused light)
),volumetric fog,
trending on instagram, trending on tumblr, hdr 4k, 8k

Negative Prompt: (bonnet),  (hat),  (beanie),  cap,  ( ( (wide shot) )
),
(cropped head), bad framing, out of frame, deformed, cripple, old,
fat,ugly, poor, missing arm, additional arms, additional legs,
additional head, additional face, multiple people, group of people,
dyed hair,  black and white,  grayscale

如果你了解了，請等待我輸入Concept。
```

將以上訓練命令輸入 ChatGPT 後，接著再輸入希望生成的圖像概念 Concept, ChatGPT 就會生成合適的 Prompt 了！與第 3 章相同，如果我們在網路上找到不錯的圖像，可以對訓練命令的範例進行替換，讓生成的圖像風格相近。詳細的操作步驟可以回頭參閱第 3 章，在這邊就不再贅述了。

特別採訪

彭育騰 Jack Terfict

從 Disco Diffusion 到 Stable Diffusion，除了熱血和樂趣、狂想與創意，採用 AI 生成圖像作為網站設計元素或主視覺的妄念終於看到實踐的曙光。2022 年開始每日都是把專注裝入時間浴池暢快洗沐 AI 繪圖澡的好時光。這是一個接受與享受 AI 繪圖紅利的時代契機。

AI 繪圖工具巡禮

與其問我偏愛哪個 AI 繪圖工具，不如說這些工具適合用在甚麼場合，或是使用上有甚麼限制，我大致上都有所涉獵就大概聊些淺見：

- **Midjourney**：容易使人誤以為晉身 AI 圖像創作者就像吃飯糰那般嚼一嚼吞下去就成，因此其實不適合作為接觸 AI 繪圖工具的開始，以避免被 Midjourney 自帶的高規格 AI 生圖回應，姑息了基本功的缺乏，但的確可以不太認真的先行邂逅她。這是一款付費服務。
- **Stable Diffusion**：開源加持下擁有百家爭鳴源源不絕的第三方功能與各式風格的模型資源，其中不乏高品質的典型，長久以往隨著 AI 技術升級 SD 會是不可或缺的 AI 創圖工具。Stable Diffusion WebUI 與 Comfy UI 都有些操作門檻。本機安裝則需發動熱情油門與口袋深度拔河以決定投資高規格螢幕卡；Google Colab 是本機安裝之外的另一個可行選擇，避免一次掏出 100 張以上的大鈔，每月幾百元小額付款就能在 Colab 和 Google 雲端建構的 SD 繪圖環境玩耍。
- **基於 Stable Diffusion 的線上 AI 繪圖服務平台**：這樣的平台不在少數，多能提供 SD、SDXL 的代表性模型，有些供應免費額度試玩，月費方案也不算貴，介面各勝擅場，需要實際接觸操作才能了解能否對接自己的脾性與當前技術血量。AI 入門者可深度嘗試。

- **Bing Image Creator、Copilot**：提供免費的 AI 生成圖像服務，對創意奇趣提示詞的理解與回應頗能帶來驚喜，也能創造出奇幻世界與神鬼人物動物神獸魔獸各式情境組合。AI 入門者可深度嘗試，揮灑想像力。允許使用現代畫家作為繪圖風格關鍵詞。
- **DALL-E 3**：包含在 ChatGPT 的付費服務。與 Bing Image Creator、Copilot 同源，若使用同一組 prompt 生圖有時會得到較高品質且不那麼相似的風格，DALL-E3 橫式影像尺寸達到 1792x1024 畫素，比起 Bing Image Creator 的 1024x1024 畫素，的確擁有較多的畫素可資精雕細琢。不允許使用現代畫家作為繪圖風格關鍵詞。

有想像力、美學的素養，才能創造高品質作品

人類對高品質圖像的認知各自不同。從工具的角度來看，使用自己擅長且經驗值高的 AI 繪圖軟體，結合廣被推崇深具特色的模型，較有機會得到高品質的作品。從 Prompt 提示詞與創意奇想的角度來看，無論是熱血青年或是圖魂不滅老年，要能操作想像力、水平聯想力、美學素養、目標題材的專業術語、故事情境畫面等，化為自然語言或提示關鍵詞，並能酌量使用 AI 繪圖軟體特有參數規格微調權重，組織為推動 AI 高品質創圖的有效提示文本。

我個人對於可以牽強附會，寫點小幽默設計對白的奇幻主題頗有興致，但也樂於逐漸嘗試各種題材與風格。就算是不小心露出人性黑暗面的創圖，也會沾沾自喜於不必責己，因為是 AI 畫的。

要給 AI 繪圖入門者的話

建議輕鬆點從免費的「Bing Image Creator」、「Copilot」開始 AI 繪圖之路。如果這讓你喜悅了，不論「DALL-E3」或「基於 Stable Diffusion 的線上 AI 繪圖服務平台」、「Stable Diffusion WebUI 與 Comfy UI」或「Midjourney」，都將會是你揮灑圖像創意的遊樂場。

勤於拜訪自己偏好的「基於 Stable Diffusion 的線上 AI 繪圖服務平台」，例如 playgroundai.com 之屬。欣賞各家 AI 創圖者的圖像作品，拜讀其 prompt 提示詞，關注所使用的模型，親自驗證特定關鍵詞的作用，撰寫筆記累積自己的 AI 繪圖技巧資料庫。

善用 ChatGPT。讓她列出你不熟悉領域的專有術語、藝術家、美學派別、圖像風格、光影渲染效果、材質描述…種種資訊需求；甚至讓她幫你撰寫 AI 創圖的提示詞。在社群網站加入 AI 繪圖相關社團、追蹤專家，有助於薰陶自我素養、獲取最新資訊。

Leonard

Leonardo.Ai

是否覺得 Stable Diffusion 操作複雜且門檻較高呢?別擔心,本章所介紹的 Leonardo.Ai 是一個基於 Stable Diffusion 開發的網站工具,具有簡單易用的操作界面和豐富的功能。相信你會對它愛不釋手,不用多花錢訂閱也可以享受到好的 AI 繪圖體驗。

5-1 認識 Leonardo.Ai

Leonardo.Ai 是一款 CP 值極高的 AI 繪圖工具，它基於 Stable Diffusion 的功能再重新設計了使用者操作介面，並加入了特有的 Leonardo 模型。它不僅功能齊全，而且能夠以非常細膩的方式繪製圖像。對於免費會員而言，Leonardo.Ai 每天提供 150 個 tokens 供使用，每生成一張圖像只需使用 1 ~ 4 tokens（依圖像尺寸及複雜度有所差異），非常方便實用。此外，Leonardo.Ai 還能夠延伸製圖、修圖或融合照片。相較於 Stable Diffusion, 操作起來更容易上手。以一張使用 Leonardo.Ai 的 AI 延伸製圖功能的例子：

▲ 這是一張簡單的文字生成圖像

◀ 原圖可以延伸生成出背景、人物下半部

效果很不錯，而且製作過程沒有繁雜的參數調整與規定，現在就來開始學習如何使用 Leonardo.Ai！

5-2 註冊帳號

STEP 1 輸入以下網址來進入 Leonardo.Ai 官網

```
https://Leonardo.Ai/
```

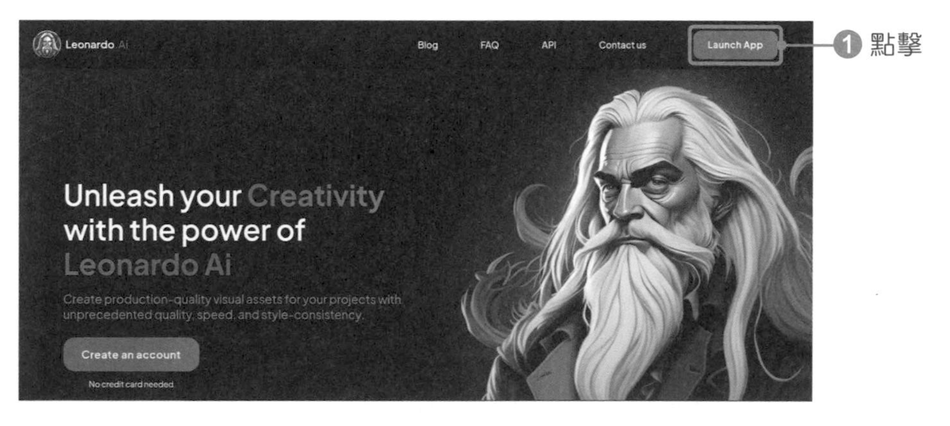

❷ 我們以 Google 帳號登入來做示範

STEP 2 填寫個人資訊

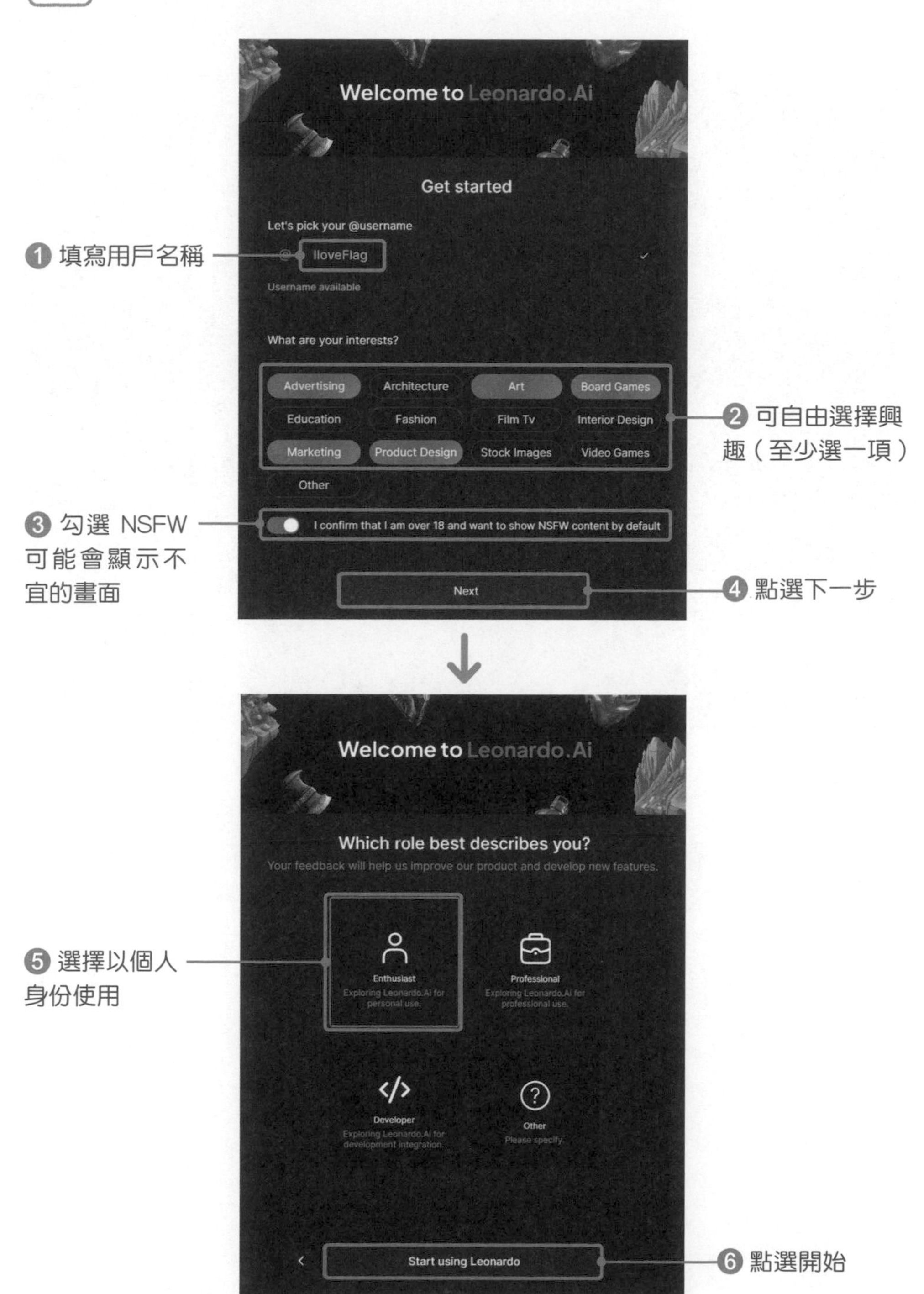

STEP 3 進入到首頁

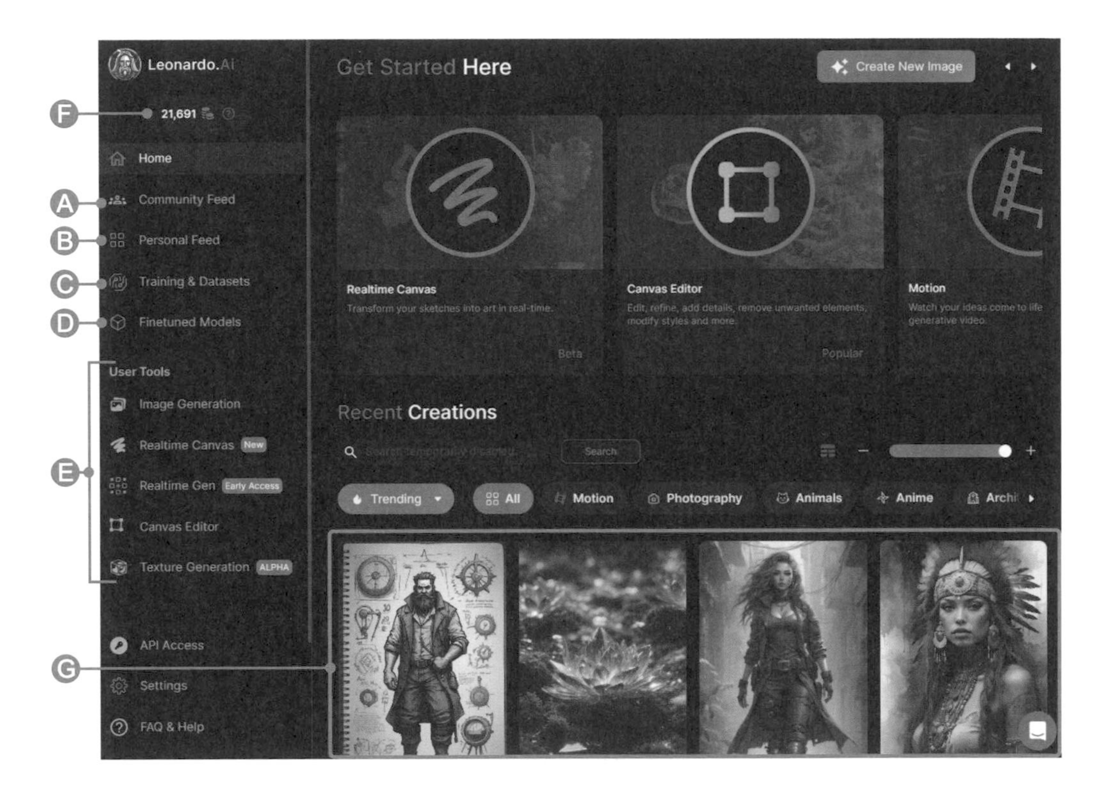

Ⓐ 社群動態
Ⓑ 個人圖稿
Ⓒ 自定義模型與數據集
Ⓓ 微調模型
Ⓔ 使用者繪圖工具
Ⓕ 剩餘 tokens
Ⓖ 其他用戶創作的圖像

主畫面中的圖像都很精美，而你也可以輕易地繪製出相似的圖像，這也是 Leonardo.Ai 簡單易學的優勢，接下來要介紹 Leonardo.Ai 的功能及使用方法。

5-3 快速上手 Leonardo.Ai

功能區選項

進入主畫面後，首先來介紹左側的選單欄，這裡涵蓋大部分功能，看似簡潔其實裡面有很多實用的小工具。

● **Community Feed（社群動態）**：

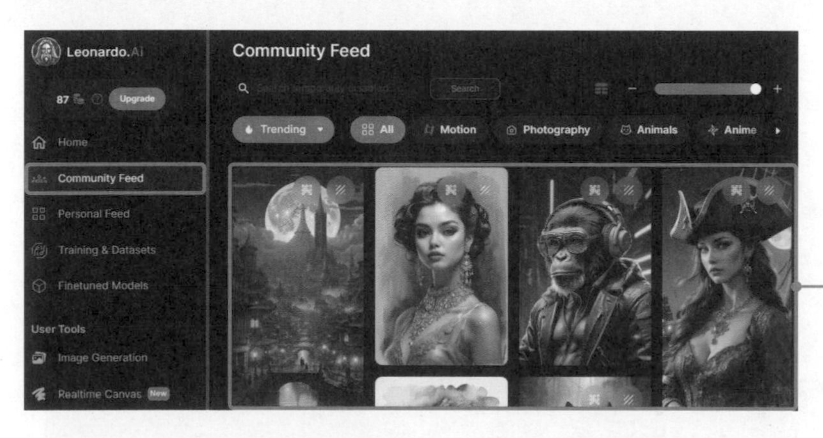

● **Personal Feed（個人圖稿）**：

- **Training & Datasets (自定義模型與數據集)**：
  可以將「相同風格的圖像」提供給模型進行訓練，依照訓練風格生成圖像。我們會在第 11 章詳細介紹。

- **Finetuned Models (微調模型)**：
  我們在第 4 章中提過 Stable Diffusion 有許多不同畫風的模型，而 Leonardo.Ai 亦同。在這邊，我們可以搜尋許多不同畫風的模型，除了有官方提供的模型外，也有素人玩家所訓練出來的微調模型。

- **User Tools (使用者繪圖工具)**：左下方的功能列是我們常用的 AI 繪圖功能，分別是 **AI 生成圖像、即時塗鴉生圖、即時文生圖、AI 畫布、紋理生成**，讓圖像擁有更多元的可能性。

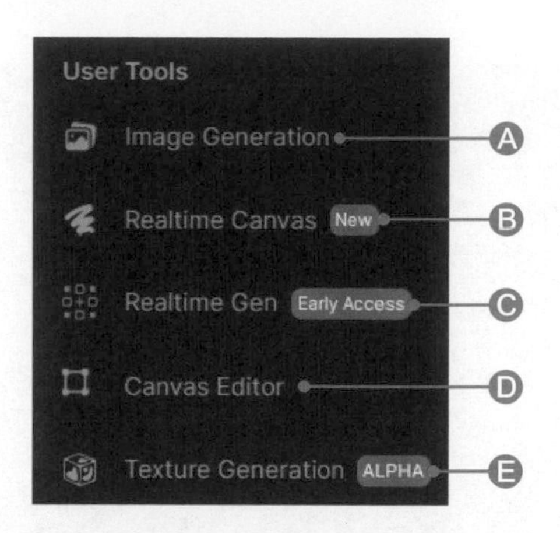

Ⓐ AI 生成圖像：以文生圖或圖生圖的方式來生成圖像，是最基礎常見的功能
Ⓑ 即時塗鴉生圖：可以識別你的隨手塗鴉，馬上生成 AI 圖像
Ⓒ 即時文生圖：可以隨著你輸入 Prompt 的同時生成 AI 圖像
Ⓓ AI 畫布：上傳圖像來編輯或部分重繪，是方便好用的修圖工具
Ⓔ 紋理生成：製作 3D 立體模型，需要自行準備上傳 3D 模型檔，有興趣的讀者可參考以下網址的教學：https://hackmd.io/@flagmaker/HkXcoKjM2

5-4 文生圖教學 (Image Generation)

輕鬆上手文生圖

Leonardo.Ai 的文生圖步驟如下：

進入主頁左下角的 AI Image Generation

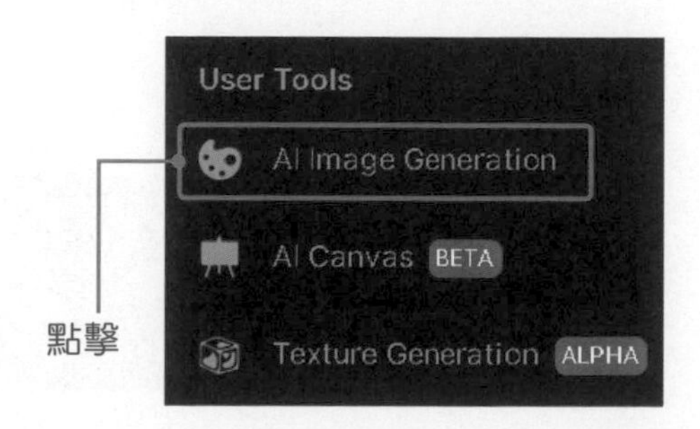

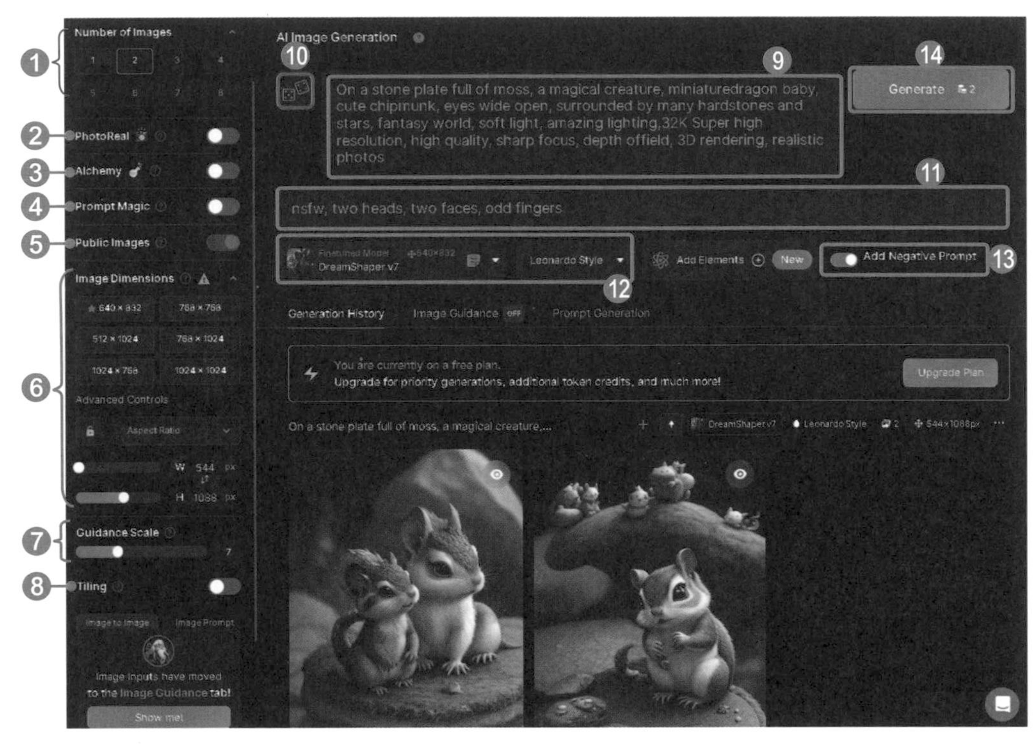

▲ AI Image Generation 主畫面

❶ 生成圖像數量	❻ 圖像尺寸調整	⓫ 負向表列 Prompt 輸入框
❷ 真實攝影	❼ Prompt 權重值	⓬ 選擇模型
❸ 煉金術	❽ 生成紋理圖	⓭ 開啟負向表列 Prompt
❹ Prompt 魔法工具	❾ Prompt 輸入框	⓮ 生成圖片
❺ 生成結果是否公開	❿ 隨機產生 Prompt	

功能區選項調整

接下來，我們會一一介紹左側的功能區的各個選項。

- **生成圖像的數量：**

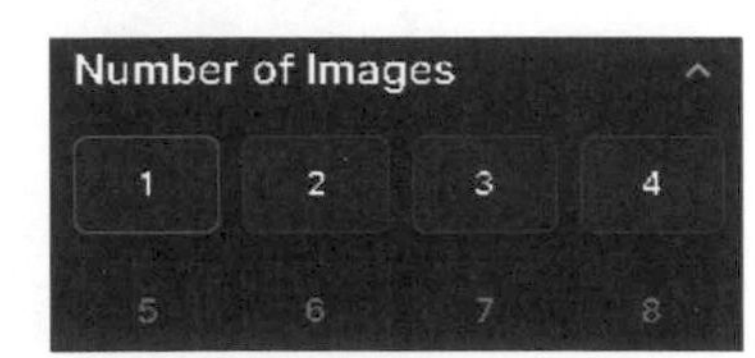

◀ 預設為生成 4 張圖，生成的數量越多會消耗越多 tokens

- **PhotoReal**：

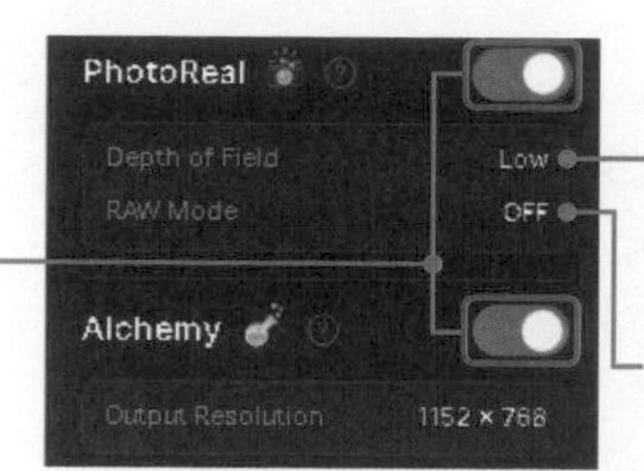

開啟 PhotoReal 後 Alchemy 也會自動被開啟，打造真實攝影的效果

幫助穩定景深效果，層級越低景深就越淺，畫面模糊的部分就越多

如果 Prompt 很長，開啟可以有更好的結果

- **Prompt Magic**：

開啟可以豐富 Prompt 的細節描述

高對比度，開啟後可以讓圖像更具陰影層次

Prompt 魔法工具權重

Prompt Magic

Prompt Magic 可以提高生成圖像的細節。輸入簡單的 Prompt 就能產生高精緻度的圖像，以下為筆者使用 DreamShaper v7 模型並輸入「girl」所產生的圖像。

Prompt Strength 0.2

Prompt Strength 0.4

Prompt Strength 0.6

▲ 可以看到人像的細節越來越多，也越來越逼真

- **圖像尺寸調整：**

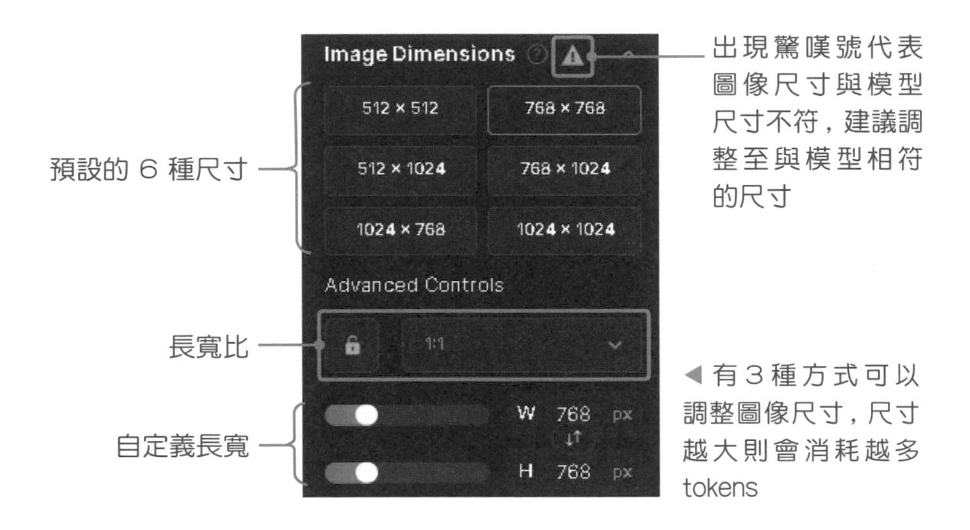

◀ 有 3 種方式可以調整圖像尺寸，尺寸越大則會消耗越多 tokens

- **Prompt 權重：**

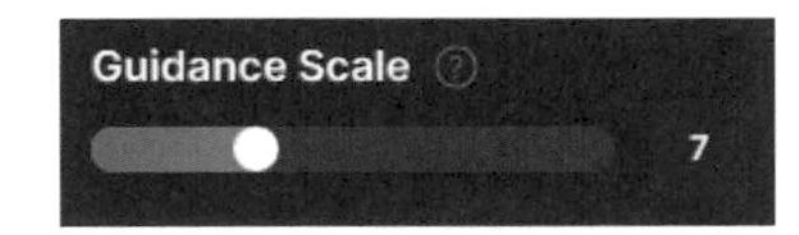

◀ 數值越高則生成的圖像越貼近 Prompt，越低則會生成較創意的圖像

STEP 3 選擇模型

◀ 因為 Leonardo.Ai 是基於 Stable Diffusion 的線上繪圖工具，所以官方提供了 Stable Diffusion 的各種衍伸模型讓大家使用

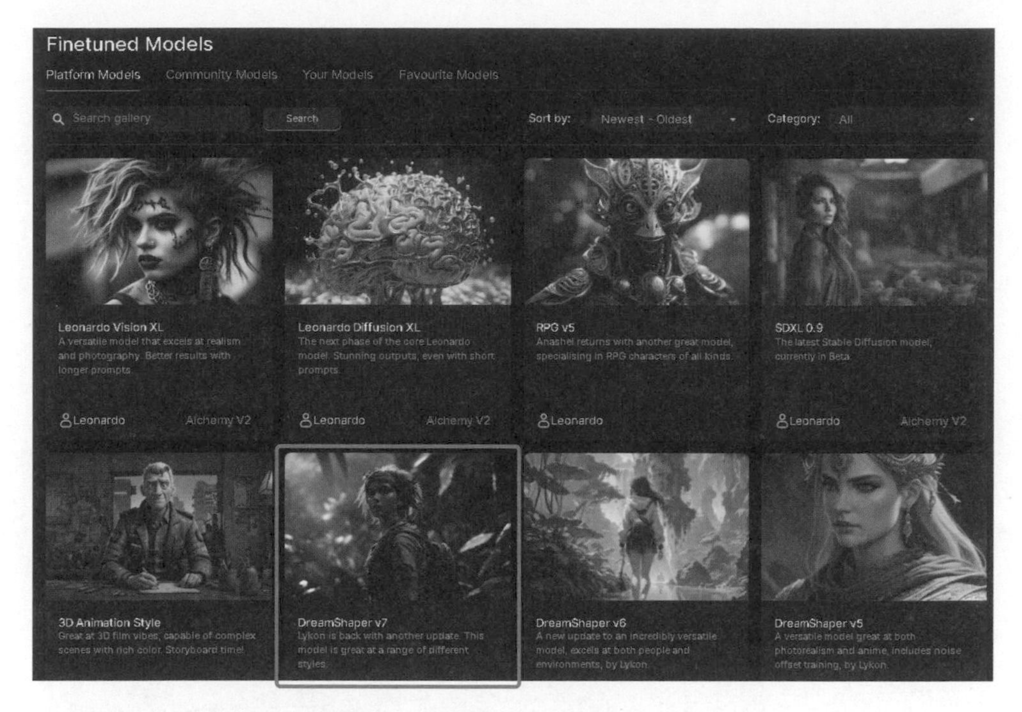

▲ 有多種模型可供選擇。在此範例中，我們使用 DreamShaper v7 模型

STEP 4 輸入 Prompt 並生成圖片

在撰寫 Prompt 的時候，可以參考 3-25 頁所講解的**主題、構圖、環境、照明、視覺風格、顏色、氛圍**來發想。

以下為筆者所輸入的「迷你龍寶寶」Prompt：

Prompt：

```
On a stone plate full of moss, a magical creature, miniature
dragon baby, cute dragon, eyes wide open, surrounded by many hard
stones and stars, fantasy world, soft light, amazing lighting,
32K Super high resolution, high quality, sharp focus, depth of
field, 3D rendering, realistic photos
```

Negative Prompt：

```
nsfw, two heads, two faces
```

在 Negative Prompt 中輸入 nsfw 能夠避免出現辦公場所不宜的圖像

成果圖：

STEP 5 下載圖像

❶ 當游標移動到圖像上時會在下方出現功能列

❷ 按此下載圖像

Prompt 生成工具

透過輸入簡單的名詞或句子，**Prompt 生成工具**會幫我們構思出一串 Prompt 讓我們直接使用。而生成 Prompt 需要 tokens，每個免費用戶總共有 1,000 個 tokens，生成一組 Prompt 會消耗 **1 個 tokens**。

> 此處所消耗的 tokens 並非製作圖像的 tokens，而是生成 Prompt 的專屬 tokens。

使用 Prompt 生成工具的步驟如下：

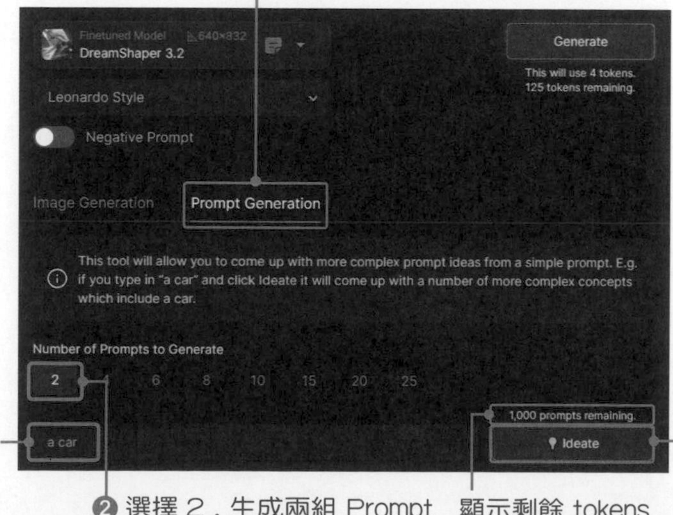

❸ 輸入 a car，以車子為主軸生成 Prompt

❷ 選擇 2，生成兩組 Prompt

顯示剩餘 tokens

❹ 按一下生成 Prompt

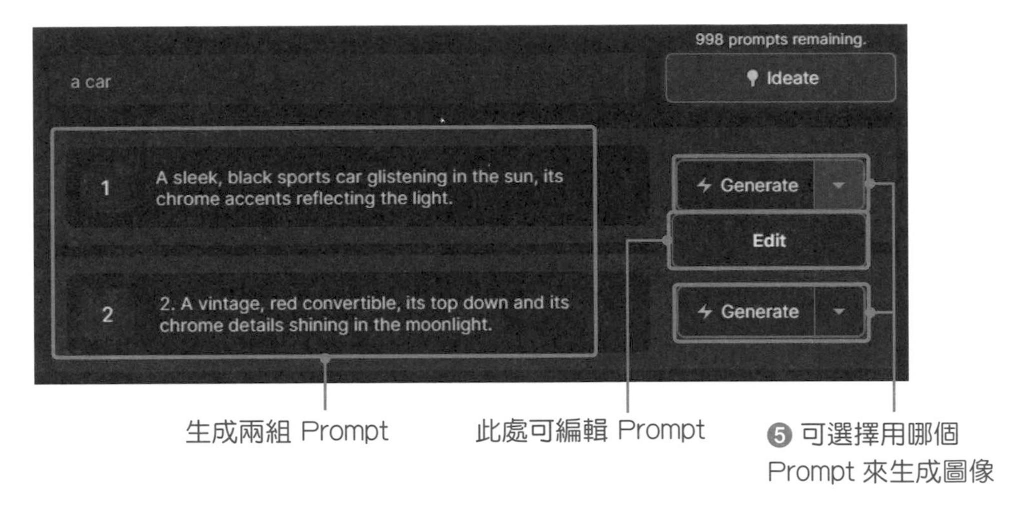

▲ 使用 Prompt 生成工具所生成的圖像，比起我們單純輸入「a car」好太多了！

5-5 圖生圖教學 (Image Generation)

輕鬆上手圖生圖

圖生圖能依照所上傳原圖的「顏色」和「輪廓」等元素來生成新圖，可以透過調整參數來控制生成結果。要使用這個功能，我們需要在 AI Image Generation 裡面的 Image Guidance 頁面進行。

STEP 1 上傳圖像

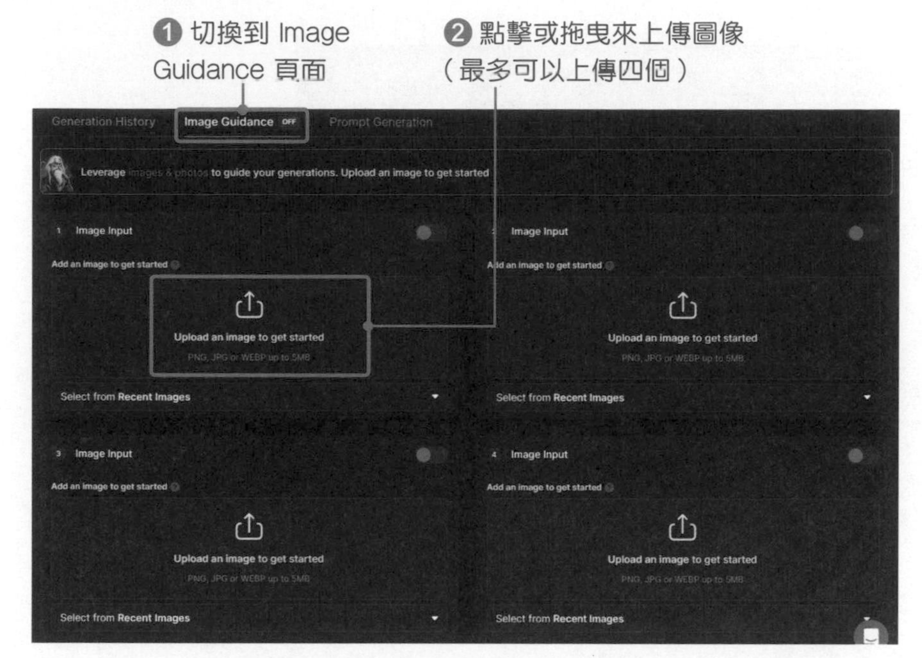

STEP 2 調整功能區選項後，輸入 Prompt 並生成圖像

Prompt：

```
A stunningly beautiful elf with long, flowing hair and piercing blue
eyes, standing in a lush forest surrounded by magical creatures.
```

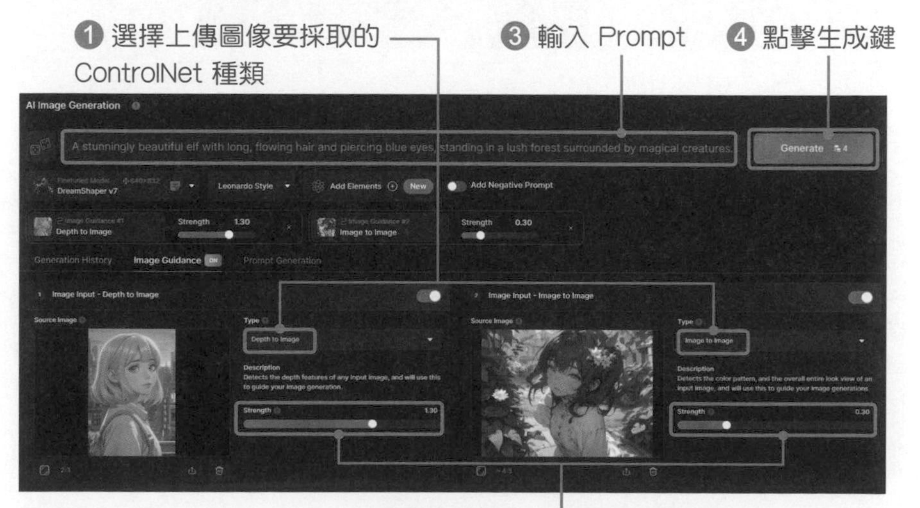

STEP 3 切回 Generation History，就可以看到生成結果

❶ 點選 Generation History

❷ 生成結果（讀者可自行決定要生成幾張圖，此處設定為兩張）

◀ 原圖

◀ 新圖

重繪其他人的創作

除了可以在 AI Image Generation 從零開始進行創作，我們也可以從他人圖像中套用模型設定來製圖。直接選擇一個喜歡的圖像來進行二次創作！

STEP 1 回到主頁 Home 或是 Community Feed，點選一張喜歡的圖像

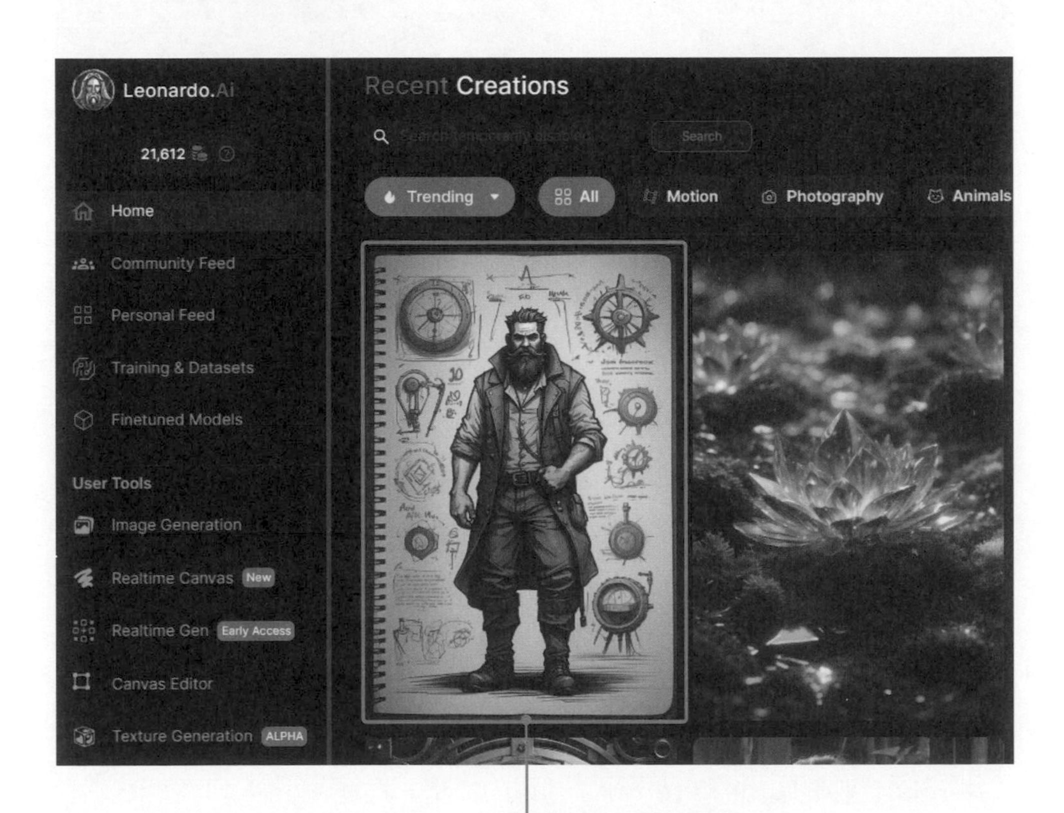

❶ 點擊圖像（讀者可以選擇其他的圖像）

STEP 1 使用 Remix 或圖生圖功能

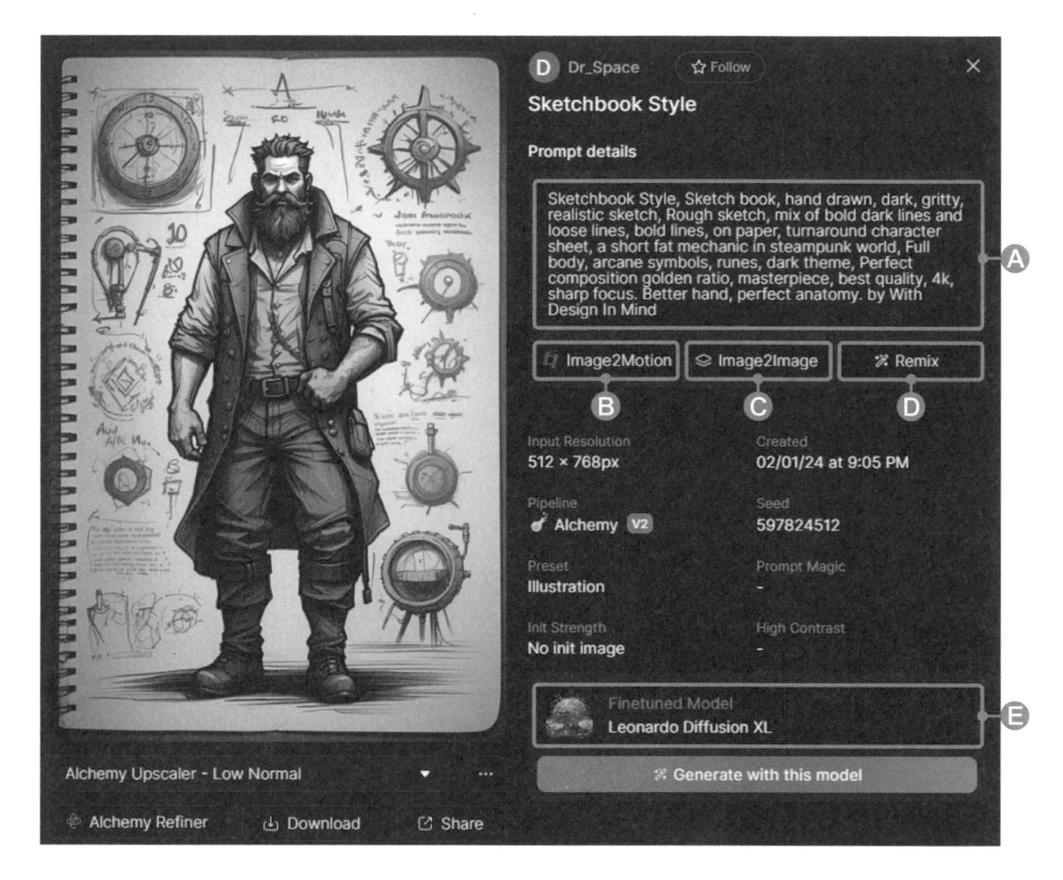

Ⓐ 這張圖所使用的 Prompt
Ⓑ 改成短影片
Ⓒ 圖生圖功能，會將圖一併送入至 AI 生成工具中
Ⓓ Remix 功能，會將此圖像的所有設定送入至 AI 生成工具中
Ⓔ 所使用的模型

Remix 會將此圖像的 Prompt、選用的模型、尺寸大小等一併套用到 AI Image Generation 中，讓我們可以依樣畫葫蘆，生成一個類似的畫作；而 Image2Image（圖生圖）不僅會拉入所有設定，也會將原圖一併送入。兩者的差別其實就是**有沒有包含原圖**。筆者僅有將原先的 Prompt 從男性修改為女性，以下為生成結果：

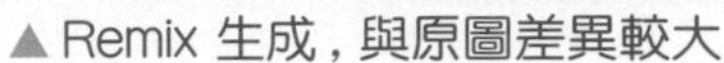

▲ Remix 生成，與原圖差異較大

▲ 圖生圖生成，與原圖較為相似

5-6 圖像延伸與微調 (Canvas Editor)

拍攝好的照片如果覺得構圖、背景、表情等不夠理想，那 Leonardo.Ai 強大的圖片編輯功能，可以做出比擬 Photoshop 做出的修圖效果。以下面這張人物的近照做舉例，我們可以用 Leonardo.Ai 的 AI 畫布 (Canvas Editor) 編輯區來幫照片做延伸與修改。

◀ 原圖人物頭像並不完整

圖像延伸：讓畫面更寬闊

首先進入 Leonardo.Ai 頁面左側的影像編輯專區 Canvas Editor。

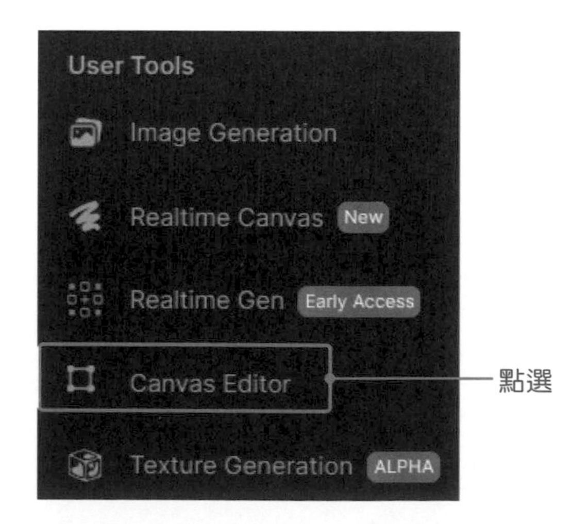

Ⓐ 工具列　Ⓑ 參數調整區　Ⓒ Prompt 輸入框　Ⓓ 負向表列輸入框　Ⓔ 畫面縮放　Ⓕ 置入的相片　Ⓖ 生成方框

功能區選項

進入 Canvas Editor 畫面後，首先來介紹左右兩側的欄位功能。

- **左側工具列**：

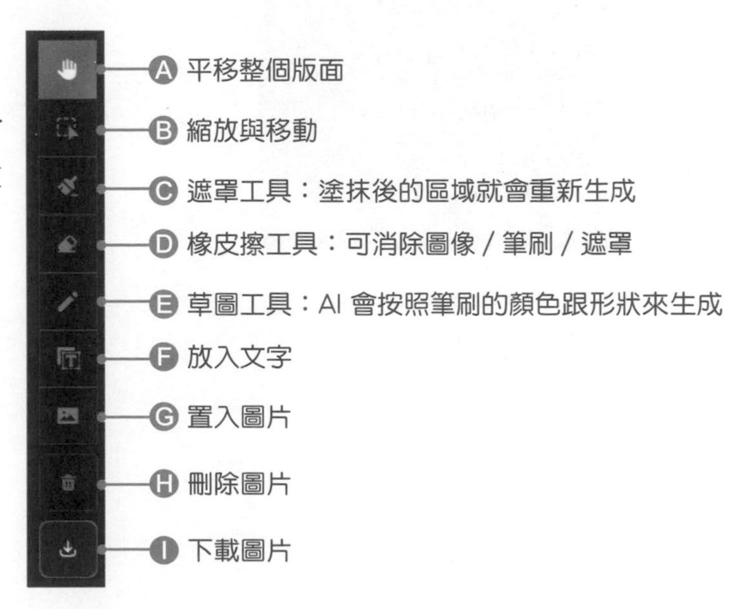

● **右側參數調整區：**

輕鬆拓展圖片

STEP 1 調整圖片

置入照片後調整相片與方框的相對位置，方框內是生成圖片的範圍，所以要預留空位給想要填補的部分。

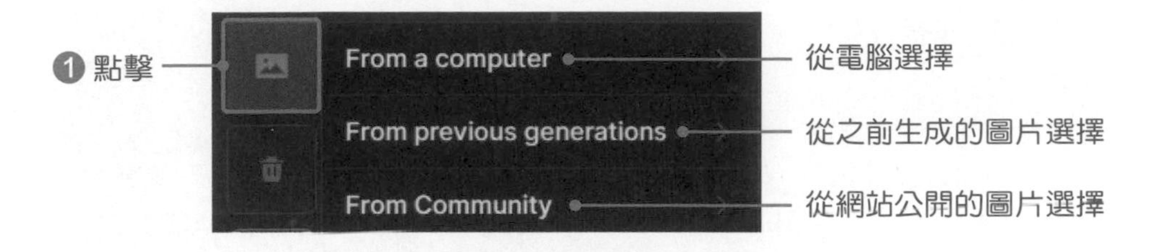
❶ 點擊
From a computer
From previous generations
From Community
從電腦選擇
從之前生成的圖片選擇
從網站公開的圖片選擇

❶ 調整相片與方框，在方框內預留空間給要生成的範圍
平移版面（按空白鍵也可開啟）
移動圖片 / 方框
❷ 選擇 Inpaint / Outpaint 模式
❸ 開啟
Canvas Mode
Inpaint / Outpaint
Change
Outpaint
Inpaint Strength
0.45
Number of Images
1
2
3
4
5
6
7
8
Image Dimensions
512 × 512
768 × 768
512 × 1024
768 × 1024
1024 × 768
1024 × 1024
Advanced Controls
4:3
W 1024 px
H 768 px
Render Density
2x
Guidance Scale
9
This will use 3 tokens.
19,904 tokens remaining.
A beautiful long hair
Generate
❹ 輸入 Prompt，這邊示範 A beautiful long hair girl with a bouquet
❺ 按下生成

STEP 2 生成圖片

成功延伸圖片了，喜歡的就可以按 **Accept** 接著下載，如果都不滿意就按 **Cancel**，再繼續生成圖片。

Ⓐ 生成兩個結果，可左右切換觀看
Ⓑ 取消生成結果
Ⓒ 接受圖片

圖片微調：改變細節

也可以對圖片的特定部位用 **Draw Mask 遮罩工具**做修改，請參考以下教學。

STEP 1 點選 Draw Mask，刷過想要重新生成的部分

STEP 2 將想要增加的物件加入 Prompt 裡，點選生成

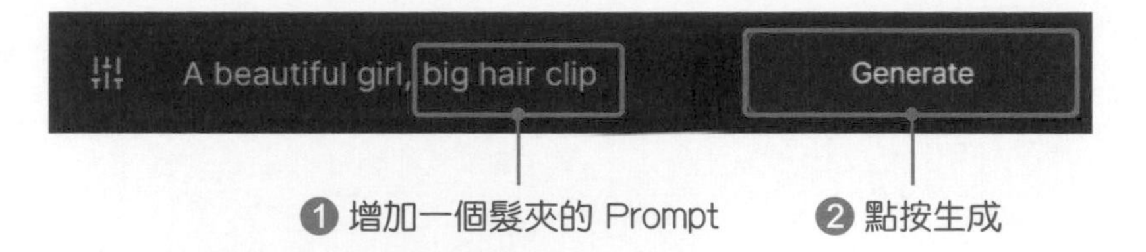

◀ 成功生成髮夾了

5-7 一鍵快速去背 (圖像功能列)

我們自行上傳的圖像無法使用去背功能，但好消息是從 Leonardo.Ai 生成的圖像就沒問題！只要一鍵就能快速去背，不需要借助 Photoshop，輕鬆建立個人專屬素材庫。

先介紹生成圖片區的功能列，僅限從 Leonardo.Ai 生成的圖像才能使用。

圖像功能列選項

在 **Personal Feed (個人圖稿)** 區點擊要去背的圖片**兩次**，或是在 **Image Generation (圖片生成)** 區點擊圖片**一次**後，就會出現圖像功能列。

❶ 點擊圖片 2 次

❷ 出現圖像功能列

Ⓐ 圖片模式（升級或去背的紀錄會儲存在這）
Ⓑ 刪除圖片
Ⓒ 下載
Ⓓ 複製
Ⓔ 去除背景
Ⓕ 高清平滑升級，柔焦效果
Ⓖ 高清清晰升級，增加光影跟立體感
Ⓗ 煉金術升級，可以提升臉部跟手部的精細度

Alchemy Upscaler (煉金術升級) 非常實用，本章最後一節會教你如何用它來改善 AI 生成失敗的手。

輕鬆一鍵去背

只要點選功能列的 **Remove background**，再將圖片模式改成 **No background**，就可以得到去背後的圖片囉。

5-8 手部修復 (圖像功能列、Canvas Editor)

AI 似乎不太會畫手，常常把手生成得奇形怪狀，這是在生成人物圖像的時候常會遇到的問題。這邊會教大家如何從 Prompt 做預防跟改善，或是從 Leonardo.Ai 的圖像編輯工具來修復。

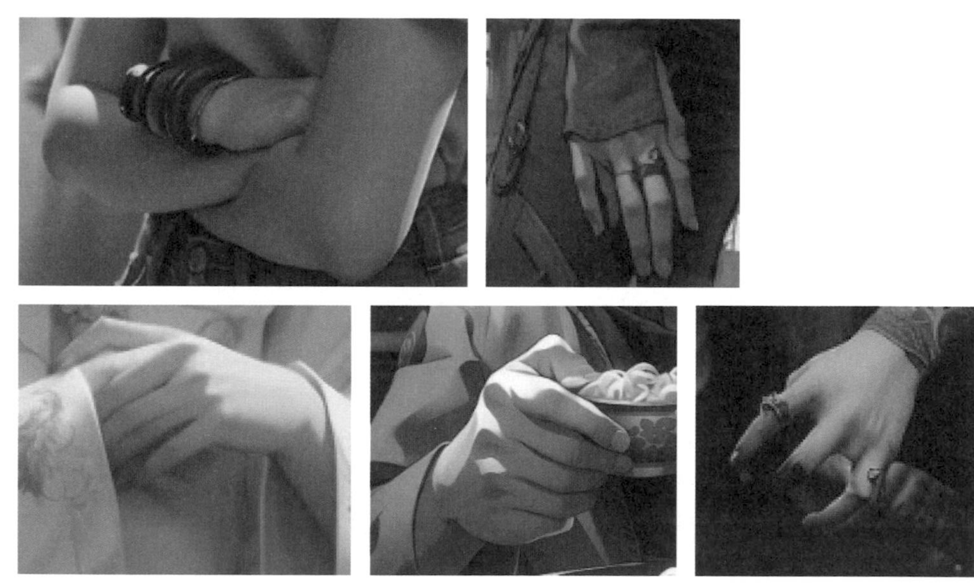

▲ AI 不擅長手部生成

方法一：讓手部生成更完美的 Prompt

1. 精確描述手的狀態跟樣貌

當我們為生成式 AI 工具下 Prompt 時，對於手的描述往往不是很準確。可能只輸入「手」這個詞，卻沒有明確說明手應該做什麼，或者應該如何擺放。

人工智慧顧問 Jim Nightingale 建議可以「**想像訓練圖像可能被標記的樣子，然後從那裡反向設計你的 Prompt**」。如緊握的拳頭，光滑纖細的手指，多毛的指關節……等，以幫助生成器分離出更具體或詳細的圖像。當然這些技巧不會總是有效，我們還是得多嘗試幾次看看。

2. 使用負向 Prompt

第二個方法則是從源頭做預防，可以多多利用負向 Prompt (Negative prompt), 在負向欄位輸入以下關鍵詞，降低 AI 生成錯誤圖像的機會。

- 6 more fingers on one hand (6 根手指的手)
- poorly drawn hands (畫得不好的手)
- extra hands (多出來的手)
- extra arms (多出來的手臂)
- extra fingers (多出來的手指)
- mutation (變形)
- mutilated (殘缺的)
- mutated hands (變異的手)
- missing hands (缺手)
- missing arms (缺手臂)
- missing fingers(缺手指)
- fused fingers (融合的手指)

方法二：使用 Alchemy Upscaler 升級

首先，Leonardo.Ai 的 Upscale (圖像升級) 裡的 **Alchemy Upscaler (煉金術升級) 功能不僅能放大畫素，還可以讓圖片更精緻，順便自動改善手部的外觀**，所以有時真的只需要輕鬆按一個鍵，手部就可以自動被修復。再者，如果手部的修復情形還不甚完美，我們拿放大後的圖像在 **Canvas Editor** 編輯區來修圖，也可以大大提升修圖成功的機率。

尺寸小於 1024 x 1024 像素的圖片會不太夠，**最好的做法是提升到 3000 ~ 4000 像素**，重新生成的效果更好，輸出的細節也會更多。

STEP 1 圖像升級

針對一張手部不甚完美的圖片，在 Personal Feed（個人圖稿）區**點擊兩次**，或是在 Image Generation（圖片生成）區**點擊一次**後，就會出現圖像功能列。有三種圖像升級的選項，請點選 **Alchemy Upscaler（煉金術升級）**。

❶ 點選煉金術升級

Ⓐ 刪除圖片
Ⓑ 下載
Ⓒ 複製
Ⓓ 去除背景
Ⓔ 高清平滑升級，柔焦效果
Ⓕ 高清清晰升級，增加光影跟立體感

STEP 2 切換模式

接著在左方欄位切換成 **Alchemy Upscaler (煉金術升級)** 模式，可以看到升級後的圖片更加精緻，手部也被改良得更自然一點了，但依然有 6 根手指。

❸ 人物樣貌有些許變化，手指也有改善

❷ 切換成 Alchemy Upscaler

方法三：使用 Canvas Editor 修圖

上圖在改良後依然有 6 根手指，最後的方法就是直接開啟 AI 畫布 (Canvas Editor) 來修圖了，這部分有較多細節需要注意，但可能也需要反覆生成幾次，才能有令人滿意的成果。

進入圖像編輯區

點擊 Canvas Editor 並匯入圖片，或者是直接從 Image Generation 或 Personal Feed 點選生成圖，進入到 Canvas Editor 區。

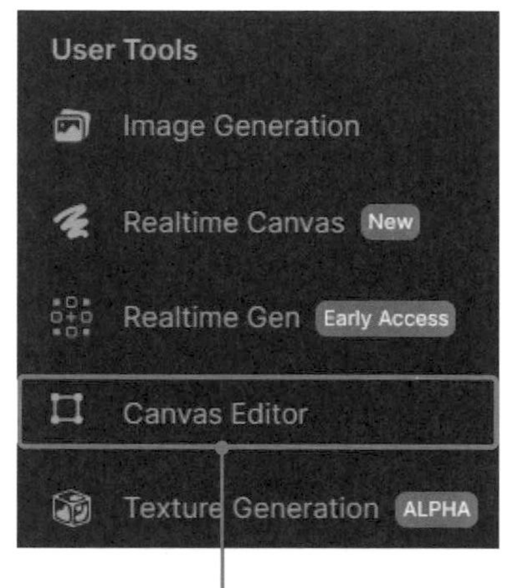

❶ 點擊 Canvas Editor

❷ 匯入圖片（筆者使用的是先前生成的圖片）

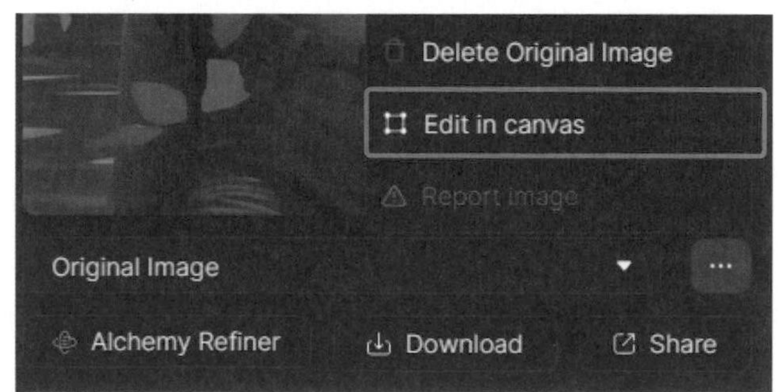

▲從 Image Generation 或 Personal Feed 點選進入也可以

STEP 2 改善奇形怪狀的手指

我們先來優化看起來不太自然的小指，使用 Draw Mask 筆刷功能。

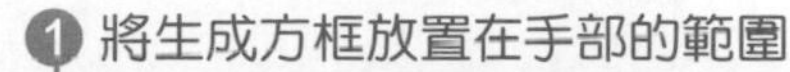

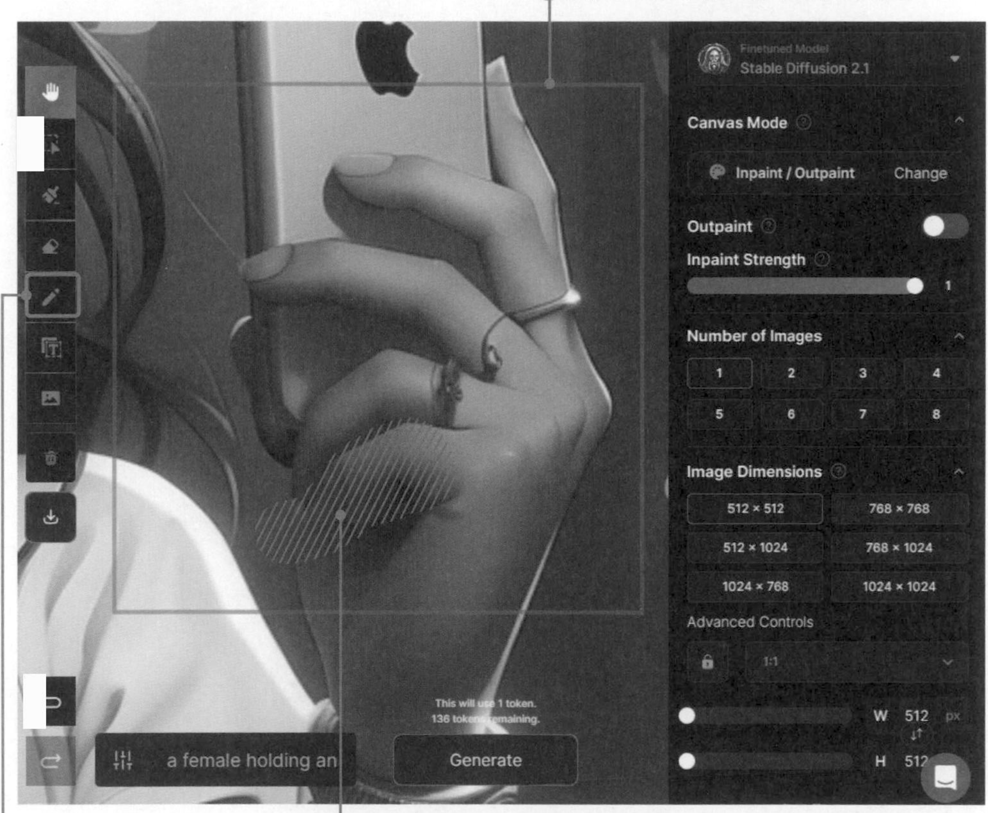

❷ 點選 Draw Mask

❸ 塗過想要改善的區域

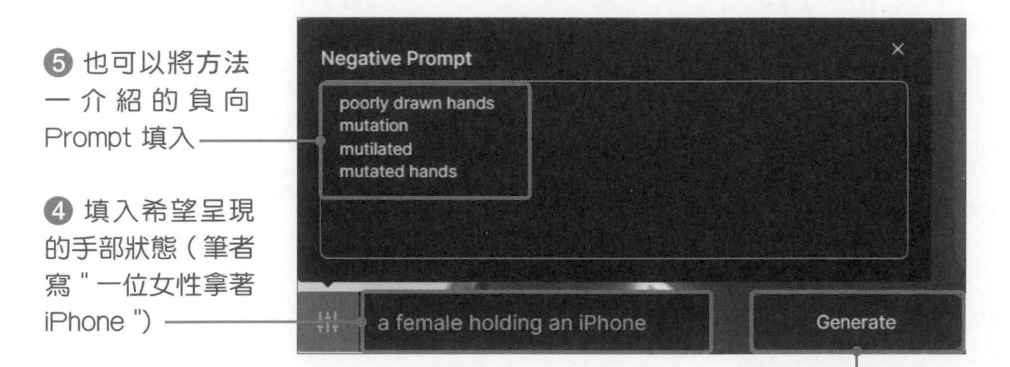

❺ 也可以將方法一介紹的負向 Prompt 填入

❹ 填入希望呈現的手部狀態（筆者寫 " 一位女性拿著 iPhone "）

❻ 點按生成

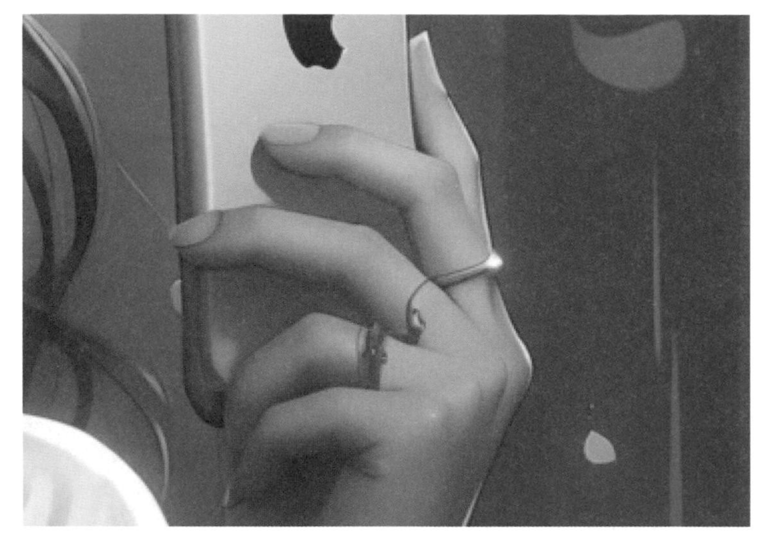

▲ 小指變得自然多了，下一步要來修掉第六根手指

STEP 3 修掉多出來的手指

最後一步驟，就是把多出來的手指修掉。記得**修飾手指的重點就是分成多步驟，一次只處理一小部分**，這樣會大大增加成功的機率。

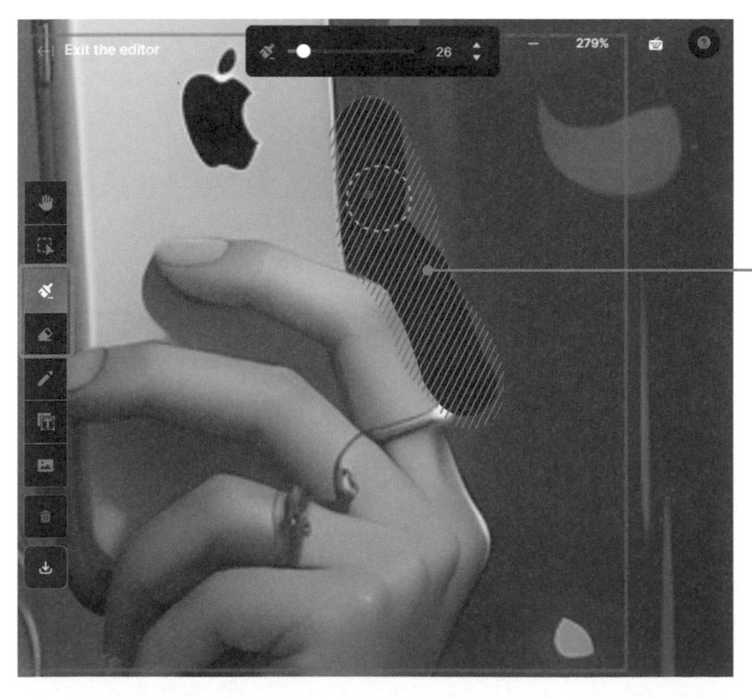

❶ 使用 Draw Mask 筆刷或是 Erase 橡皮擦功能，塗過多出來的手指

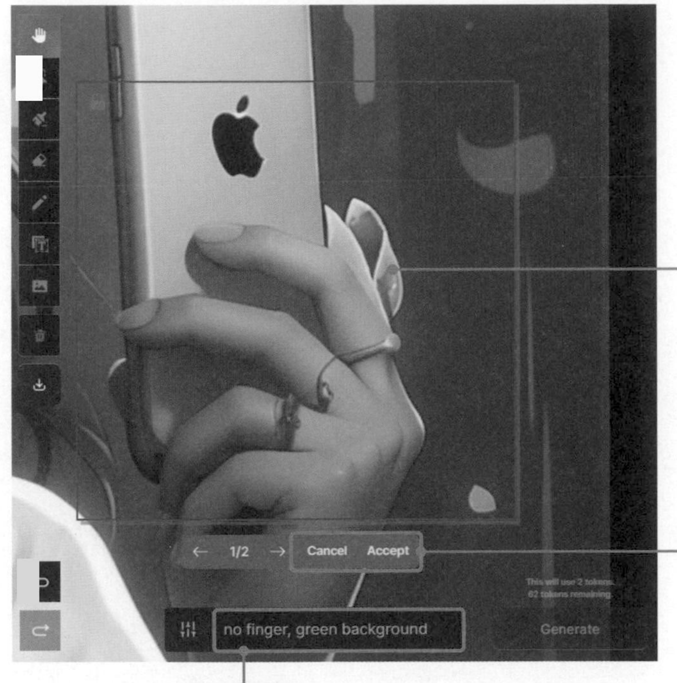

❸ 手指消失了，改成與背景風格相似的物體

❹ 修復成功的話就點 Accept，不甚理想的話就點 Cancel 重新生成

❷ 填入 "no finger, green background"（沒有手指，綠色背景）

▲ 從原圖 → Alchemy Upscaler 升級 → Canvas Editor 修圖後的手部改良過程

特別採訪

Alan Tseng（曾文傑）

臉書個人社群 ID:Alan Tseng
粉專 ID:" 貓奴 A.i 逗貓棒 "

資深視覺設計師，初期待過宏廣卡通、電通揚雅廣告公司，也在精英電腦服務 16 年，後續也去過超市、富鴻網、富士康、電商平台等，目前則是自由接案。除了本業的平面設計，近年來也涉獵到網頁設計、UI/UX 等領域。

AI 繪圖就像是我的逗貓棒

一直以來都喜歡畫畫，在工作上要跟業主溝通，需要將抽象的概念化為具體的樣本，討論才能聚焦。若預算夠的話，可以找人商攝 / 畫 3D 或繪精緻插圖，但常常預算不夠，只能自己想辦法，因為比較資深，所以都要負責做出草圖的 Visual, 等客戶確認後才能開始做成品，之後還要銜接行銷工作

2022 年下半年接觸到 AI 繪圖，發現上述這些繁雜工作，居然只要輸入文字就可以產生概念圖，而且解析度還可以達 4K 水準，實在是完全顛覆想像。接著陸續看到日本有不會畫畫的小說家透過 AI 繪圖推出漫畫，網路上也看到許多栩栩如生的 AI 美少女，還有會寫詩、寫文章、無所不能的 ChatGPT, 突然間我就像是一隻貓看到逗貓棒，興奮地飛奔過去，自此開始投入 AI 繪圖領域。

AI 繪圖工具組合技

接觸過各種 AI 繪圖工具，由於 Stable Diffusion 的自由度很高，比較符合我的使用需求，因此決定在電腦上自己安裝來玩玩看。我平常使用 Mac 電腦，一開始在 Mac 上安裝遇到不少問題，搞了兩天才跑出第一張圖，從此就一張一張 try 個沒停了。等到 SD 真的上手之後，才又組裝了一部專用的 PC, 初期顯卡是用 3060Ti 8GB, 覺得不夠又升級 3080Ti 10GB, 直到現在。

其他免費或開放的 AI 繪圖工具也都有接觸，像是 Bing 生圖就是看到有人 po 小犬颱風 (2023 年 9 月) 的梗圖，而開始注意到這個工具。印象中之前給指示常常愛理不理、生不精準，最近品質就提升很多，採相同模型的還有搭配 ChatGPT 使用的 DALL-E 3。

不確定其他玩家的生圖流程，不過我通常是運用綜合性的繪圖技巧，使用 DALL-E 3 或 Bing 產生草圖，有時也會自己手繪，然後用 Photoshop 後製，再到 Civitai(提供 AI 藝術資源分享和發現的平台) 找模型，用 SD 做二次甚至三次創作，這樣組合使用才能達到需求，有時候分享作品，po 的文章還可以運用 ChatGPT 產出文案。最近也有看到即時筆繪的 AI 生圖應用，也很值得關注。

AI 繪圖通常都是先生小圖，這跟我以往繪圖的概念也不太一樣，而把小圖放大的參數設定很重要，可以用切版放大，例如切成 4 等分再各自放大，這樣可以確保圖像的品質。生圖過程會遇到有些主題 AI 生不出來，或是很容易出問題，通常是因為你使用的模型可能沒看過這些影像，例如槍管一直變形等，可以特別去找相關的模型再來試試看，要不然就是要自己找圖合上去。

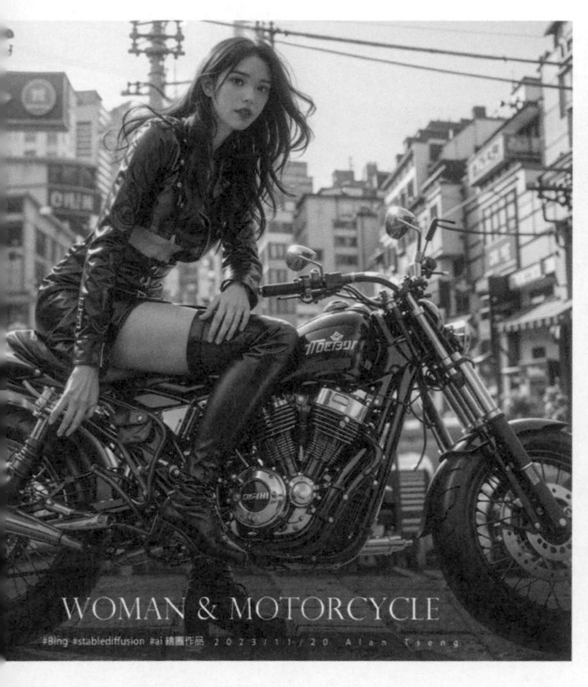

科幻 × 機甲 × 少女和貓

我自己偏好科幻奇想的風格，最早是先找一些漫畫人像、公仔的圖像來生圖，比較有印象的像是拿攻殼機動隊的女主角圖像，用換臉功能切換成不同女明星，效果很不錯。也會就地取材，拿家中的貓或是自己手繪一些草圖來生成，以往自己的 2D 畫作，就時常在想這如果轉成 3D 會長怎麼樣呢？用 AI 繪圖真的就滿足我的奇思幻想，本來手拿可樂的 2D 貓，搖身一變成為寫實、3D 的立體景象。也試過把我養的摺耳貓和虎斑貓，從手繪的 2D 畫像生成站在一起的哥倆好立體照。

我嚐試過很多少女跟機械方面的主題，包括少女拿槍騎重機、機甲或鋼彈少女、追殺比爾風格、手持武士刀的復仇少女、爆破場景的少女等，這些圖都花很時間在調整細節，像是拿槍的手指部位、高舉武士刀的動作，原先 AI 繪圖都畫不好，要找真實的影像再 P 到作品裡，或是手指一根根微調，還有機車包或車牌，都需要利用 Photoshop 或其他工具微調。

我也嘗試過一些類似商業攝影的作品，像是躺在雪地上女模特兒躺在車上，這如果是以前廣告公司的案子，光想就十分耗費人力、金錢，現在只要用 AI 繪圖，一個人就搞定了。另外以前在科技大廠參與過 3C 產品宣傳照，當時設計出 3D 女

星代言的弓箭手造型，整個流程從前置到完工要花兩個月，現在我試作一下，比當年做的成品效果更好。也試過以好友四分衛主唱阿山的名曲 – 起來，構思了從深海脫困的 MV 情境。

另外也有嘗試比較動態的作品，像是打羽毛球的少女、行進中急煞、翹孤輪的機車少女，因為很有畫面感，都獲得不少網友按讚肯定。近期陸續找新靈感，貓女孩、蝙蝠俠、迴路殺手、中秋 / 萬聖節的應景照、漫畫作品的二創等，太多了，可以自行到社群找我的作品，臉書個人社群 ID:Alan Tseng、粉專 ID:" 貓奴 A.i 逗貓棒 "。

給 AI 繪圖入門者的話

每個工具都有自己的特色，要先釐清自己的繪圖需求，使用適合的工具。一開始可以先試試 DALL-E 3, 很多人會分享作品的咒語，都可以多多參考、勇於嘗試。單純只是要把你的想法畫成草圖，其實用 Bing 生圖就滿好用的，如果操控性無法滿足需求，再考慮使用 SD, 可以自訂更多細節。

最後，AI 繪圖其實是從我們日常生活的事物，模擬生成出來的結果，所以對於現實的事物、場景也需要有一定的了解，才能掌握提詞的精準性。

CHAPTER

6

Adobe Firefly

著名軟體公司 Adobe 在 2023 年也推出了生成式 AI 繪圖工具，同時導入自家繪圖工具如 Photoshop 與 Illustrator 等，加速設計師的創作流程。Adobe Firefly 有著獨樹一幟的簡單介面跟功能，人人都可以快速上手！

6-1 Adobe Firefly 介紹

著名的設計軟體大廠 Adobe 早已對 AI 世代的來襲有所準備，在 2016 年就發表了自家人工智慧 Adobe Sensei，在各個軟體中提供數百種智慧功能。這次推出的生成式 AI 設計工具── Adobe Firefly 的背後就是使用了 Adobe Sensei。

Adobe Firefly 的瀏覽器版本非常方便，不需下載就可以使用，也不用特別開啟 Photoshop 或 Illustrator 就能完成各種修圖跟繪圖，本書會以示範 Adobe Firefly 網頁版為主。

◆ **Adobe Firefly 網址**

https://firefly.adobe.com/

免費用戶每個月會有 25 點的積分，如果是付費用戶 (月繳 NT$156 / 月，年繳 NT$1,575 / 年)，每月則有 100 點積分可以使用。這邊列出 Adobe Firefly 網頁版的計費方式，請參考下表：

Adobe Firefly 網頁版功能	耗費點數
以文字建立影像	1
生成填色	1
文字效果	有限期間內爲 0 點
生成式重新上色	1

Adobe Firefly 網頁版現階段有提供「以文字建立影像」、「生成填色」、「文字效果」、「生成式重新上色」四個功能，目前有計畫未來會推出更高解析度圖像、動畫、影片、3D 的生成式 AI 功能，到時消耗的生成式點數可能會更多。

和其他 AI 繪圖工具比較，Adobe Firefly 對初學者來說非常方便！首先**支援中文輸入**，可以用直覺簡單的方式設定圖片風格、比例、樣式，甚至是色調、光圈、快門等，不需要全部都靠 Prompt 來敘述。當然，也可以依據其他使用者上傳的圖片來生成類似的結果。

6-2 登入 Adobe Firefly

STEP 1 登入 Adobe Firefly 網頁

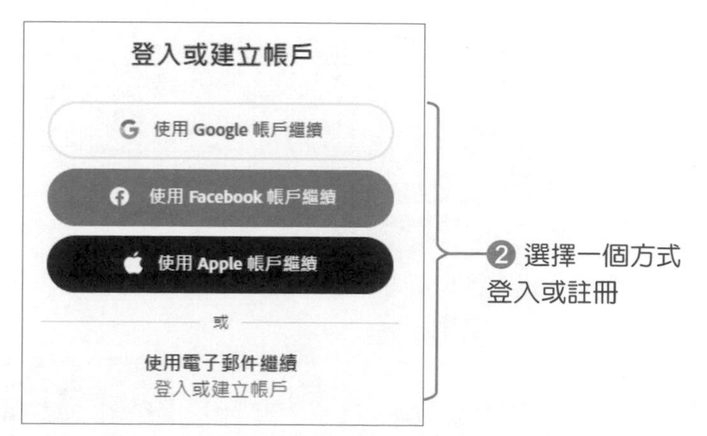

STEP 2 重要頁面介紹

- **首頁**：

目前有列出六個功能，但給網頁版使用的功能為四個

- **圖庫**：

其他用戶的創作，可以點選進行**圖生圖**做出相似的圖像

● **最愛：**

6-3 以文字建立影像－快速生成圖片

跟其他 AI 繪圖工具一樣，只要輸入 Prompt 就可以開始生成，而 Adobe Firefly 的頁面非常簡單直覺，即使是初學者也可以輕易上手。

STEP 1 生成圖片

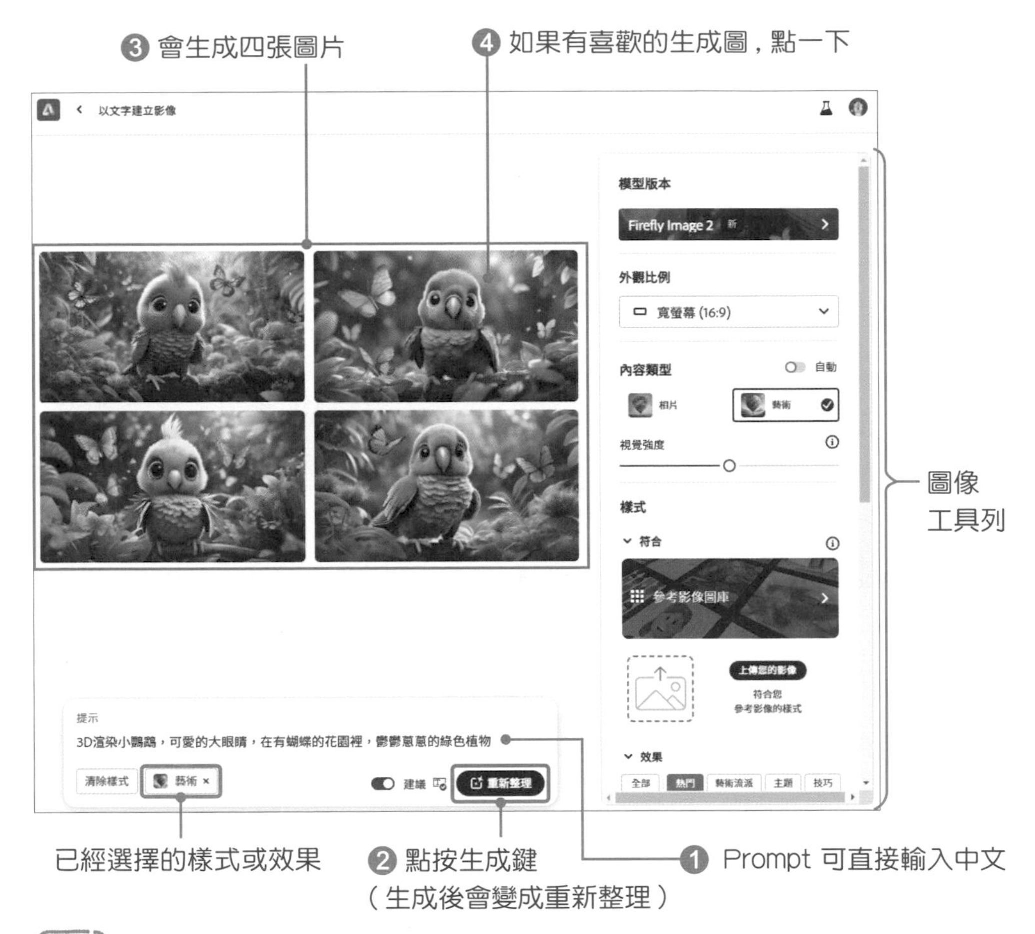

STEP 2 圖片下載與其他延伸

圖像工具列

基本上 Adobe Firefly 的功能列非常直觀易懂，這邊會介紹 Adobe Firefly 比較特別的功能選項：

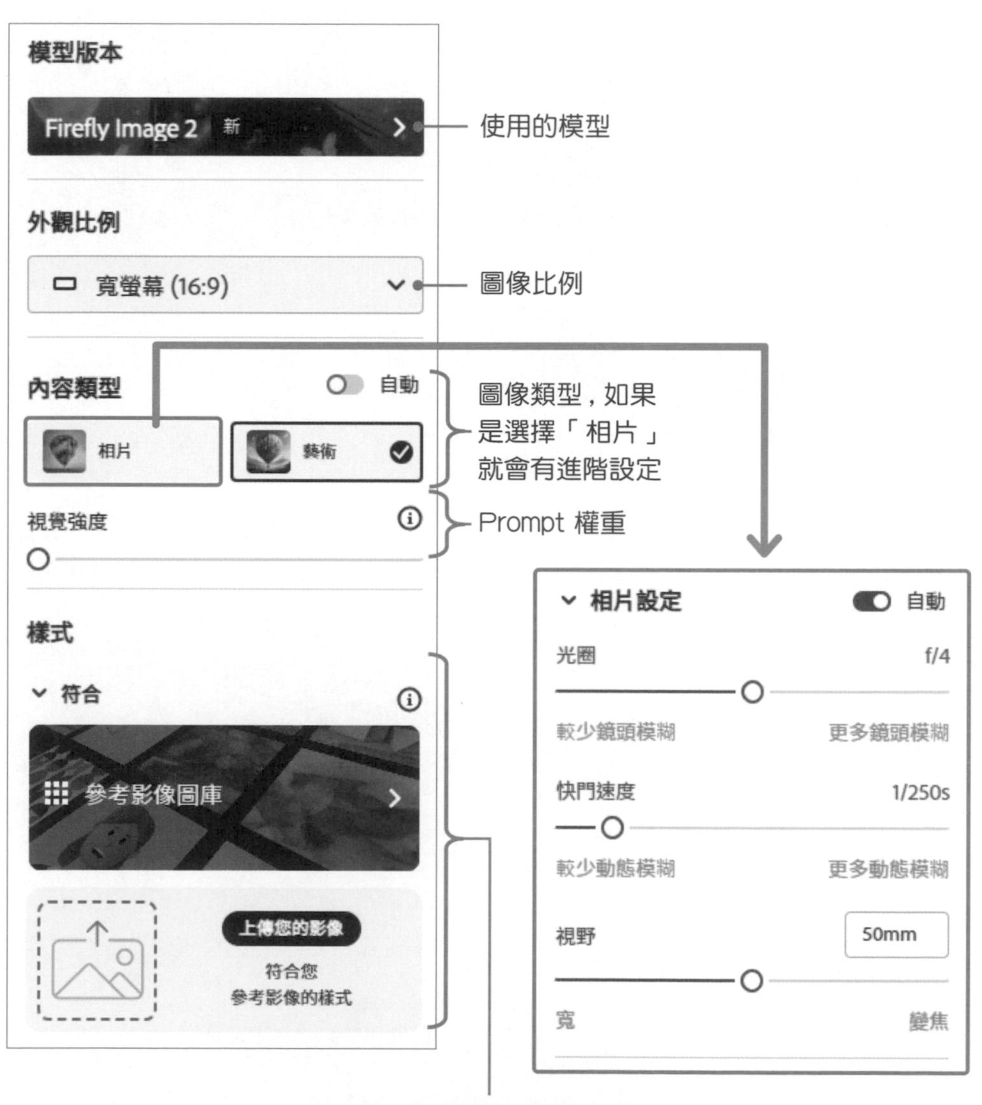

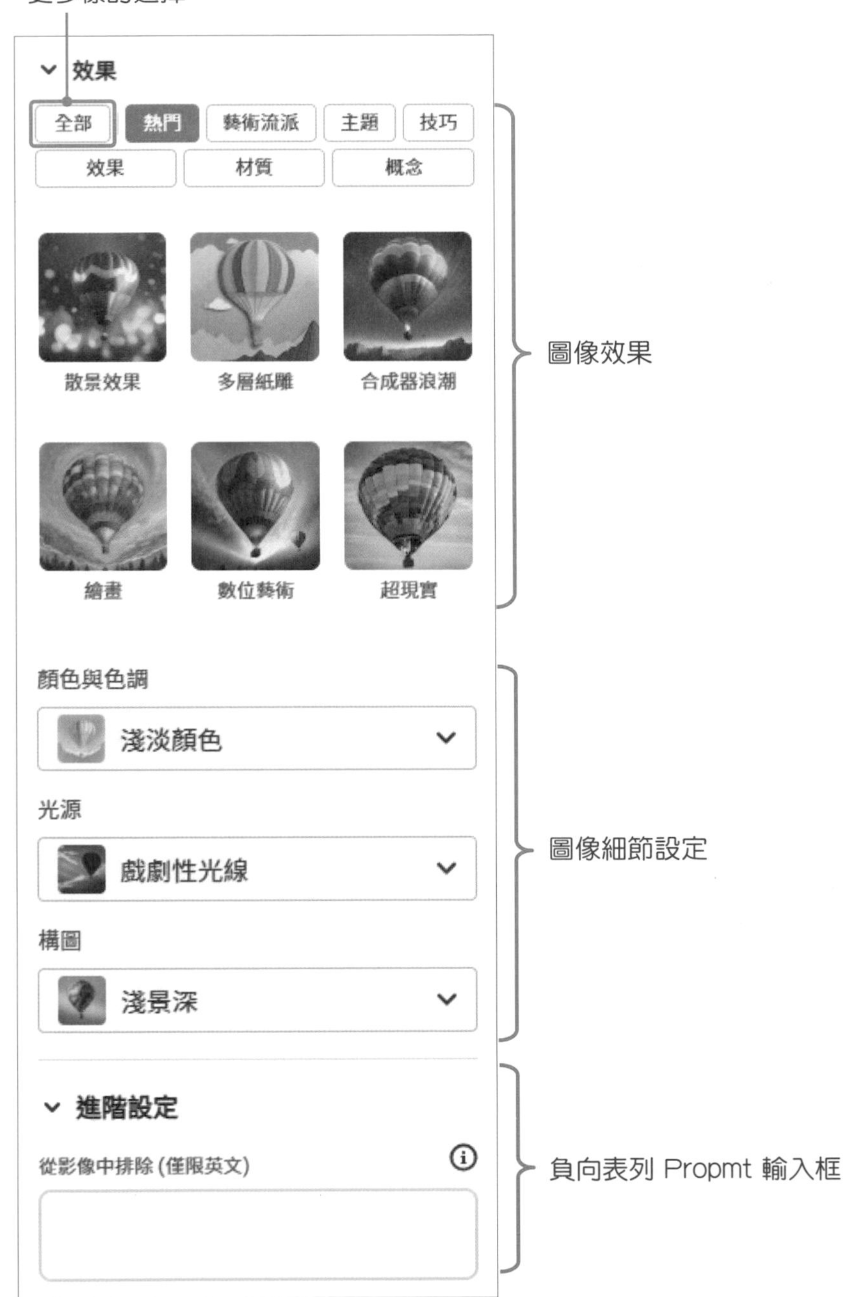
點選「全部」可看到
更多樣的選擇
效果
全部
熱門
藝術流派
主題
技巧
效果
材質
概念
散景效果
多層紙雕
合成器浪潮
繪畫
數位藝術
超現實
圖像效果
顏色與色調
淺淡顏色
光源
戲劇性光線
構圖
淺景深
圖像細節設定
進階設定
從影像中排除 (僅限英文)
負向表列 Propmt 輸入框

圖像編輯區

點按圖片的**編輯**圖示之後，還會有一些延伸功能。前面三項是在 Adobe Firefly 進行的，後面三項則是需要在 Adobe Express 執行，因此在這裡只會介紹前三項功能。

- **生成填色**：進入 AI 畫布功能，下一個小節會做教學。

- **顯示類似項目**：接著生成三張類似的圖片。

- **用作樣式參考**：類似圖生圖，讓你可以生成類似風格的圖片。

6-4 生成填色－輕鬆成為 P 圖大師

這個功能類似第五章 Leonardo.Ai 的 AI 畫布區 (Canvas Editor), 可以輕鬆去背、增加元素或是移除物件。

STEP 1 匯入圖片

使用筆刷來移除物件或塗繪新物件

若要開始使用，請選取範例資產或上傳影像

上傳影像

或者將影像檔案拖曳至此

❷ 上傳或拖曳圖片

Ⓐ 增加生成物件
Ⓑ 移除物件
Ⓒ 平移畫面
Ⓓ 筆刷功能
Ⓔ 橡皮擦功能
Ⓕ 筆刷粗細大小
Ⓖ 去背
Ⓗ 反轉去背
Ⓘ 取消編輯設定
Ⓙ 下載圖片

去背 & 反轉去背

Adobe Firefly 去背功能非常好用，更特別的是還可以做反轉去背。

去背：只留下人物，背景被消除

反轉去背：改為人物被消除

更改背景

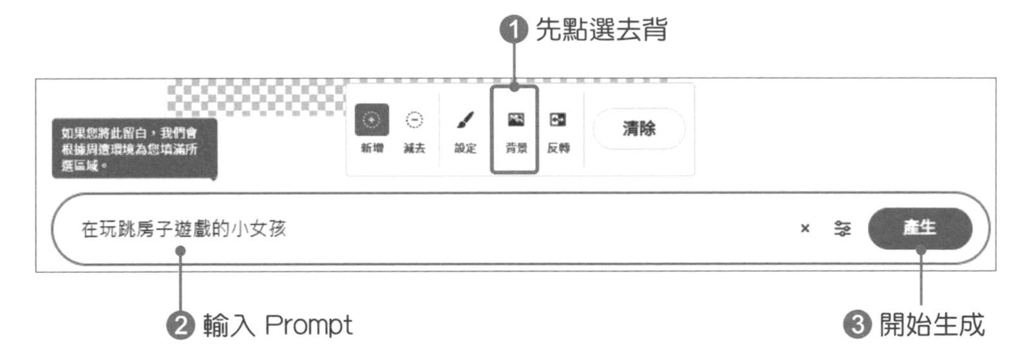

❶ 先點選去背
如果您將此留白，我們會根據周遭環境為您填滿所選區域。
新增
減去
設定
背景
反轉
清除
在玩跳房子遊戲的小女孩
產生
❷ 輸入 Prompt
❸ 開始生成

更多
取消
保留
❹ 可以看到生成了三種背景
點擊可以再繼續生成
取消會退回原樣
有滿意的就可以按保留

增加物件

這邊有一隻雖然年紀還小，看起來卻很勇猛的月月，讓我們替月月加上一個雪橇。

▲ 成功生成一隻勇敢的拉雪橇月月。如果納悶在森林裡拉雪橇有些怪怪的，那就接著用去背功能將場景改成雪地就好。

6-5 文字效果－設計好幫手

AI 繪圖沒辦法寫字，遇到文字類型的圖像多半沒轍，這邊 Firefly 可以讓你用最簡單快速的方法替文字加上獨一無二的效果，大大增加視覺吸引力。

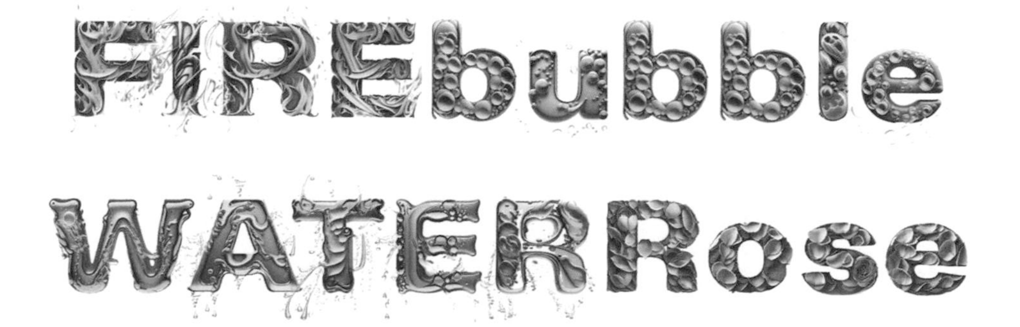

▲ 文字效果範例

❶ 在首頁點選

❷ 進入頁面後，點選喜歡的設計就可以套用樣式

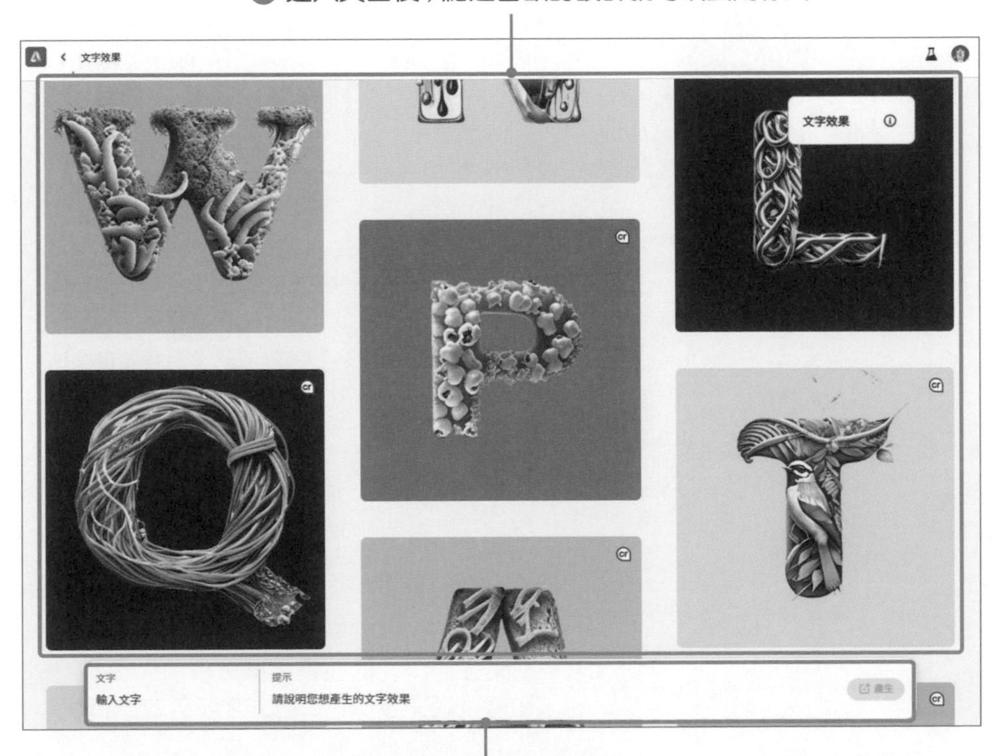

或是從零開始生成也可以

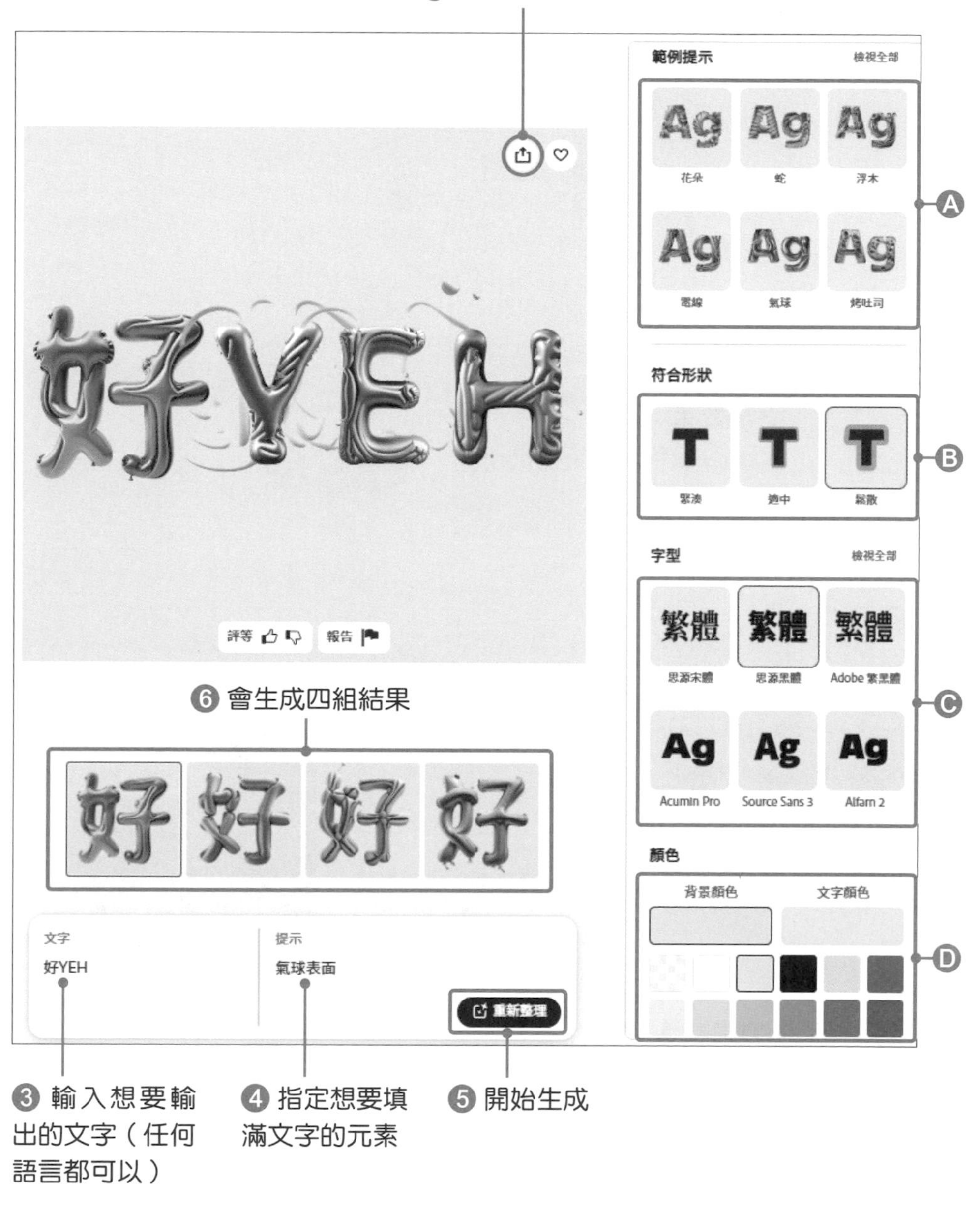

後續第 8 章我們會再進一步示範其他不同的 Logo 製作手法。

Ⓐ 現成的樣式
Ⓑ 文字的飽滿程度
Ⓒ 有多種語言的字體可選擇
Ⓓ 背景與文字顏色，但文字顏色效果有限

6-6 生成式重新上色

這個功能很適合建立個人素材庫，可以輕鬆把向量圖換成不同的顏色，我們來效仿普普藝術開創藝術家 Andy Warhol 的創作，為同一張圖片加上多樣化的色彩。

▲ 這個功能可以迅速更換原圖的配色，適合用來製作多樣化的素材圖

▲ 普普藝術教父 Andy Warhol 在 1962 年的經典作品《瑪麗蓮夢露》，當時採用絲網印刷來換色，但現今只需 Adobe Firefly 的生成式重新上色功能就可以迅速完成

生成式重新上色
從詳細的文字說明來產生向量圖稿的顏色變化。
產生
❶ 點擊

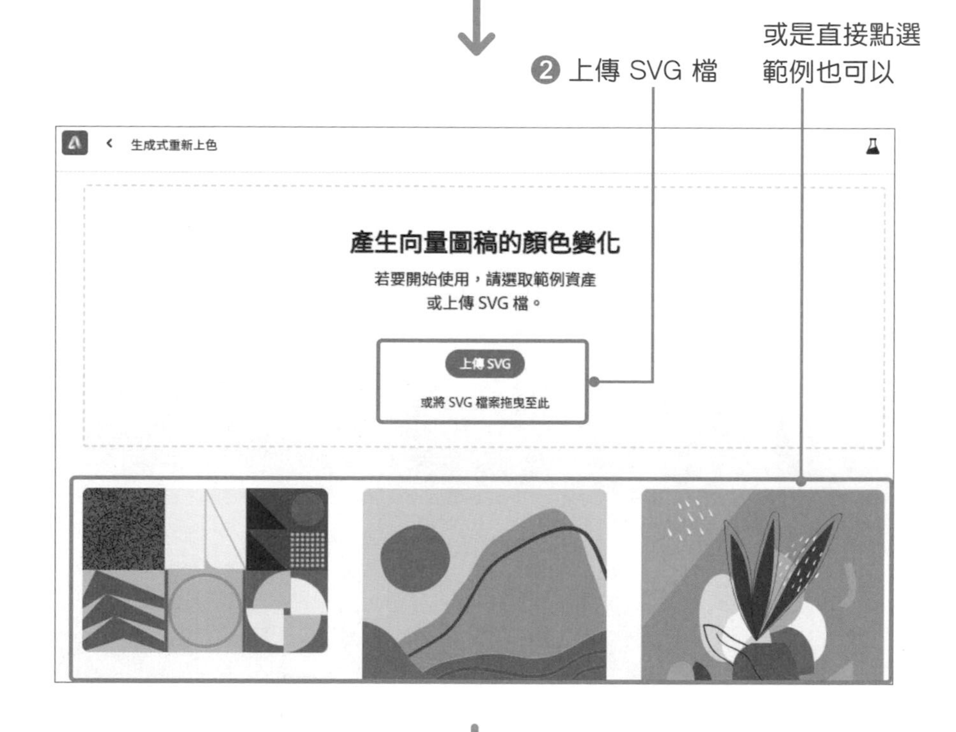
❷ 上傳 SVG 檔
或是直接點選
範例也可以
生成式重新上色
產生向量圖稿的顏色變化
若要開始使用，請選取範例資產
或上傳 SVG 檔。
上傳 SVG
或將 SVG 檔案拖曳至此

⑤ 生成四張向量圖了
可以套用的樣式
上傳的 SVG 檔
上傳 SVG
或將 SVG 檔案
拖曳至此
範例提示
鮭魚壽司
砂石海灘
深藍色午夜
迷幻迪斯可光
紅土沙漠
黃色潛水艇
薰衣草風暴
褪色的翡翠之城
海邊的夏天
顏色調和
預設
SVG
提示
藍色 灰色 黑色
清除樣式
矢車菊藍
重新整理
③ 輸入想要的色調或意象
④ 開始生成
可自選配色
⑥ 游標移動到
圖片，還可以
隨機點選配色
⑦ 下載圖片，
一樣是 SVG 檔

特別採訪

飛鼠桑

為什麼會叫飛鼠桑？前幾年回台灣，開始接觸台灣的鐵人三項，當時流行取個有自然意涵的名字，而我過去當兵是傘兵，也一直很喜歡飛行傘等相關的運動，所以就取名飛鼠，後來在 AI 這塊有意識地進行整體性創作，也在社團形成小圈圈，想要有個標誌性的暱稱，也覺得現在年紀已經稱得上是大叔了所以便加上「さん」, 也就是飛鼠桑。

這對我來說比較像是興趣取向的涉獵，現在算是個業餘藝術家。本身過去是從事半導體產業、在 Intel 任職，在工作上就有參與 AI 相關科技的應用。其實過去在學時期原本也想念藝術學校，當初甚至可以保送師大美術班，但家中身為全職藝術家的叔叔生活過得比較辛苦，因此家裡人希望我轉換跑道，不過到現在仍然堅持利用業餘的時間做藝術創作。在 Intel Innovation Star 留下了一定的成績後，決定出來創業。

年輕時去英國攻讀研究所，就覺得台灣美感教育不普及，很簡單的配色卻沒有 Sense。我自己家裡從小就會幫我找國外的藝術相關叢書，其中就有很多配色優美的設計。相比起來台灣的學校教育就較死板，沒有花太多時間培養基本美感。我認為美感教育是要從小訓練的，包含我現在會花時間帶教會帶孩子作創作、帶自己小孩練習美感創意，練習跟思考怎麼樣把課業跟藝術做結合。

當 AI 技術渲染到藝術設計領域

這股 AI 風潮的起源可以回溯到 Google 的 AlphaGo, 到後來還有 Google DeepDream 實驗室，以特定演算法針對圖像進行過度渲染，產生有如夢境一般的畫作，當時自己實際體驗就覺得 Amazing 令人為之驚艷，這種 AI 技術雛型居然可以生成 Art 領域作品，而且是一般民眾都能玩玩看的程度。

2022 年 DALL-E、Stable Diffusion 這些模型或演算法差不多時間陸續問市，到後來 Bing 生圖等服務也出來了，還有像是 ControlNet 可以控制生圖的動作，看起來都很有趣對吧，其實一開始是用在專業領域，比如說我當初是拿來做醫療檢測偵測臉部動作、人體關節肢體動作、運動復健。Stable Diffusion 的核心是

U-net 架構，最早就是用於醫學領域的 X 光片辨識，訓練 AI 模型檢測不規則形的癌細胞影像，從最早的醫療應用一直到藝術這塊，藝術領域又帶來新的波瀾顛覆；在這個過程中，往往會引起上個世代人的攻擊與質疑也是在所難免，但目前看來 AI 是水到渠成，也不算什麼壞事。

AI 繪圖對設計產業的影響

AIGC (Artificial Intelligence Generative Content) 通常稱為 AI 生成內容 (或創作), 也可視為藝術複合創作的一種新素材，像我帶孩子利用 AI 生成的作品付印，再加以壓克力顏料、輕黏土等，來結合成新的藝術創作。

AI 繪圖工具並不是用來取代設計師的，就像早期學畫畫會觀察石膏雕像陰影來練習素描，到後來開始拿繪圖板電繪，在過渡期必然會被說不是正規學習，但這其實是輔助設計工作的工具。早期漫畫家還得利用網點紙畫特效，初稿交給出版社後，有時尺寸不一樣或是畫錯需要修改，雖然只是塗塗立可白，但重畫後的風險就是原本的味道跑掉了。早期有許多漫畫動畫，到現在都有推出全新作畫的新版本，畫面渲染很強但其實都是特效處理；或是像電影駭客任務上映之後，把電影工業帶到全新的境界，比劃兩下就可以合成打鬥場景，但卻完全稱不上是武術或功夫了。

我現在接了些案子，雖然喜歡畫模特兒，但卻不喜歡做那種單純情色的成人圖像，那些內容大多少了藝術涵養，人物也都長得一樣；相比起來我更喜歡把臉孔做得更細緻，把細節也交代清楚，AI 生成在光影上就會自然很多，想要追求完美讓複合藝術可以做得更好，在做藝術創作的同時，客戶也會覺得很滿意。

最近流行的 Bing 生圖，可以讓初學者當作構思 Prompt 的練習，不過目前單純利用 Bing，細節度還不太足夠。例如我之前表現捷運上各種睡法的梗圖，或是近期有虛擬主播的案子，都需要加強在角色塑造的部分，就可以在 Bing 生圖後再搭配 SD 去修圖，這樣的模式在跟業主溝通時，可以很快做出他們想要的結果。

有了視覺圖像，對於溝通也更有利，例如在簡報上也可以盡量利用 AI 生圖，提案內容會更活潑，利用不同的作法更能讓業主留下深刻的印象。一般來說，光公司內部溝通就很拖時間，例如有個合作就是幫業主做 50 年後台北市空拍圖，要設想未來台北市的發展，透過 AI 的技術渲染就能加速合作。如果要傳統建築師用一般建模的方式生圖太耗時間了，在這個案子上就只是需要大概意象方便討論而已，但原先的各種專業在特定領域都還是有其價值，真的不用擔心被取代。

從生活中找靈感

我個人進行 AI 繪圖創作基本上就是從生活觀察，往往是那些身為上班族在日常見到的事情，例如疊杯子比賽、疊紙牌比賽，透過畫面呈現公司氛圍融洽，或是想像動漫宅扮演初音在捷運上睡覺，發表這類作品發現共鳴度還不錯。

給 AI 繪圖初學者的話

初學者應該放下一個迷思，剛接觸 AI 繪圖或是沒有藝術背景，這份技術只能幫助你做一些簡單插畫或是輔助性質的工作，要提升專業性還是要有光線或是美感構圖的基礎，像是許多厲害的玩家，因為有攝影方面的專業，在產出作品上就會更有質感。

建議做好素描跟光影領域專業知識的學習，若是美術系基礎的東西沒做好少了細節與基本的觀察，基本功做得不紮實，內容品質也會差很多，許多業界的作品其實遠比你在社群看到的更精緻，只是因為保密協定或版權不能隨意公開，跟一般業餘玩家是不同層次，追求專業還需要付出更多努力。

Polatouche 飛鼠桑　　https://facebook.com/polatouche88

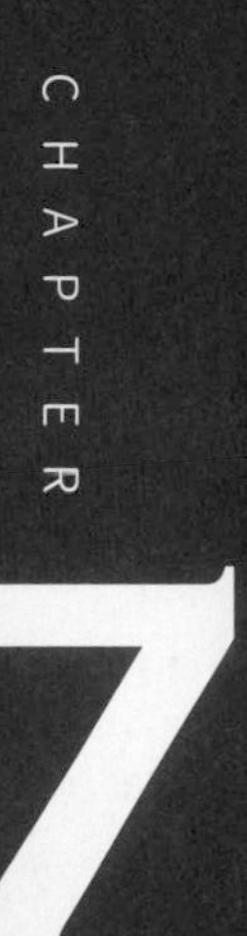

其他 AI 繪圖軟體

本章會介紹其他好用或是特別的 AI 生成圖工具，大家有興趣都可以嘗試看看。

7-1 Recraft：支援生成 SVG 向量圖，生成 icon 好方便

Recraft 這個工具可以輸出 SVG 格式的向量圖，有高度的可編輯性（像是放大後不會呈現鋸齒狀、圖片跟文字都可編輯複製），對設計工作者來說可是一大福音。

◆ **Recraft 官網**

```
https://www.recraft.ai/
```

註冊後迅速生圖

STEP 1 註冊 Recraft

❶ 選擇 Get Recraft Free

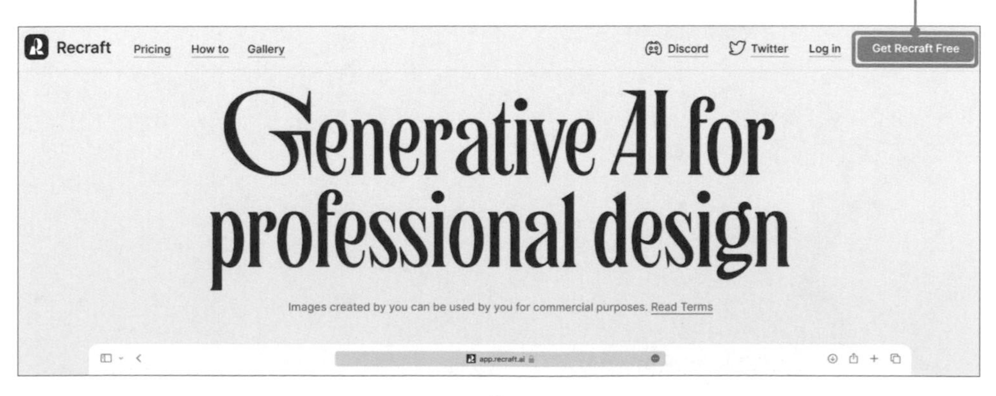

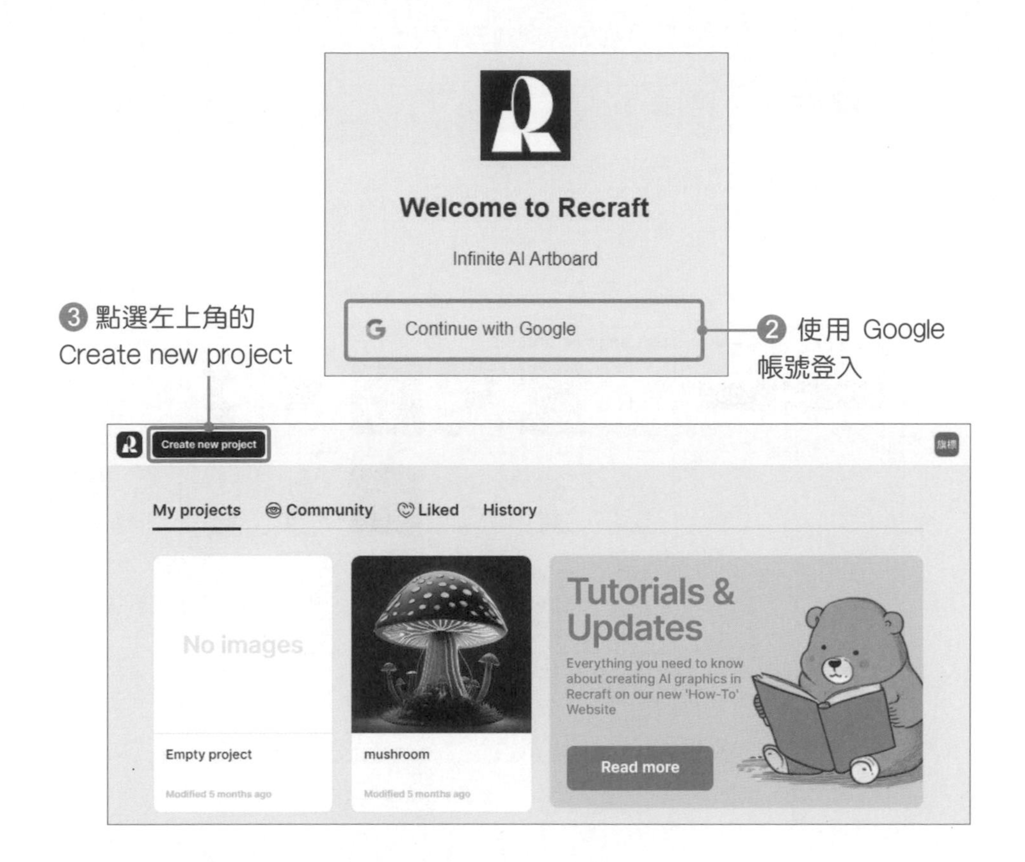

STEP 2 選擇要生成點陣圖還是向量圖

因為 Recraft 最大的特色就是可以生成向量圖，這邊就以向量圖作為示範。

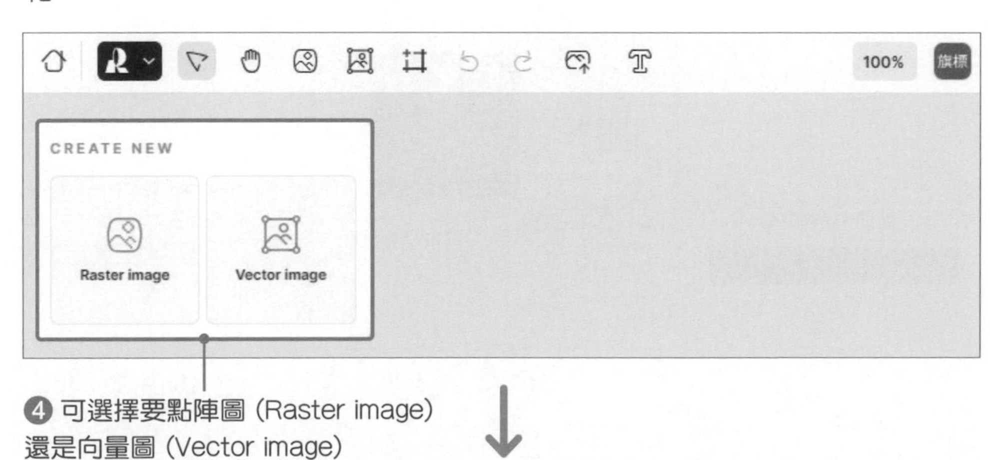

❻ 輸入 Prompt
開啟圖片細節與負向 Prompt
Remove bg
VECTOR W: 2048 H: 2048
Colored shape
Christmas tree
Generate custom style
To establish the style, utilize prompt engineering and style images.
Need a specific preset? Tell us!
Vector art
Icon
Modify current image
Add palette
Recraft
Or use style presets
Line art
Flat 2.0
Logo symbol
Cartoon
Outline
Pictogram
Vector Kawaii
Linocut
Doodle Line art
Engraving
Colored outline
Colored shape
Broken line
Crosshatched
Gradient shape
Doodle
Gradient outline
Offset fill
Offset doodle
選擇想要的配色
❼ 送出生成
❺ 在向量圖選項裡，有不同的風格可以點選

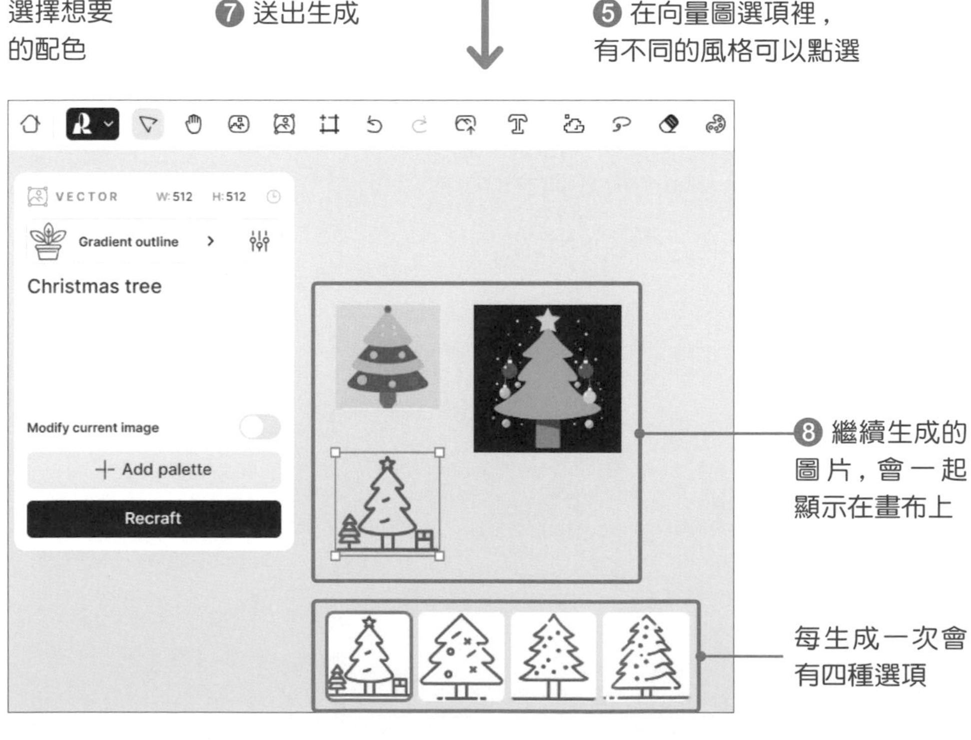

VECTOR W: 512 H: 512
Gradient outline
Christmas tree
Modify current image
Add palette
Recraft
❽ 繼續生成的圖片，會一起顯示在畫布上
每生成一次會有四種選項

STEP 3 下載圖片

最後直接在圖片上方點擊右鍵，就能下載多種圖檔格式，其中就包含 SVG 向量圖檔。

7-2 PixAI.art：替你畫出二次元美少男美少女

繪圖軟體目前幾乎由歐美國家所開發，也因此生成的圖像比較偏向歐美風。如果你今天想要生成的是日漫風格的圖像呢？這邊有兩種比較知名的選項：

NovelAI：專精於故事書寫、動漫風格的圖片生成 (NovelAI Diffusion), 但繪圖部分為付費制 , 基本方案一個月 10 美金。

PixAI.art：主打日系動漫風格的 AI 繪圖網站 , 可免費使用。

我們以免費的 PixAI.art 來做示範。PixAI.art 每天會贈送給你 1 萬 Credits, 每次繪製一張圖至少需要 1000 Credits (生圖所需的 Credit 隨著畫質的提高而增加), 如果我們沒有調整任何模型或生成圖片的步數，每天能快速生成 10 張左右的 AI 繪圖作品。

◆ **PixAI.art 官網**

```
https://pixai.art/
```

生成動漫風美圖

STEP 1 註冊或是登入

可以直接連動多種帳號，接著就可以到個人資料區領取 Credits。

❶ 點選 Sign up 或是 Log in

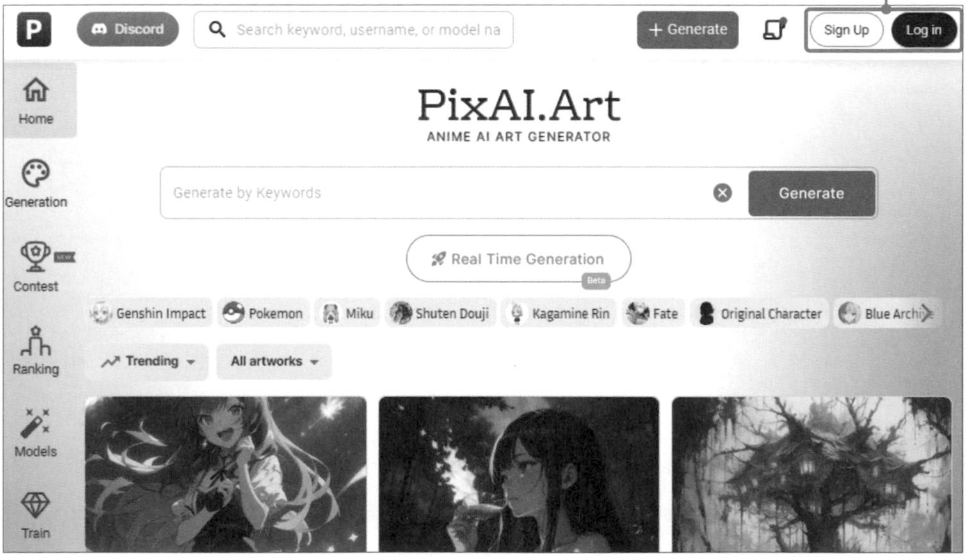

↓

Log in or Sign up
By signing up, you agree to our Privacy Policy and Terms of Service
Continue with Google account
Continue with Discord account
Continue with Twitter account
Continue with Apple account
❷ 選擇要連動的帳號
❸ 登入後按右上角的頭貼，點選 Profile
Discord
Search keyword, username, or model name
+ Generate
Profile
Generation Tasks
Edit Profile
Membership
Settings
Language
How to Use PixAI
Privacy Policy
Terms of Service
Feedback
Discord
Logout
54,200
+ More Credits
PixAI Membership
KKT
Edit Profile
0 Following 0 Followers
My works
Bookmarked Models
Likes
Generation Tasks
Credits
PixAI
Membership
More features, credits, badges
Become Member
Current Credit Balance
54,200
Available Credit Tasks
Daily Rewards
10,000
Claim them!
現有 Credits
❺ 每天可以點一次領取 Credits
❹ 點選 Credits

STEP 2 開始生成

點選畫面右上方的 **+Generate**, 就可以開始生成圖片了。

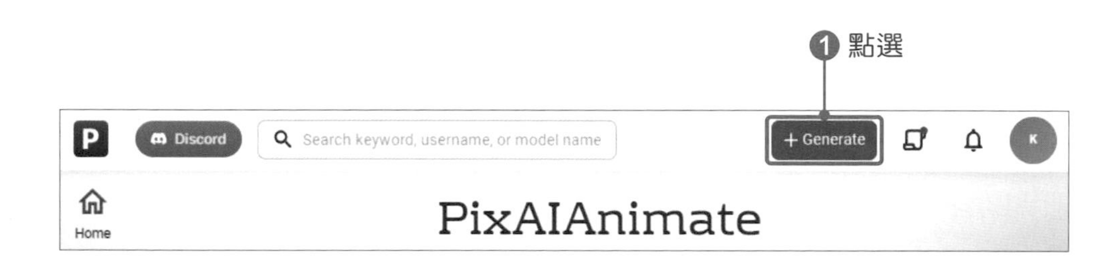

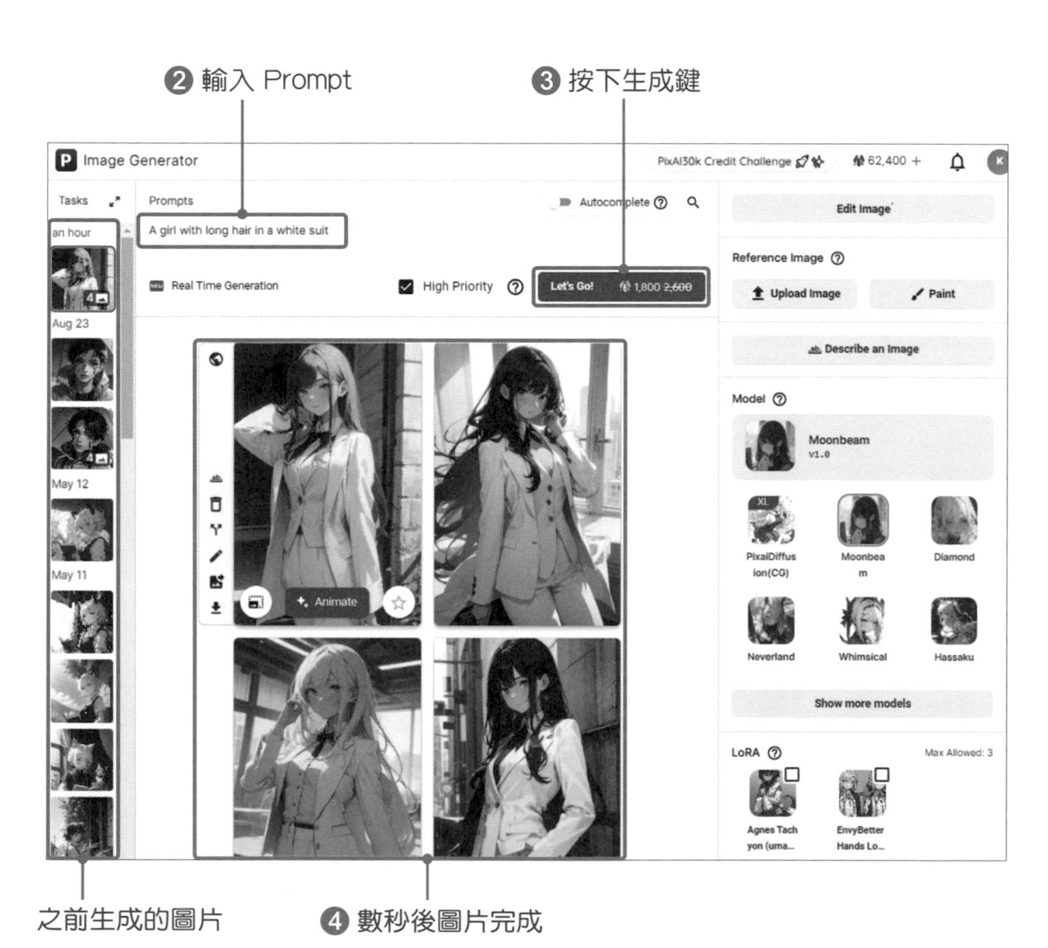

由圖片轉成短動畫

PixAI.art 也可以將你生成的圖片轉成短動畫：

STEP 1 挑選一張圖片，游標移到圖片上點選 Animate

❶ 點選

Animate Your Image

Re-generate your task into an animated image. Your result may turn out different than the original image. This generation will revert your advanced settings (steps, scale) to default. This may result in a large difference in your result. If you used a LoRA for the current task, the LoRA will not be applied to your animated image.

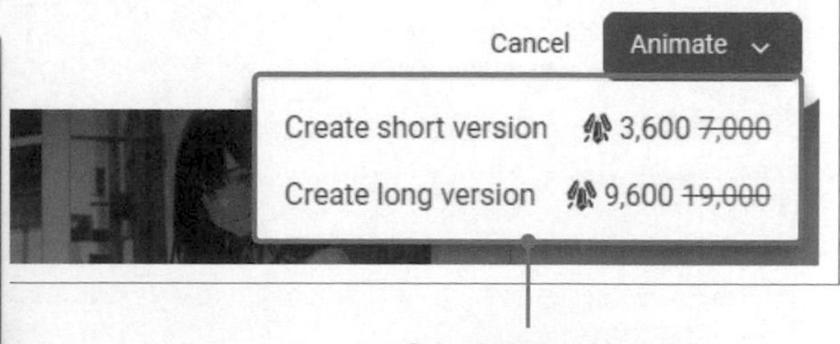

❷ 選擇要生成短的版本還是長的版本

◀ 短動畫生成完成，除了主角有微幅移動之外，背影也多了路人在走路

7-3 Krea.ai：將塗鴉即時變成生成圖

Krea.ai 是一個非常新穎的即時創作工具，免費方案每天可以生成 50 張圖片及 10 部影片。它最大的特色是可以將你的塗鴉進行即時算圖，採用的 LCM 技術會照著草圖進行即時運算，生成另一張美化後的圖片。

◆ **Krea.ai 官網**

https://www.krea.ai/home

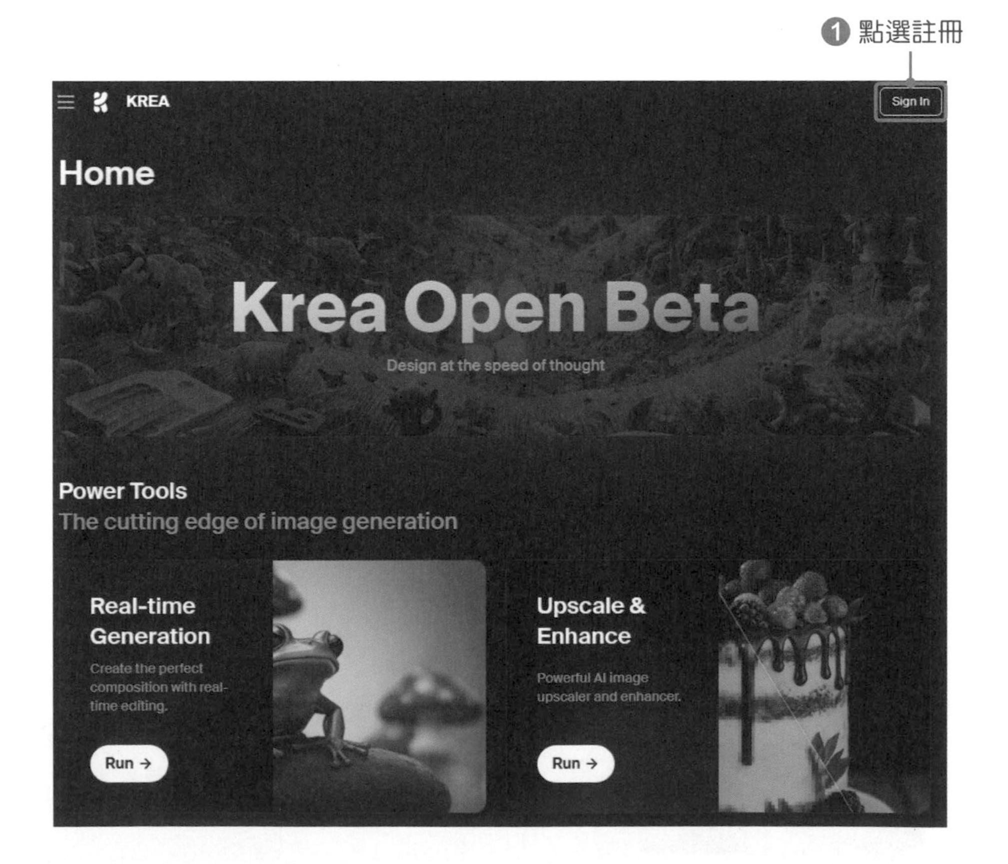

進入即時生成功能

點選主畫面左方 **Real-time Generation** 的 **Run** 之後，就可以看到操作畫面。

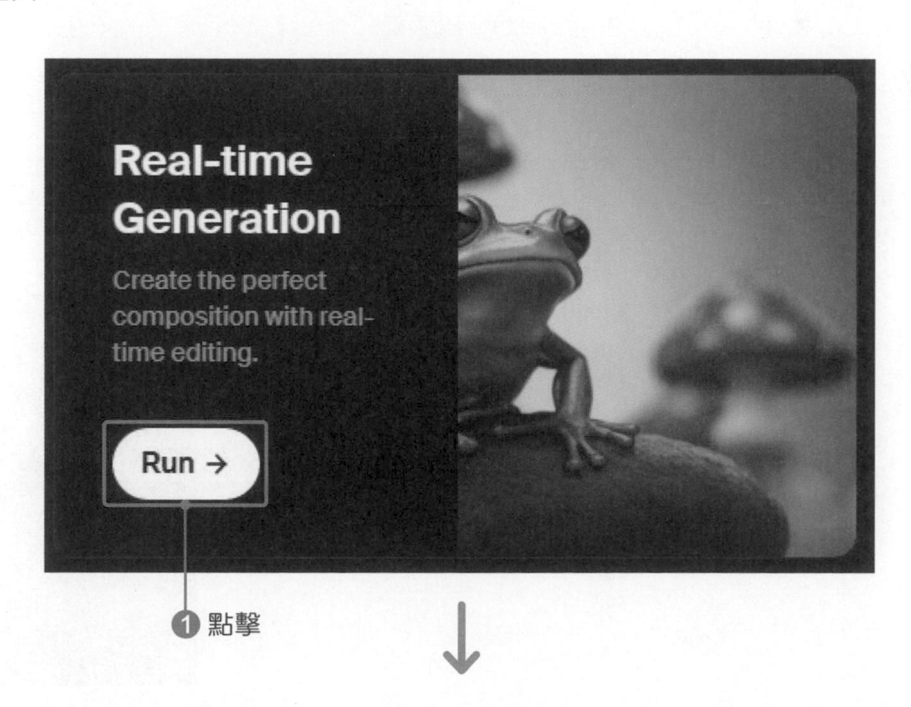

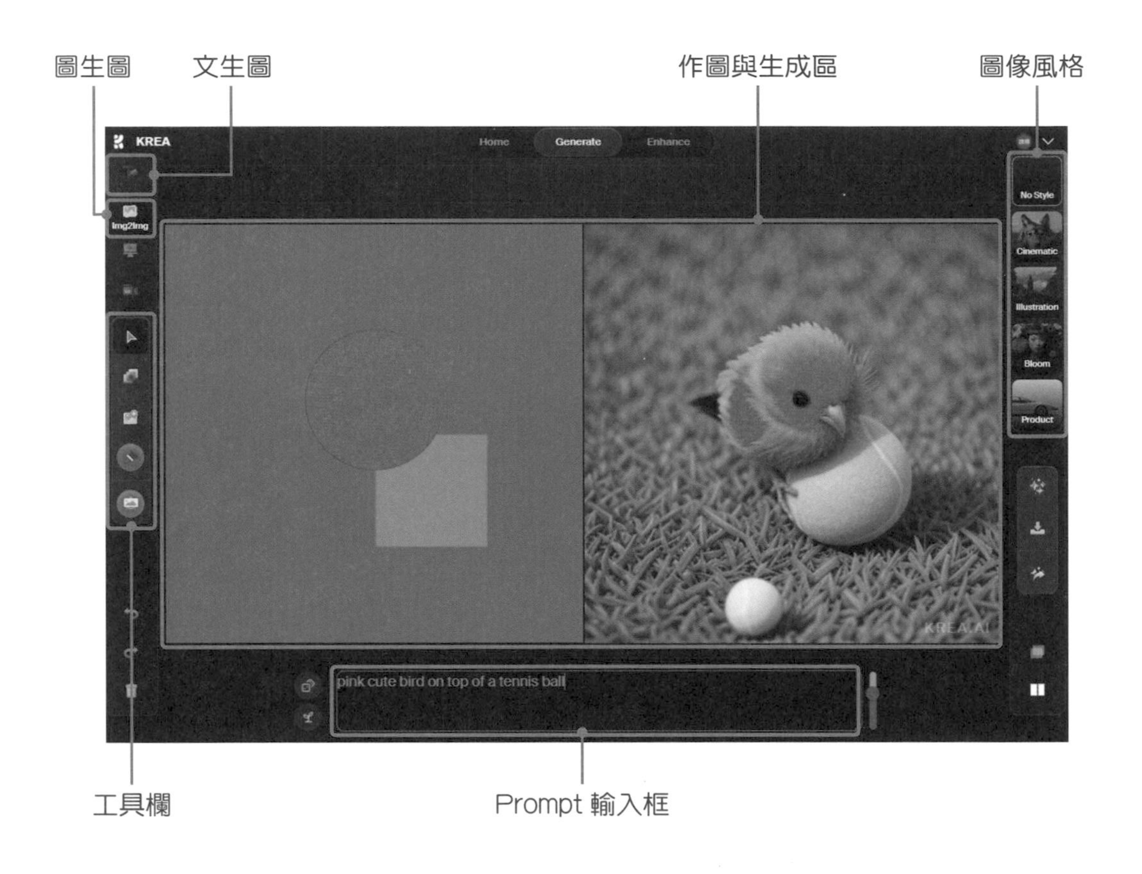

即時文生圖

STEP 1 **首先點選工具列左上方的文生圖 (Text2Img) 圖示**

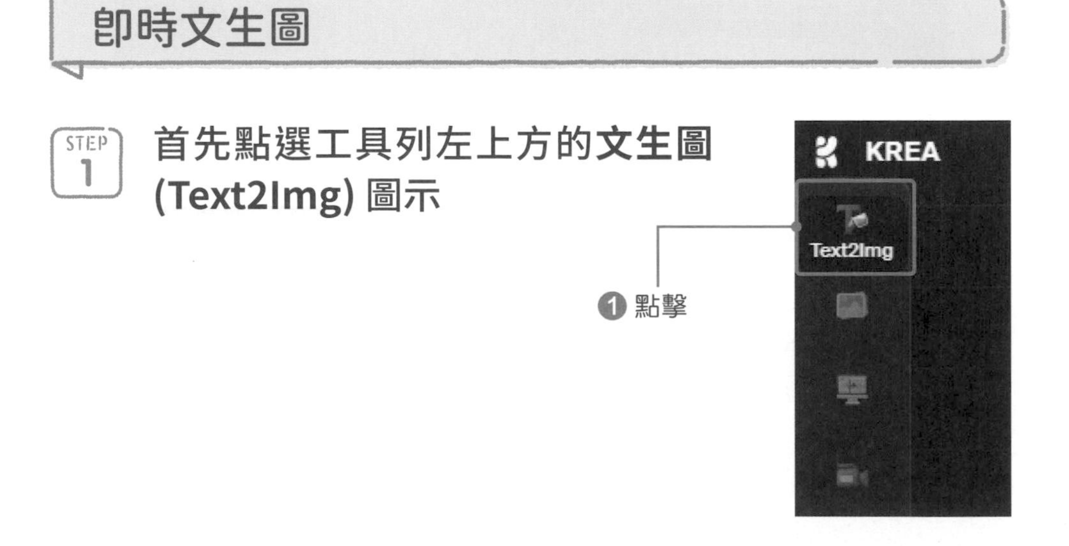

STEP 2

即時生成

接著就可以輸入 Prompt, 與眾不同的是 **Krea.ai 沒有生成鈕，而是進行即時生圖 (在你輸入 Prompt 的當下就會開始運算)**。以下為隨著輸入 Prompt, 圖片在同時變化的過程：

Prompt 輸入到：a puppy

Prompt 輸入到：a puppy sleep

Prompt 輸入到：a puppy sleep on a grass

STEP 3 重新生成或加強

如果對圖片不滿意，按下 Prompt 輸入框下方的**隨機種子 (Random seed)** 就可以重新生成。最後按下最右方的**快速加強 (Quick Enhance)**，圖片就會變得更加精緻。

把塗鴉煥然新生的魔法—圖生圖

STEP 1 點選工具列左上方的圖生圖 (Img2Img) 圖示

點擊圖生圖功能後，會進入工作區頁面。

ⓐ 更改形狀的顏色　ⓓ 筆刷工具　ⓖ 及時生成區
ⓑ 新增形狀　ⓔ 背景顏色　ⓗ Prompt 輸入框
ⓒ 置入圖片　ⓕ 使用者繪圖區

輸入 Prompt 和放入形狀

Krea.ai 就會根據你的繪圖，開始生成相似構圖 & 顏色的圖片。

Prompt 權重，越高則圖片越符合 Prompt 的描述

❷ 設定背景顏色，圖像就會生成相似的背景色

❶ 筆者在此輸入

Prompt：Beautiful Red-Haired Princess

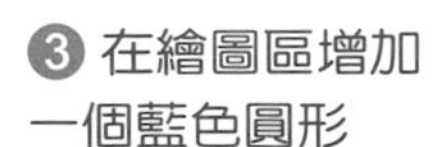

❺ 確實依照左邊區塊的顏色與位置生成圖片

❹ 增加描述為 " 美麗的紅髮公主拿著一個水晶球 "

❻ 最後加上黃色的筆刷

❼ 沒有文字提示的話，AI 就會自由發揮生成

7-4 Tensor.Art：中文介面的超好用生成工具

Tensor.Art 跟 Leonardo.Ai 一樣使用了 Stable Diffusion 技術，還使用最新且完整版本的 ControlNet 功能，同時開放使用者分享跟下載自己訓練的模型。Tensor.Art 的使用者介面相對直觀簡單，每天發放 100 個免費 credits (在中文版稱為算力), 1 張圖片約只需要 0.5 ~ 3 個 credits。

另一個特色是 Tensor.Art 提供簡體中文介面 (英文版之外還有日文版、韓文版、西班牙文版), 讓不習慣英文的使用者有其他語言可以使用。

◆ Tensor.Art 官網

```
https://tensor.art/
```

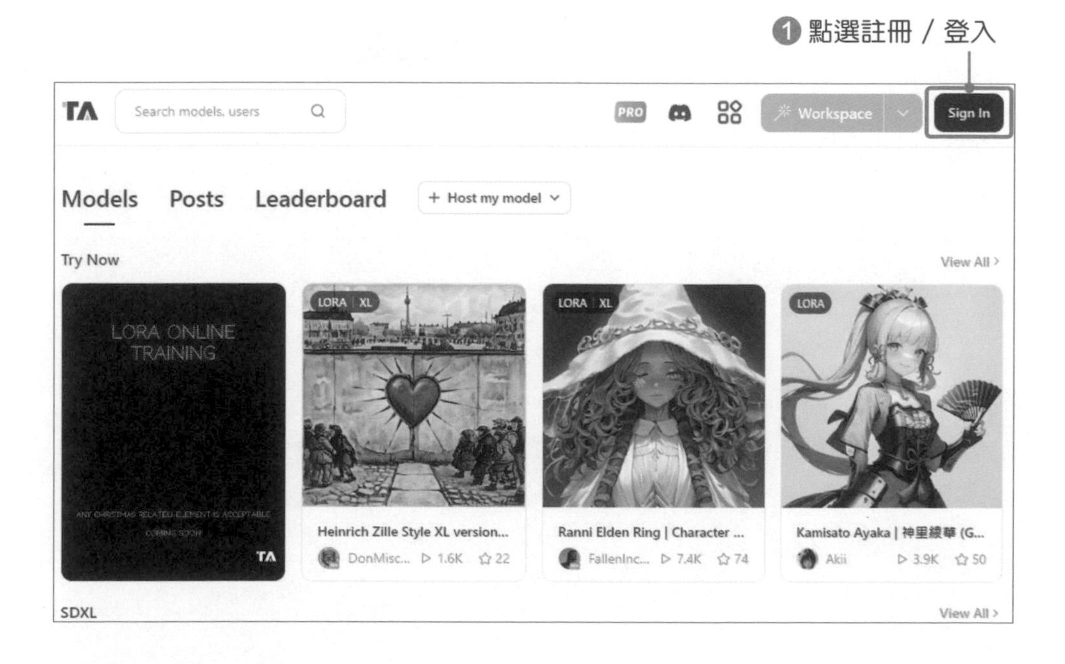

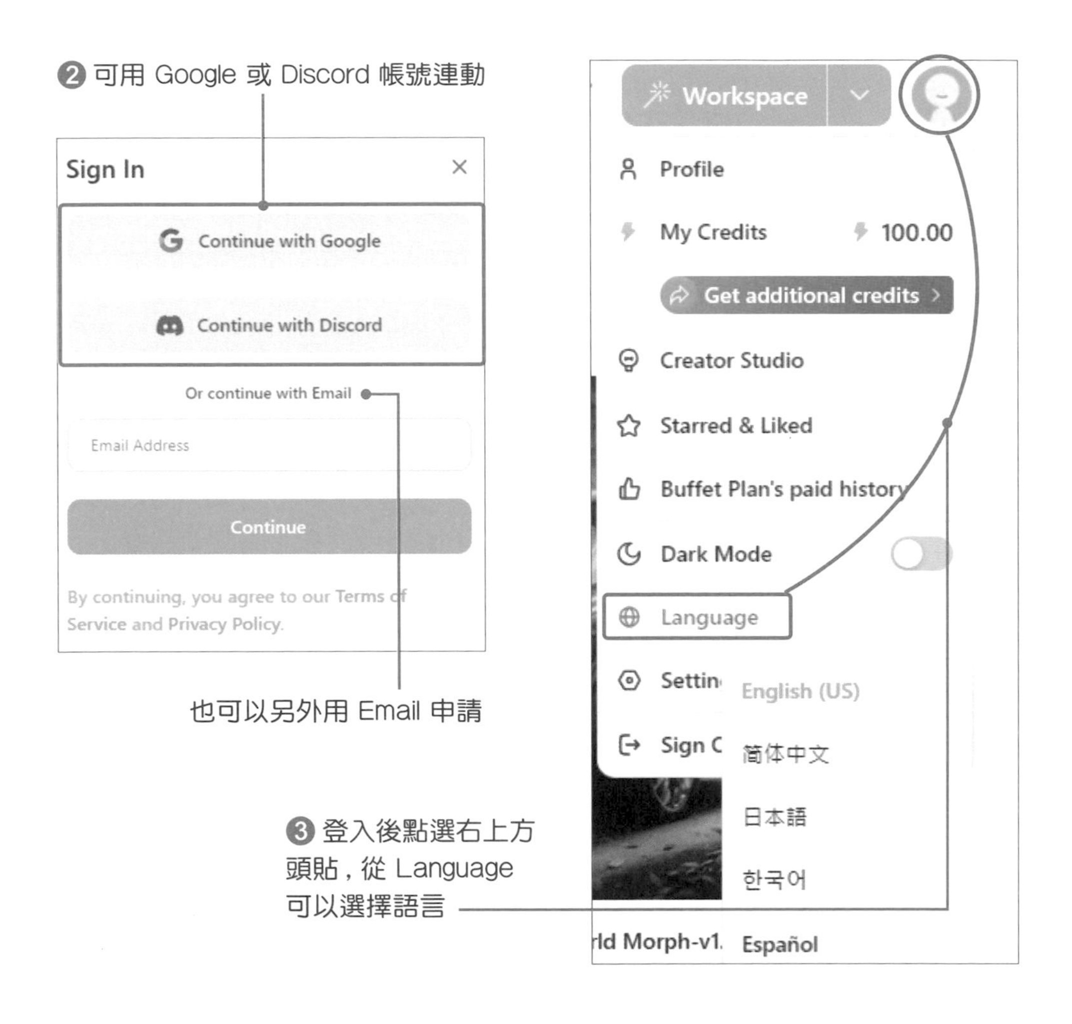

自動生成 Prompt 選項

在 Tensor.Art 的 Prompt 輸入區有自動跳出選項的功能，在使用者先輸入**「,」逗號**之後，會依照使用者輸入的文字即時列出建議的 Prompt, 甚至能夠**將中文 Prompt 馬上翻譯，自動列出選項供使用者做挑選**，直接省掉我們使用翻譯軟體的過程！

但是經由測試，發現這個功能不一定每次都出現，尤其是中文字被順利識讀成英文的機率會再低一點，如果讀者遇到這樣的狀況，可以再重新開啟一次算圖工作區試看看。

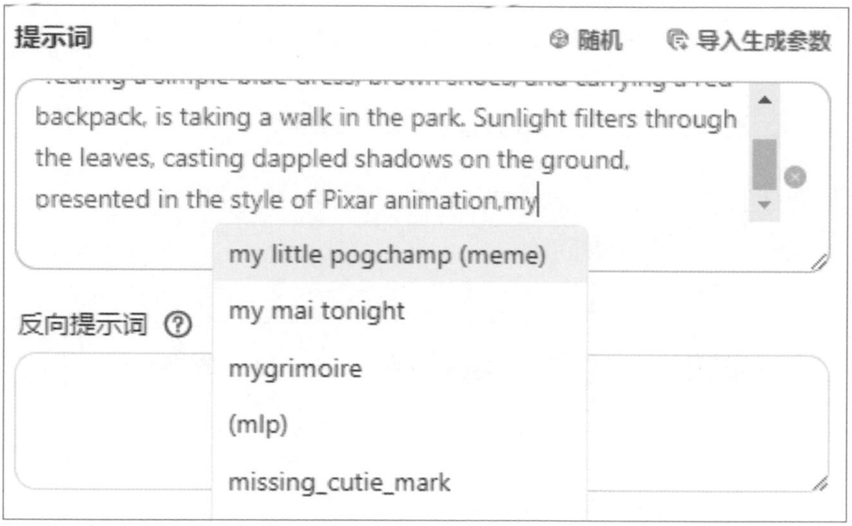

▲ 輸入逗號「,」後接著輸入「my」，就會自動跑出 my 開頭的選項

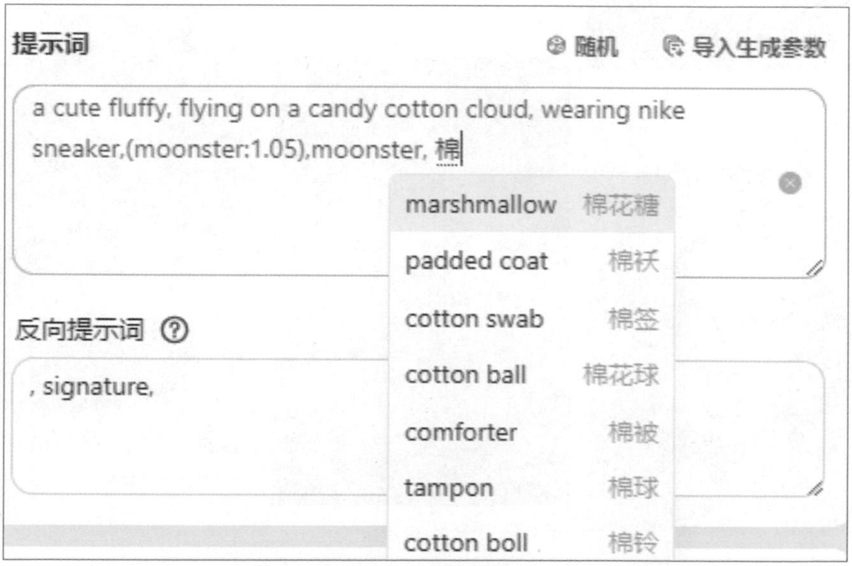

▲ 輸入中文，也可以跑出英文 Prompt 選項

生成圖片

Tensor.Art 提供的模型跟作品非常豐富，你可以直接在帖子區或是模型區點選喜歡的作品，接著快速生成一張風格類似的圖。

STEP 1 點選畫面左上方的帖子或是模型

帖子裡面有各方玩家上傳的作品，模型則是玩家或是公司訓練出來的。找到喜歡的圖之後點選**做同款**，。

STEP 2 來到操作面板

右側是生成區域跟生成紀錄，左側則是會列出剛剛點選的那張圖片的相關設定。如果不修改任何的 Prompt, 直接點擊**在線生成**，就會生成一張跟原圖非常相似的圖片。

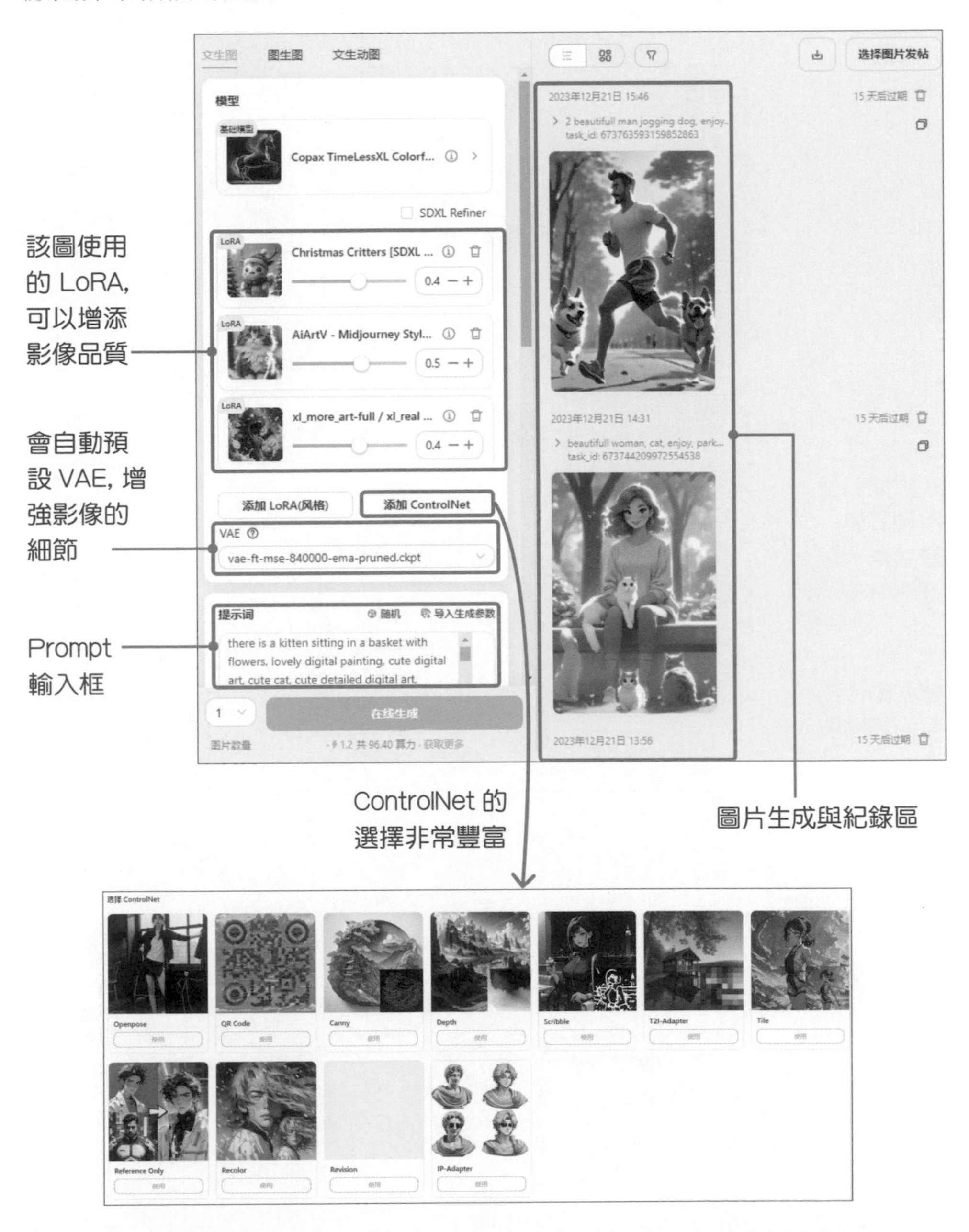

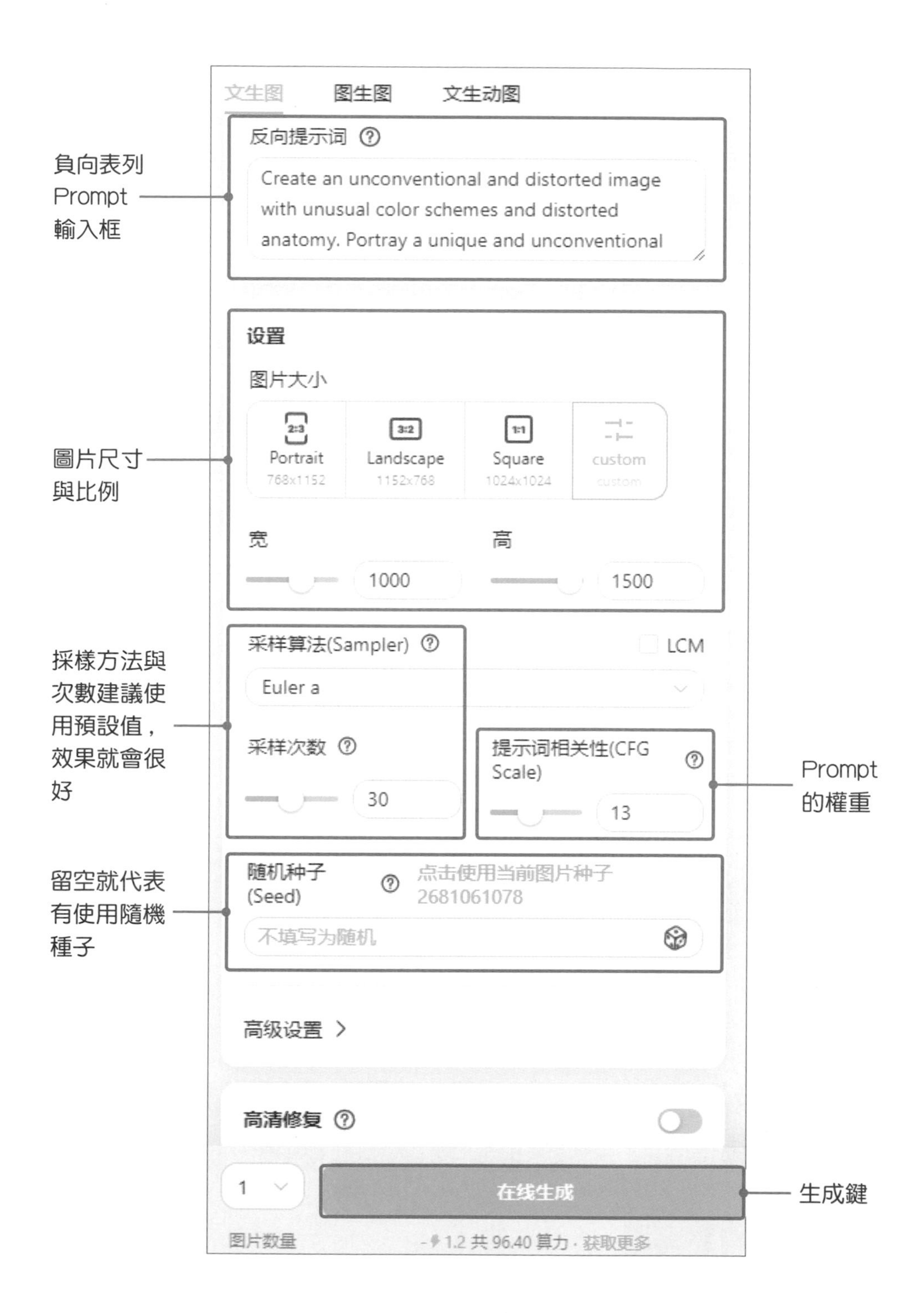

文生图
图生图
文生动图
反向提示词
Create an unconventional and distorted image with unusual color schemes and distorted anatomy. Portray a unique and unconventional
負向表列 Prompt 輸入框
设置
图片大小
Portrait
768x1152
Landscape
1152x768
Square
1024x1024
custom
custom
圖片尺寸與比例
宽
1000
高
1500
采样算法(Sampler)
LCM
Euler a
采样次数
30
採樣方法與次數建議使用預設值，效果就會很好
提示词相关性(CFG Scale)
13
Prompt 的權重
随机种子 (Seed)
点击使用当前图片种子 2681061078
不填写为随机
留空就代表有使用隨機種子
高级设置
高清修复
1
在线生成
生成鍵
图片数量
- 1.2 共 96.40 算力 · 获取更多

▲如果不調整任何選項，生成結果就會與原圖非常相似

▲原圖

如果使用原圖的隨機種子，就會生成一模一樣的圖片。

特別採訪

鳥巢 許鴻潮

生成式 AI 達人許鴻潮 (暱稱鳥巢) 本身做設計師有 30 年的資歷，SARS 爆發後開始起身記錄台灣，從事攝影有 20 年資歷。近 10 年來陸續有在 Nikon School 開課、參與 Adobe 五六場研討會，算是 Adobe 特約講師。要說投入 AI 繪圖契機的話，是 2022 年初，一些不常貼圖的同溫層陸續發表了一些令人驚豔的作品，打聽之下才知道是透過一款叫 Disco Diffusion 的軟體，但一張圖的產出要耗時半小時甚至一小時，當時只是聽聽而已，沒放在心上。

一直到 2022 年五月時又竄出了 Midjourney, 一分鐘就能產出 4 張，但卻需要認識的人提供邀請碼，就這樣四處要了邀請碼要了一個月…

不侷限工具，重拾藝術天賦

會將 AI 繪圖用於工作上，是因為需要生成內容給甲方交代，有效率最重要。所以不會僅限於某個工具，例如像是 MJ、Bing 藝術感很好，就可以利用在創意發想方面，因為對提詞的理解能力好，會是前期發想最主要的工具。有一些概念取向的作品，用 MJ 生圖就很適合，但缺點是很難做細部控制，還有像是 Bing 就是固定正方形尺寸，沒有辦法調整。

若是用在商業需求上，會需要特別去控制畫面的內容，這時就要擅用 Prompt 來處理，也比較能避開一些版權問題。唯一比較為人詬病的還是，手腳生成不正確或不真實的問題，但也能透過技巧快速克服，像是都交給 PS 作後製處理。

提到對於 AI 繪圖技術有什麼評價，這有好幾個面向，我個人的觀點是 AI 讓人類重新擁抱藝術。我們小時候比較會有各種形式的藝術展現，隨著年歲漸增多數人慢慢遺忘這項天賦，AI 能幫助我們重新拾起藝術表現的因子。例如我小時候就對繪畫很有興趣，曾經在桃園縣的中年級生寫生比賽中拿過第一名，長大後因社會風氣的關係先投入其他產業，後來才又回到設計這條路上。

以往設計上已經占優勢的人也許會覺得被冒犯，而對 AI 繪圖有所排斥。但以普羅大眾的角度來看，應該對於美學品味可以有大幅提升，不知不覺中你的美學知覺可能就被 AI 喚醒了。

會說故事的作品

從我的作品中可以看到，即便是靜止的、平面 2D，也符合創作上的一句座右銘，也就是達文西說的：「不動的圖像，是第二次的死亡」，這是我的老師、著名攝影家游本寬告訴我的，圖像的第一次死亡是畫下的當下，因為不會動，而觀看時內心沒有波動、情感沒有波瀾，便遭受了第二次死亡。因此就算這幅作品沒有動態感也要能講故事，所以我作品中的角色都很自在的表現自己，也都具備韻律感以及設計的基本要素。

附圖是 Viewsonic 世界創意比賽 2022 數位創作組第 8 名的作品，這個系列是有經營主題的，圍繞作品中人物的生活狀況與百態而營造親近感，那時候 MJ 還是 V2、V3, 產出的作品還很抽象。那個階段的作品有更多想像空間，也更有一種創意的朦朧美，會感覺自己就像個導演控制畫中主角，管它風吹雨打，先前也有玩家提出類似的論點，可說是 AI 導演論或 AI 漫畫家論吧！

深入接觸 AI 繪圖技術已經一年半，基本上什麼需求都可以自己透過訓練模型來解決。若要說有什麼難以掌控的地方，通常是因為使用的是雲端的 AI 繪圖平台，拿別人的訓練模型來用難以預期結果，例如台灣羽毛球這樣的提詞送進去，出來的一定會是網球，這就是模型天生比較難克服的，所以還是要學習怎麼自己訓練模型。

產業界的合作

許多傳產廠商也有提出合作想法，想搭上這波 AI 風潮的順風車。我個人覺得怎麼開創新的產業，跳脫早已殺成一片的紅海更為重要，透過 AI 生成激盪出新產業也許是個方向。當然已經遙遙領先的廠商可能不會被影響，在中間遊走的廠商就比較辛苦了。任何開創當然都有風險，不安焦慮是一定的，但目前看來 AI 生成的熱潮就是工業革命等級的影響，也是未來各領域發展的趨勢。

身為台灣 Stable Diffusion 社群的創辦者與經營者，2023 年我們也舉辦了第一屆的 SD AI 社群年會，召集業界眾多專業人士、玩家一同共襄盛舉。對於 2024 年度的活動也已經向贊助商提案，近期個人也固定在每周三晚上，線上討論對於 AI 產業的洞見，也有想將競賽形式引入 AI 繪圖的想法（在我們年會同一天就有 VS AI STREET FIGHTER 的 AI 生圖競賽），未來對賽制有更多的了解後，會有更具體的規畫，也許在 2024 年 2~4 月間舉辦全日行程的比賽。另外，近期也有規畫籌辦相關協會組織，這個產業未來的蓬勃發展很值得讓人期待。

LOGO DES

CHAPTER

8

設計 Logo 太花錢？AI 幫你免費設計！

從無到有的 Logo 設計相當花錢，就算是設計一個簡單的圖案，可能都要動輒上萬元，而且這個過程可能會不斷地跟設計師來回溝通，耗費許多時間成本。但現在，我們只要跟 AI 說想要的圖示、藝術家風格，它就能在數秒間發想創意，輕鬆設計 Logo！

在本章中，我們會介紹如何使用 AI 繪圖軟體設計圖案 Logo 跟文字 Logo, 就算不是相關專業的讀者，也能輕鬆將腦中的想法化為現實，並在幾秒鐘內產生風格多樣的設計！

8-1 圖案 Logo

經過筆者測試，**Midjourney V4 及 V6 版本**在設計圖案 Logo 時的效果相當不錯，且 V6 版本能夠生成拼寫正確的文字 (英文字數 5 個以內的正確率較高)。所以在本節中，我們會以 Midjourney 進行範例設計。

設計重點

在設計圖案 Logo 時，我們可以先在腦海中構思以下幾個重點，並輸入至 Midjourney 的 Prompt 中：

1. **發想圖案主題**：moto (機車)、robot (機器人)、tree (樹)、bread (麵包)…等。
2. **圖案呈現方式**：mascot (吉祥物)、lettermark (單一文字)、emblems (標誌)。
3. **是否加入文字**：logo designed with the word "文字"、"文字" written on it。
4. **藝術風格**：geometric style (幾何風格)、illustrative style (插畫風格)、handwritten style (手寫風格)、floral and fauna style (自然風格)、abstract style (抽象風格)…等。

5. **加入繪畫、印刷手法**：acrylic painting (壓克力畫)、spray painting (噴槍畫)、letterpress printing (凸版印刷)…等。

6. **背景顏色**：white (白色)、black (黑色) …等。

7. **加入負面提詞來移除複雜元素**：--no words (文字)、--no detail (過多細節)、--no photo (真實照片) 。

吉祥物範例

舉例來說，如果我們想設計一個「麵包的吉祥物」商標，可以輸入以下 Prompt 至 Midjourney 中：

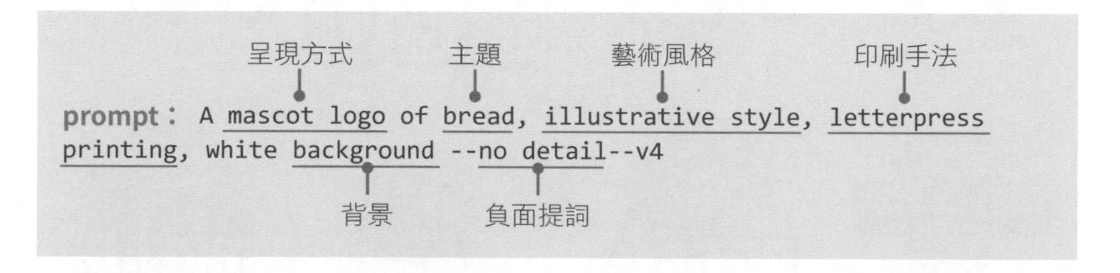

▲ 可愛的麵包吉祥物商標，但 V4 版本在文字拼寫時會發生錯誤

雖然吉祥物是很可愛沒錯，但我們可以發現，V 4 版本會發生文字拼寫上的錯誤。若要解決這個問題，我們可以改用 V 6 版本，並將 Prompt 改寫如下：

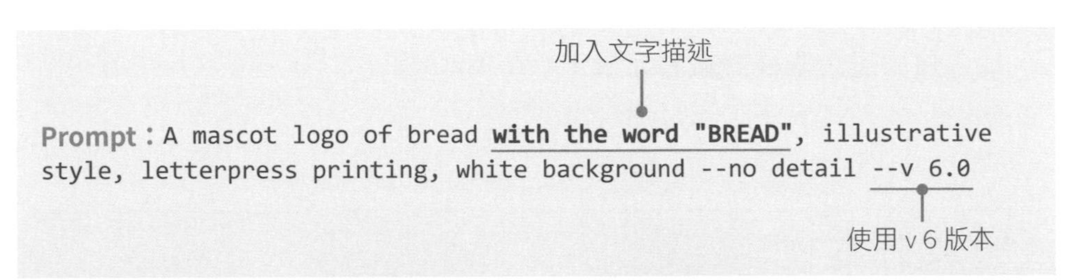
加入文字描述
Prompt：A mascot logo of bread with the word "BREAD", illustrative style, letterpress printing, white background --no detail --v 6.0
使用 v 6 版本

BREAD
BREAD
BREAD
BREAD

BREAD
BREAD
BREAD
BREAD

▲ V6 版本可以加入正確的英文字了！

經測試，在加入文字時，若輸入**太多字數**的英文字母，拼寫錯誤的機率較高，而且這個方法無法適用於**中文字**。在 8-2 節中，我們會介紹如何使用 ControlNet 的方式來生成拼寫正確的文字。

單字體設計範例

如果想設計改成以「單一字母」來呈現 Logo，可以將 Prompt 修改如下：

修改呈現方式為字母「B」

Prompt：lettermark of B, logo of bread, illustrative style, letterpress printing -- v 6.0

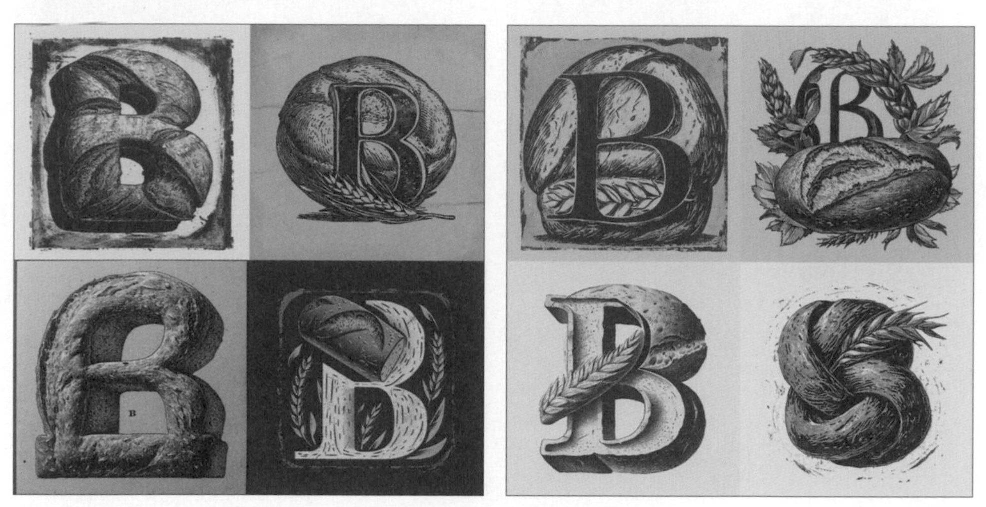

▲單一字母的商標

標誌範例

如果我們想設計「標誌」商標，並加入自定義的文字，可以將 Prompt 修改如下：

加入文字　　修改呈現方式「標誌」

Prompt：A emblems logo of bread, **Logo designed with the word "Anna"**, geometric style style, letterpress printing --v 6.0

▲標誌型商標，有時候還是會產生錯誤拼寫的文字

加入不同的藝術風格

若不滿意所生成的圖像風格，我們也可以自行搭配藝術風格及印刷手法的 Prompt 來生成各種風格的圖像商標。以下呈現不同風格的**貓頭鷹**吉祥物商標：

Prompt：A mascot logo of owl, **<藝術風格>**, letterpressprinting --v 4

▲geometric style（幾何風格）

▲illustrative style（插畫風格）

▲ handwritten style（手寫風格）

▲ floral and fauna style（自然風格）

▲ abstract style（抽象風格）

8-2 生成拼寫正確的文字 Logo

在 Midjourney V6 版本中，對於英文字的嵌入有一大躍進。但經測試，**若英文字數太多或是需要生成中文字體的話，目前生成式 AI 還是無法穩定生成正確的文字圖像**。因此，我們要自己製作正確版本的文字當作**底圖 (遮罩圖)**，再透過 **ControlNet** 的幫助，它會將我們的底圖當作骨幹，進一步生成各種風格的 Logo 圖像，而且這個方法中英文 Logo 都適用喔！本節會分別以 Leonardo.Ai 和 Stable Diffusion 進行示範。

多文字 Logo 的設計流程如下：

1 製作**黑底白字**遮罩圖

↓

2 上傳遮罩圖至 Leonardo.Ai 或 Stable Diffusion 中

↓

3 設定 ControlNet

↓

4 輸入 Prompt 並生成圖片 (可先於網路搜尋不錯的圖像風格)

▲以「Midjourney」的 Logo 設計為例，若英文字數太多的話，AI 難以產生拼寫正確的文字

▲要求生成「旗標」中文字，AI 到底在寫什麼鬼…

製作遮罩圖

首先，我們會使用 **PowerPoint** 來產生**文字遮罩圖** (你也可以用小畫家或其他繪圖工具), 然後用 **Leonardo.Ai** 或 **Stable Diffusion** 來對原始文字圖像進行**風格改寫及填充**。生成字體 Logo 的步驟如下：

開啟 PowerPoint 並製造文字遮罩圖

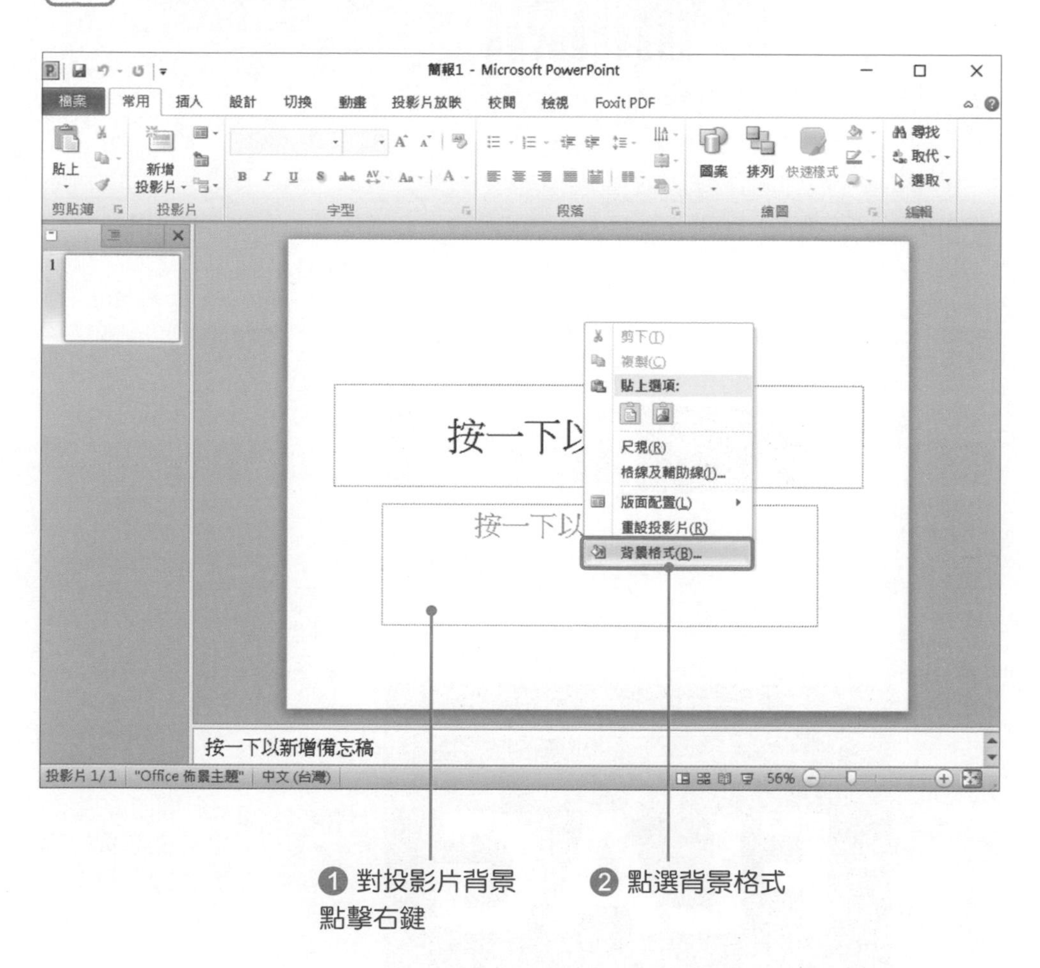

❶ 對投影片背景點擊右鍵

❷ 點選背景格式

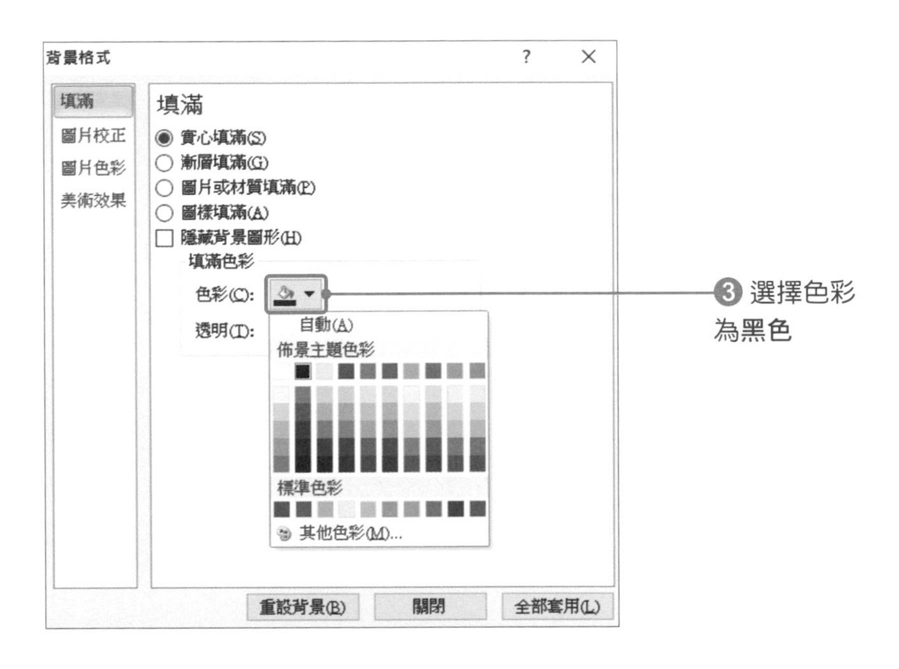

❸ 選擇色彩為黑色

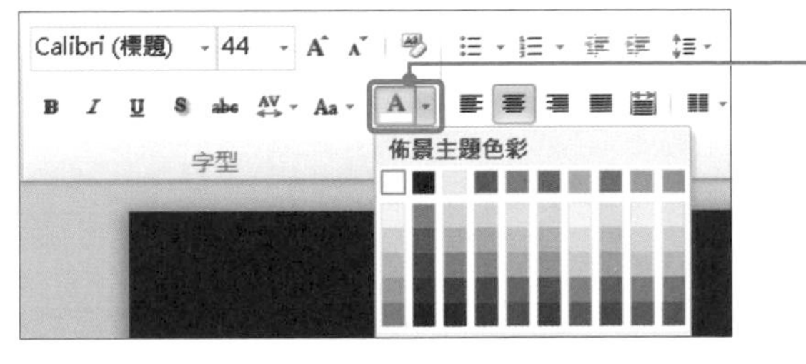

❹ 回到主畫面，將字體改為白色

❺ 於對話框中輸入文字，建議選用較粗的字體並將文字填充到整張投影片

STEP 2 儲存文字圖片

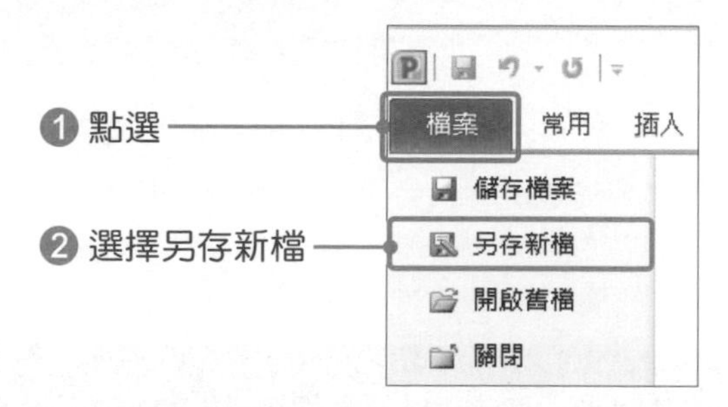

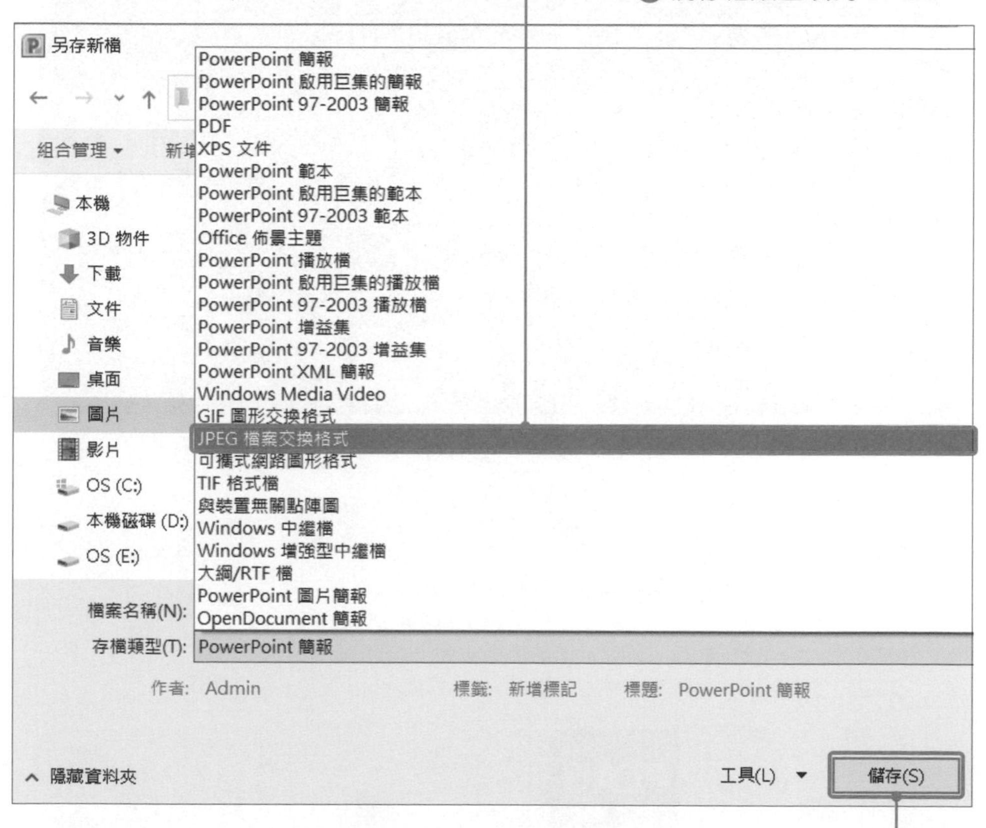

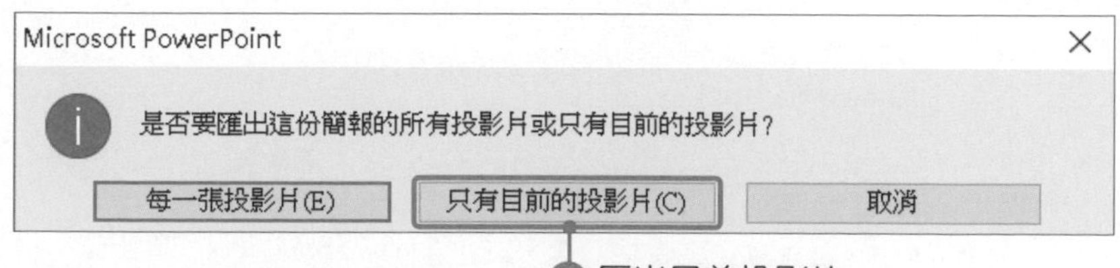

使用 Leonardo.Ai 來進行字體 Logo 設計

STEP 1 到 Leonardo 的頁面中，上傳文字遮罩圖

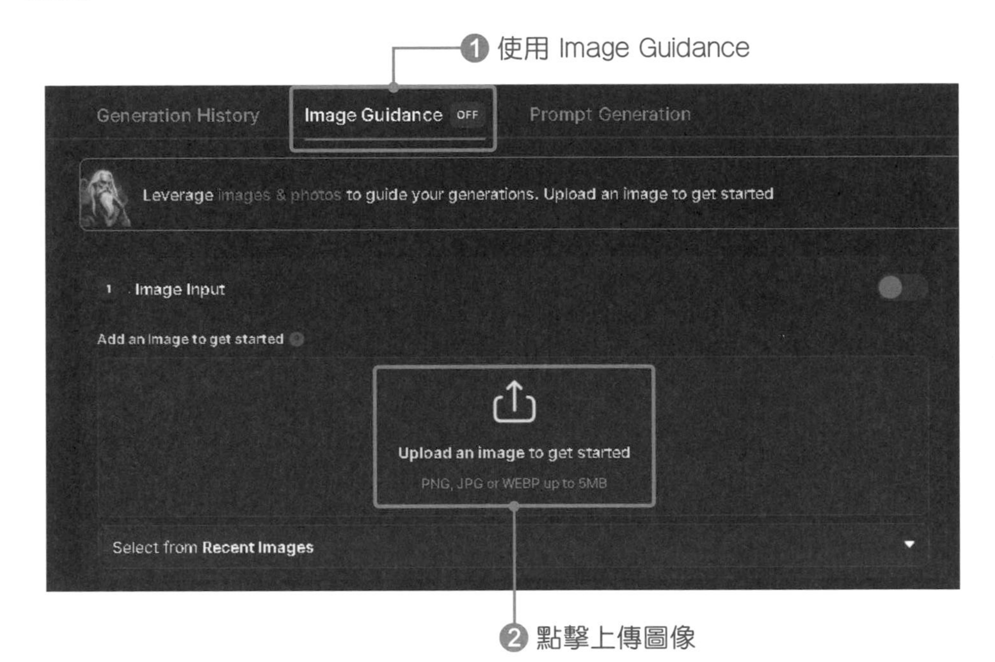

開啟
圖片 › 儲存的圖片
搜尋 儲存的圖片
組合管理 ▾ 新增資料夾
下載
文件
圖片
Ch03
Ch06
F3359
FLAG
檔案名稱(N): FLAG
Files
開啟(O) 取消

❸ 選擇製作好的遮罩圖並上傳

開啟 ControlNet 功能

❶ 選擇 Depth to Image 或 Texe Image input

注意！付費會員才能開啟 ControlNet 功能

❸ 按此可快速調整生成圖像的尺寸

❷ 調整 Strength 為 0.6 ~ 1 左右（某些模型可能需要更高的 Strength）

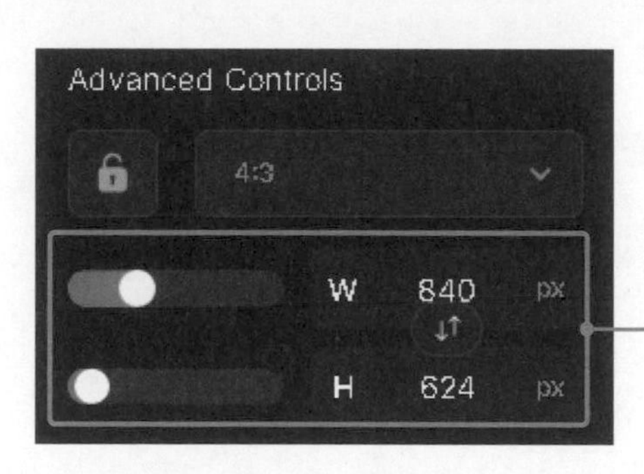

❹ 請確認圖像比例與遮罩圖一致

STEP 3

修改 Prompt 並產生圖像

❶ 這邊的 Prompt 可以到 Leonardo 的主頁中來搜尋不錯的圖片風格，直接複製貼上就可以產生不錯的效果

❸ 生成圖像

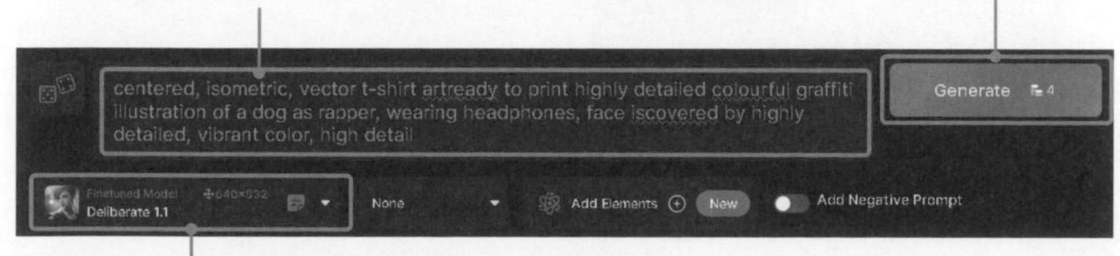

❷ 建議使用 Deliberate 1.1 模型

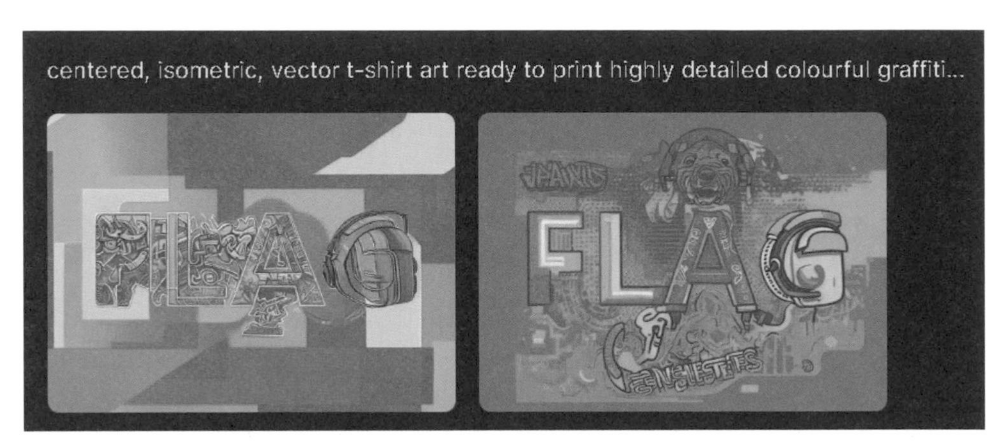

▲完成，最後的文字 Logo 成果！

Prompt：centered, isometric, vector t-shirt art ready to print highly detailed colourful graffiti illustration of a dog as rapper, wearing headphones, face is covered by highly detailed, vibrant color, high detail

Strength (ControNet Weight)

不同的權重會影響字體的保留度，權重越低會增加越多設計感；越高則會保留原有字樣。

▲Strength：0.65

▲Strength：0.8

◀Strength：1.0

使用 Stable Diffusion 來進行字體 Logo 設計

與 Leonardo.Ai 相比，Stable Diffusion 有更多不同風格的模型，且可微調的選項更多。在這小節中，我們會介紹如何使用 Stable Diffusion 來設計字體 Logo。但在開始前，**必須先安裝 Stable Diffusion 中非常重要的 ControlNet 外掛**（如已經安裝或是使用 RunDiffusion 的讀者，可直接跳到下一小節）。

安裝 ControlNet 外掛

使用 URL 下載 ControlNet

STEP 2 重新載入 WebUI 介面

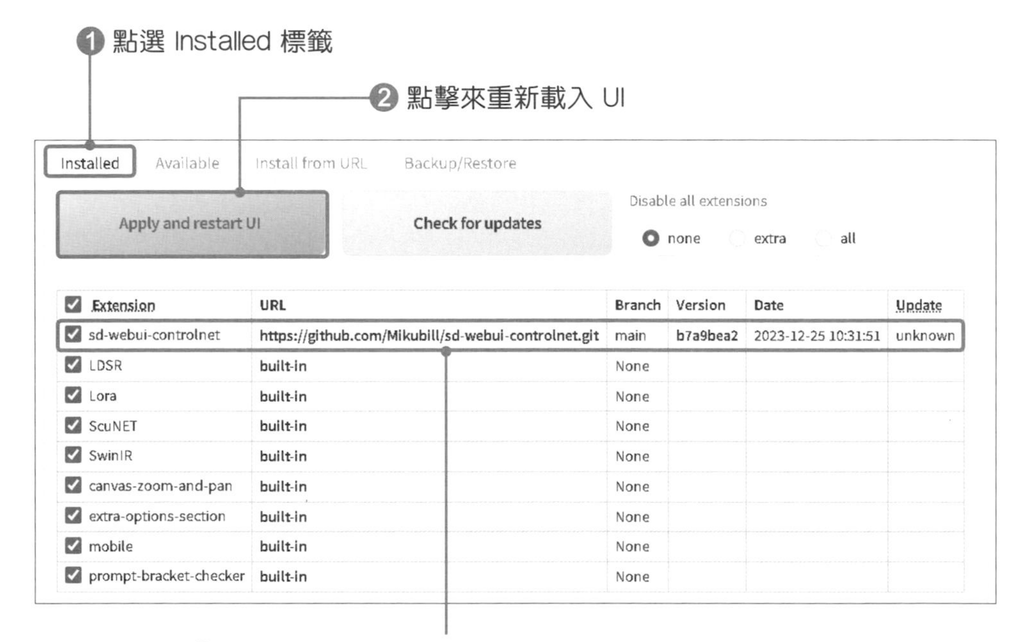

❸ 若安裝成功，就可以在外掛列表中看到 ControlNet 了

▲ 到微調選項區往下滾動，可以找到 ControlNet 的標籤，但並沒有 Model 可供選擇。所以下一步，我們需自行安裝 ControlNet 所使用的模型

STEP 3 進入以下網址來下載 ControlNet 模型

https://huggingface.co/lllyasviel/ControlNet-v1-1/tree/main

▲此為 ControlNet 模型的官方載點，一共有 14 種模型，我們會在第 11 章詳細介紹其他模型的應用

STEP 4 將模型放置在 ControlNet 資料夾下

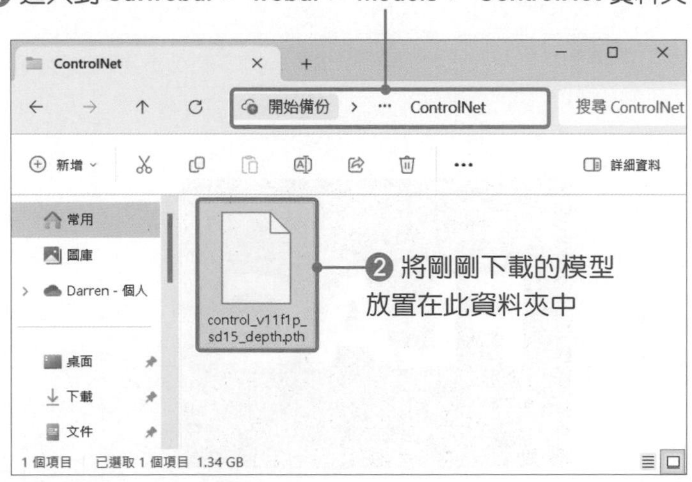

完成模型放置後，請重新啟動 WebUI 介面。到這邊，我們就完成安裝 ControlNet 及其模型的所有步驟了！

字體 Logo 設計

STEP 1 進入文生圖頁面

❶ 選擇使用模型，在此範例中，我們使用 dreamshaper_8 模型

❷ 點擊 txt2img 標籤

STEP 2 開啟 ControlNet 功能

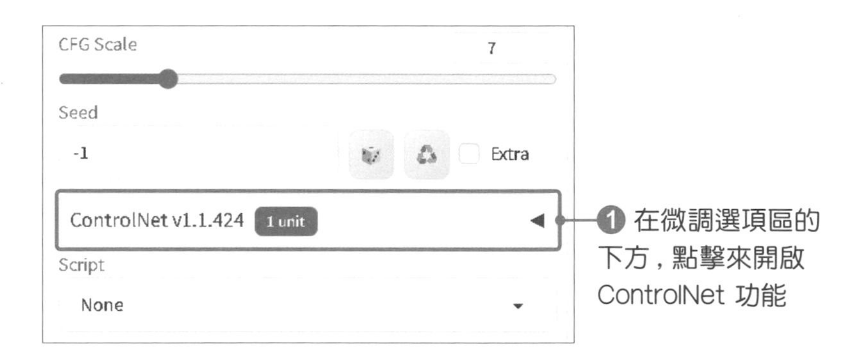

❶ 在微調選項區的下方，點擊來開啟 ControlNet 功能

❷ 拖曳或點擊來上傳遮罩圖

❸ 點擊向上箭頭按鈕，讓圖像尺寸與遮罩圖一致

STEP 3 調整微調選項區

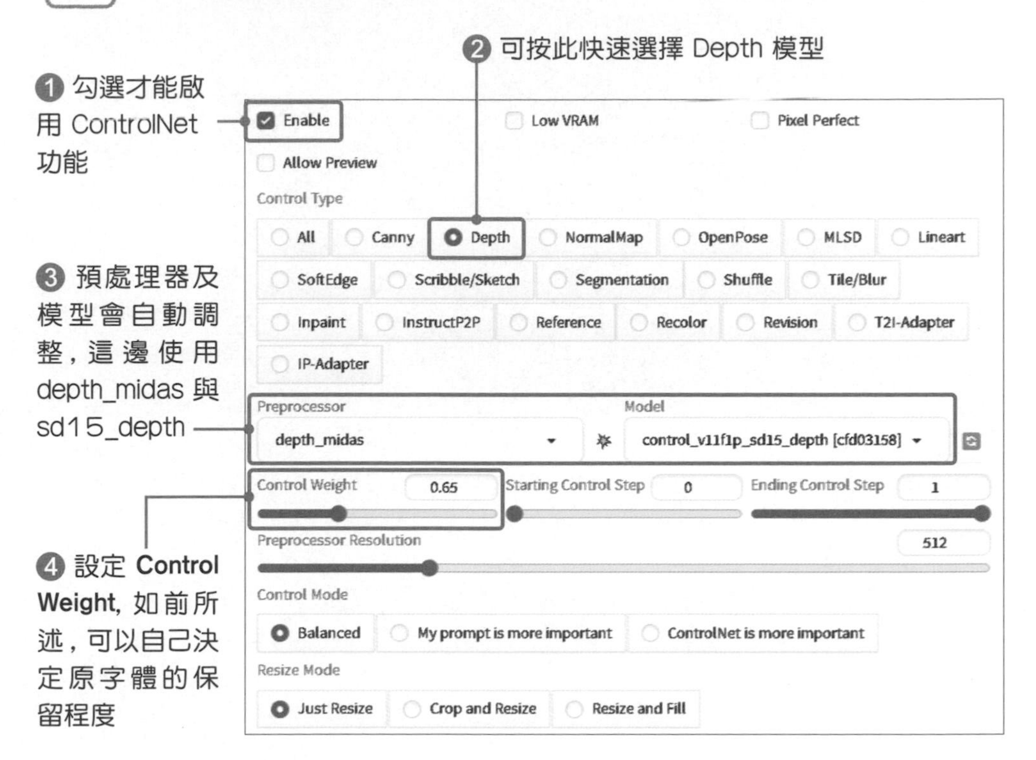

STEP 4 輸入 Prompt 並生成圖片

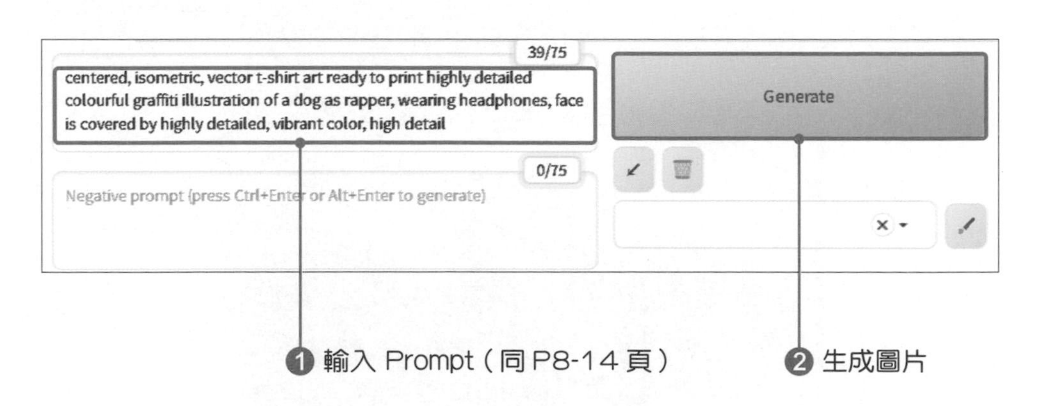

◀ 完成！

8-3 字體 Logo 設計範例

我們可以到 Leonardo.Ai 的主頁或是之前提過的其他網站來搜尋想要的圖像風格，複製貼上 Prompt 就可以產生類似風格的 Logo 設計。

Prompt：Create a Christmas card featuring an old village in a watercolor style

Prompt：cute sticker, high quality, a sleek and vintage detailed bird icon, vector, minimalist

Prompt：panther, artstation, drawing of red flowers on a panther, dynamic pose, the expression is kind, graphic, realistic, tattoo style

Prompt：fisheye lens view, teal smoky French watercolor opera with floral accoutrement on blue and golden watercolor background, whimsical, intricately, Unreal Engine

中文字也可以使用這個方法！另外，因為 AI 是以我們提供的遮罩圖來改繪、填充風格，所以大多時候會保留原有的字體結構。有興趣的讀者可以自行更改遮罩圖的字體試試看。

Prompt：a majestic phoenix with vibrant shades of red, orange, and yellow, spreading its wings across your entire back. The intricate details of each feather are brought to life through a combination of watercolor and realism rendering

Prompt： in a world where technology and humanity merge, a robot with a humanized face stands out with its neon purple glow. Its body is adorned with various devices, each one representing a connection to the ever-evolving world of technology

Prompt： detailed, 8k, anime art illustration, stunning, zodiac sign of (((aries))), looking, epic fantasy, stars, nebula, ram, mountain ram, mountain sheep, horns

8-4 使用 Stable Diffusion 來替換文字

我們現在已經知道如何產生圖案和多文字 Logo 了，但如果我們想要保留原有的圖案商標，並替換 AI 生成的錯字，該怎麼做呢？聰明的讀者肯定想到了，我們可以結合前兩節的做法，**先保留所生成的圖案商標，然後使用 Stable Diffusion 的 ControlNet 來替換掉原有的文字**！步驟如下：

STEP 1 準備商標圖

▲ 此為拼寫錯誤的商標圖，我們想替換為正確的文字

注意！這邊所使用的圖像寬高比例為 1:1，讀者請記住自己的商標圖比例，因為後續使用 ControlNet 時，才能確保商標圖和文字遮罩圖的比例相同。

STEP 2 生成文字遮罩圖 (以 PPT 為例)

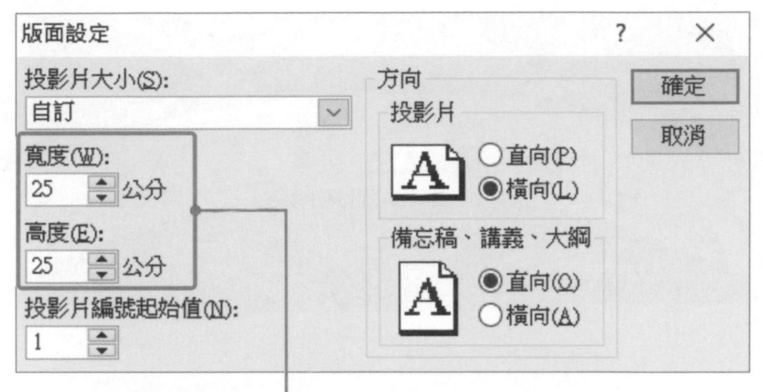

❸ 調整寬高比例與商標圖一致，因為範例圖為 1:1，所以我們調整為 25 × 25 公分

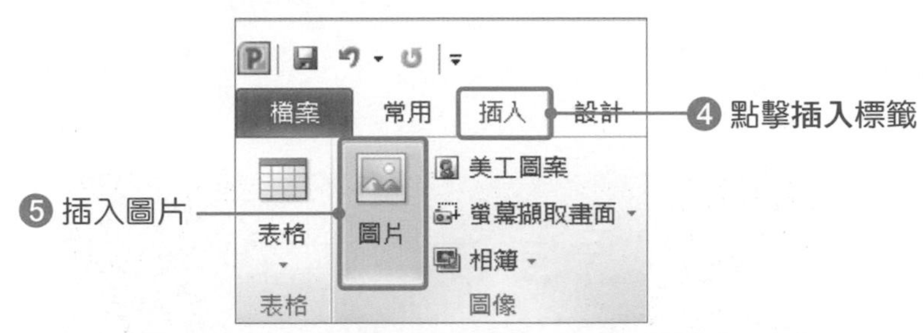

❹ 點擊插入標籤

❺ 插入圖片

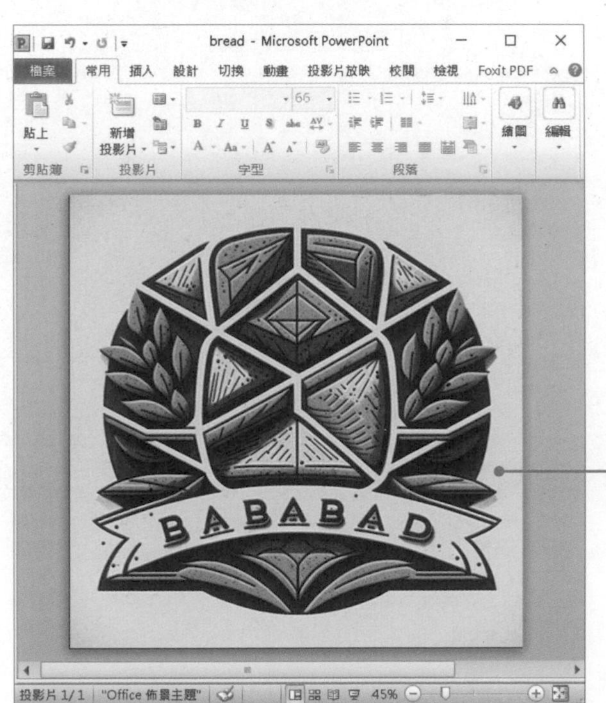

❻ 將商標圖拖曳至符合投影幕大小

❼ 將文字加入至指定的位置

最後一樣儲存為 JPEG 檔即完成文字遮罩圖的製作！

❽ 將商標圖移除並將背景替換為黑色

STEP 3 進入 Stable Diffusion 的圖生圖並使用 Inpaint (圖像修復) 功能

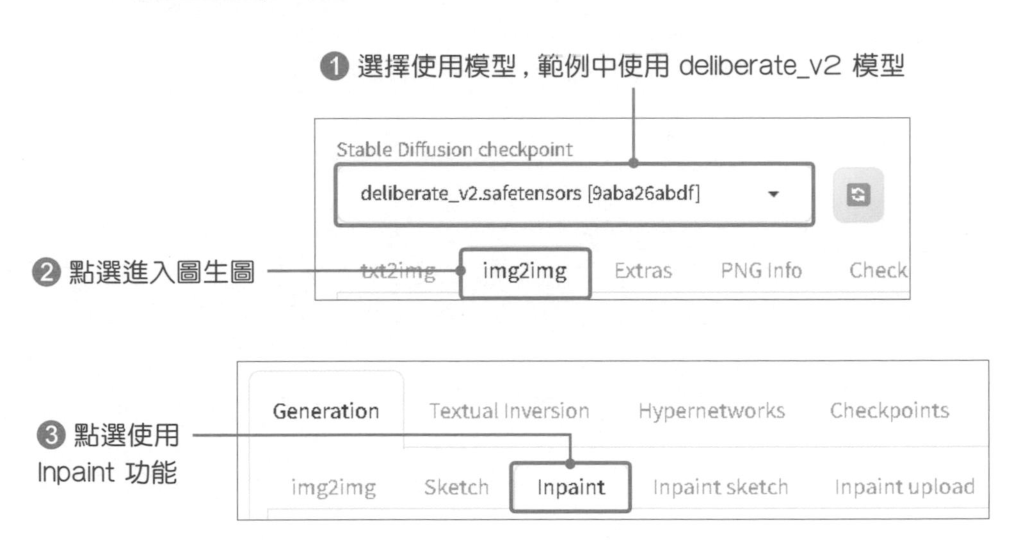

STEP 4 上傳商標圖並加上遮罩

STEP 5 調整微調選項區

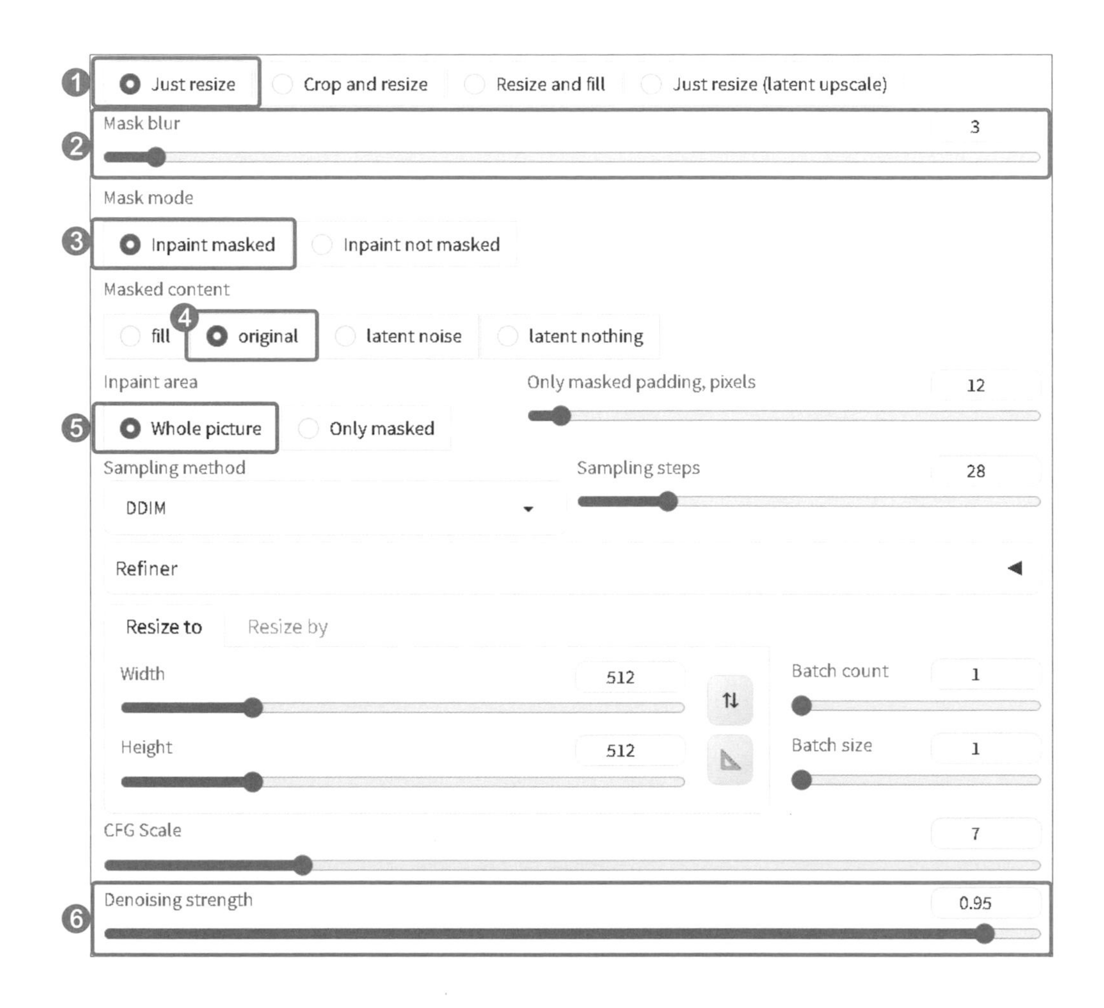

❶ 選擇 Just resize
❷ Mask blur 建議調整為 2 ~ 10
❸ 對遮罩部位進行修改
❹ 選擇 original
❺ 重繪整張圖像
❻ 重繪幅度調高至 0.9 左右

STEP 6 開啟 ControlNet 功能並上傳準備好的文字遮罩圖

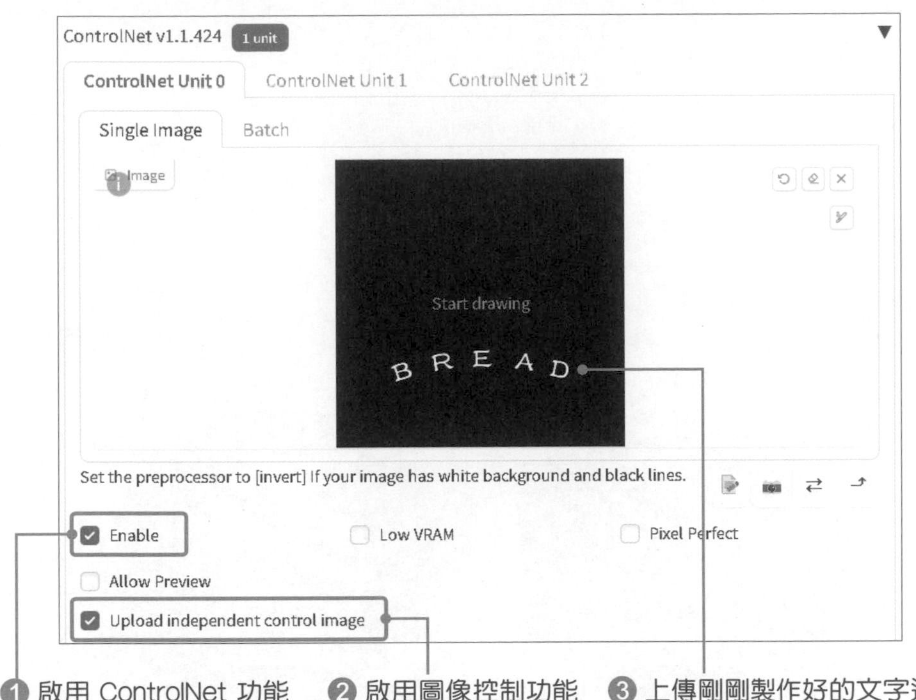

❶ 啟用 ControlNet 功能 ❷ 啟用圖像控制功能 ❸ 上傳剛剛製作好的文字遮罩圖

❹ 注意！預處理器不用選 ❺ 選擇 sd15_depth

❻ 可依照字體的保留程度自行調整權重

反查 Prompt 並生成圖片

❶ 點選反查 Prompt, 文字效果會與原圖像相近

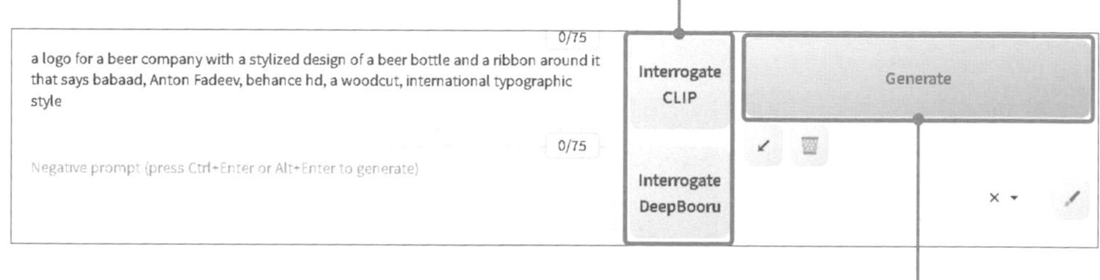

❷ 生成圖片

◀ 最後成品

特別採訪

艾塔娜 Aitana

身為設計師，什麼類型的商業工作都有涉獵，包括影片剪輯、角色扮演到美術設計。個人從小就對美術非常有興趣，但在求學階段選擇了資工的道路，而走上了不同的職涯道路。

過去也曾嘗試經營 Youtube 頻道，所以對現今的社群網路生態也相當熟悉。而這次投入 AI 繪圖的契機，其實出自想撰寫童書，利用近期討論熱度很高的 ChatGPT 輔助修飾成學齡前故事。其中的內容需要插畫，因而想嘗試看看最近討論度高的 AI 繪圖技術所以就此接觸，在過程中分享了一些作品到網路上，就此有了許多接案機會。

Stable Diffusion 爲主，搭配 Lora 和 Bing 生圖

雖然 Midjourney 還蠻常見的，不過自己比較偏好使用 Stable Diffusion, 再搭配 Lora 還有 Bing 這樣的組合。主要考量是自己從事的商業案偏多，MJ 可以控制的部分偏少，頂多只能輸出類似的內容，難以精準確實，符合客戶的需求。

目前 AI 繪圖技術還在起步階段，大家都還在摸索應用的方向，加上目前市面上比較少手把手的教學，遇到問題很容易卡住，也不太懂得自己解決問題或找替代方案 (填鴨式教育荼毒), 其實很多 AI 繪圖不足或缺陷，都可以利用其他軟體修補不足，包括繪圖到影片剪輯這些不同層面的應用。

AI 繪圖對設計產業的影響

在平面設計領域，現在有越來越多人投入，造成內捲的問題，如果只抱持穩定工作的心態，過於安逸不求突破，可能就會陷入死薪水的惡性循環，不過只要實力明顯超越水平，很容易就能跳出來，創造出屬於自己的機會，收入來源當然也就相對可觀。

對於 AI 繪圖技術，這就像之前手繪轉電繪的過程，必然會先有很多罵聲。從傳統相機轉換到數位相機也是，都要面臨傳統風格與新潮做法的矛盾，也會產生一定程度的衝突。目前在法律上的問題，包括版權與商用使用，都有遇到一些狀況，但 AI 就是趨勢，一定會有順應而適切的解決之道。

高質量作品的技巧

可以多利用外掛，其實使用上並不會繁複，最基本要學會的像是 ControlNet、Lora 分層…等等。現在許多人在技術運用上常有個問題是，提詞過於繁雜，導致提詞間互相影響。我自己平常使用上會將提詞限制在 75 個以內，甚至 30 個解決，然後再做 10～20 次的重繪，甚至曾經針對一幅作品做過 800 多次、耗時一周才交件，都是為了達到廠商要求的品質。

還有就是，很多人上了沒意義的提詞就來抽卡，這在商業上完全不管用。例如使用 8K、16K 這類的題詞，超出電腦的能力沒有辦法輸出，可能反而在背景生成了類似 8K 的字樣。那要怎麼確定提詞有沒有用：一個個提詞下去文生圖觀察反應，例如使用「太陽」卻生成「女生」, 那你就知道「太陽」這個詞沒有用，就可以避免使用。

另外還有一個是正負提詞的內容，很多人都會在提詞打上高品質，大家都會，但那其實是沒用的 (編註：小編也這樣用耶)。根據個人觀察的結果，形容詞、副詞適合放在負向提詞，而感嘆詞、動詞、名詞就適合放在正向提詞。這樣下提詞字數就不會很大。另外可以在作圖前打草稿，可以先跑出簡單的小圖，例如將一張圖分成遠中近三張圖合成。很多人一次下了 3~400 個提詞，內容太多其他可能會有 200 個提詞都沒有作用。

服飾元素的細節

AI 繪圖過程中，最有趣的就是創造的過程，先前替遊戲公司做的案子很有挑戰性，就是我特別喜歡的。主要是遊戲中的衣服、元素往往都是現實生活少見的，要順利生出來就滿挑戰的。之前遇到電玩廠商提供正面的角色服飾，然後要求側面的裝束，但在台灣未取得授權的情況下，直接用原圖下去改就會有版權問題，這時就可以透過 AI 直接來解決。

之前服飾廠商給的案子，要在圖案不跑掉的情況下改變衣服光影，過程就很有趣。又例如，策展，就可以融合大師作品，「高融合」可以融合不同風格，透過調整權重各種零零總總的微調，剩下再叫 AI 補足，風格就會有很大的不同，也能夠在智慧財產層面有所解套。

SD 上有一些基礎模型的衣服本來就顯得有些老氣，畢竟是集合這十年來的服飾，多少會有些跟不上時代。近期嘗試做韓流的作品，就運用到更新潮的服飾與肢體動作，處理起來就有趣許多。除此之外基本上沒有什麼太難處理的，反而我目前覺得 AI 幾乎什麼東西都可以生出來。唯一感到力不從心的是藝術層面，對於自身的藝術涵養覺得自己有所不足而有自身的限制，所以自己也一直不斷地在學習，剛剛接受採訪前手上都還在看藝術書。

結語

很多設計者站在很反對的地方，停留在 AI 就是提詞生成，無法商業上使用控制，而實際上 AI 商用已經慢慢擴展開來、越來越多人使用，例如可以將原設計師的風格重新訓練，使 AI 產出跟設計師相仿風格的作品，並加入一些意想不到的元素進入，增加作品的創意，除了增加工作效率外，也可以避免掉法律版權問題（畢竟是訓練自己風格）。

CHAPTER 9

訓練你的專屬 AI 虛擬角色

閱讀到這邊的讀者，肯定用 AI 繪製出了許多惟妙惟肖的圖像。但在製圖的過程中，不知道你有沒有發現，即使輸入相同的 Prompt，所生成的人物肯定每次都長得不一樣。在這一章中，我們會回頭來講之前提過的微調模型訓練，這可以讓 AI 記住你的角色，並生成相同人物的圖像。這在製作相同主角的攝影集、繪本或漫畫，都是非常好用的功能！

9-1 什麼是微調模型？

微調模型指的是在原有的模型上，進行架構更改或使用新資料集來訓練。讓 AI 可以學習新的**人物**、**物件**或**藝術風格**。目前 Stable Diffusion 的主流模型訓練分為兩種，分別是 **Dreambooth** 與 **LoRA**。

Dreambooth 相當於傳統的模型訓練，每次訓練都會更改原神經網路的權重，也代表訓練完成後，我們會得到一個權重完全不同的新模型。而 LoRA 在訓練時，不會改變原有神經網路的權重，而是在各層之間插入新的層，並針對「新層」來進行訓練。這樣做的好處是，訓練完成後，只要保存「新層」的權重，不用保存整個模型，這也輕量化了模型訓練。

微調模型比較

	Dreambooth	LoRA
優缺點比較	● 訓練效果較好 ● 花費時間較久 ● 硬體需求配置高（基本上需要頂規的顯卡了） ● 模型佔用空間大	● 訓練效果普通 ● 花費時間短 ● 雲端也能訓練 ● 模型佔用空間小 ● 可同時使用多個 LoRA 模型

綜觀以上的優缺點，我們可以發現，雖然 Dreambooth 的效果較好，但要訓練一個 Dreambooth 模型其實是相當困難的。除了要準備高規格的電腦設備外，可能還要花費非常大量的時間來進行模型調校。相較之下，LoRA 模型的訓練時間非常短、所需的記憶體空間也非常小（約幾十 MB)。此外，我們還能用其他方式來提升訓練效果，因此 LoRA 模型訓練也是目前最夯的訓練方式。

在本章中，我們會從準備資料集開始，一步步地介紹如何使用 Leonardo.Ai 和 Stable Diffusion 來進行 LoRA 模型訓練，讓我們開始吧！

9-2 如何準備「好的」資料集

在整個模型訓練過程中，準備「好的」資料集是最為重要的一步！若資料集不完整、圖像數量不足或角度不夠充分，很容易導致所生成人物臉部失真（你會嚇到 AI 到底在畫什麼鬼東西）。因此在這一小節中，讓我們先來介紹如何準備「好的」資料集。

準備資料集

在這個範例中，我們準備了真人的圖像資料集。讀者可以使用自己拍攝的照片、捏臉（似顏繪）軟體、3D 建模、影集或動漫中的角色（請自行留意著作權問題）來建立資料集。在建立資料集時，需要注意以下幾點：

- **訓練 LoRA 模型大約需要準備 15 張以上的照片（建議使用 30 張以上）**
- **選擇多種角度的特寫照**
- **額外加入一些半身照可以加強訓練效果**

▲範例照片，建議選擇多種角度的特寫照

▲ 半身照

不 OK 的照片

以下是一些不適當的照片範例，容易導致訓練效果不彰。

- **人像臉部過大、過小或有遮擋**

▲ 人像臉部過大

▲ 人像臉部過小

▲ 臉部被頭髮及手遮擋

● 背景過度雜亂

▲ 複雜背景

▲ 背景複雜且臉部遮擋嚴重（墨鏡照最 NG）

● 過度曝光或曝光不足

▲ 過度曝光

▲ 曝光不足

圖像尺寸需調整為 512 × 512 或 768 × 768

當使用 Leonardo.Ai 或 Stable Diffusion 進行 LoRA 模型訓練時，圖像的尺寸必須為 512 × 512 或 768 × 768。完成圖像收集後，可以使用 **Birme 網站**來統一修改圖像尺寸，步驟如下：

STEP 1 進入 Birme 網站

https://www.birme.net/

STEP 2 上傳圖像

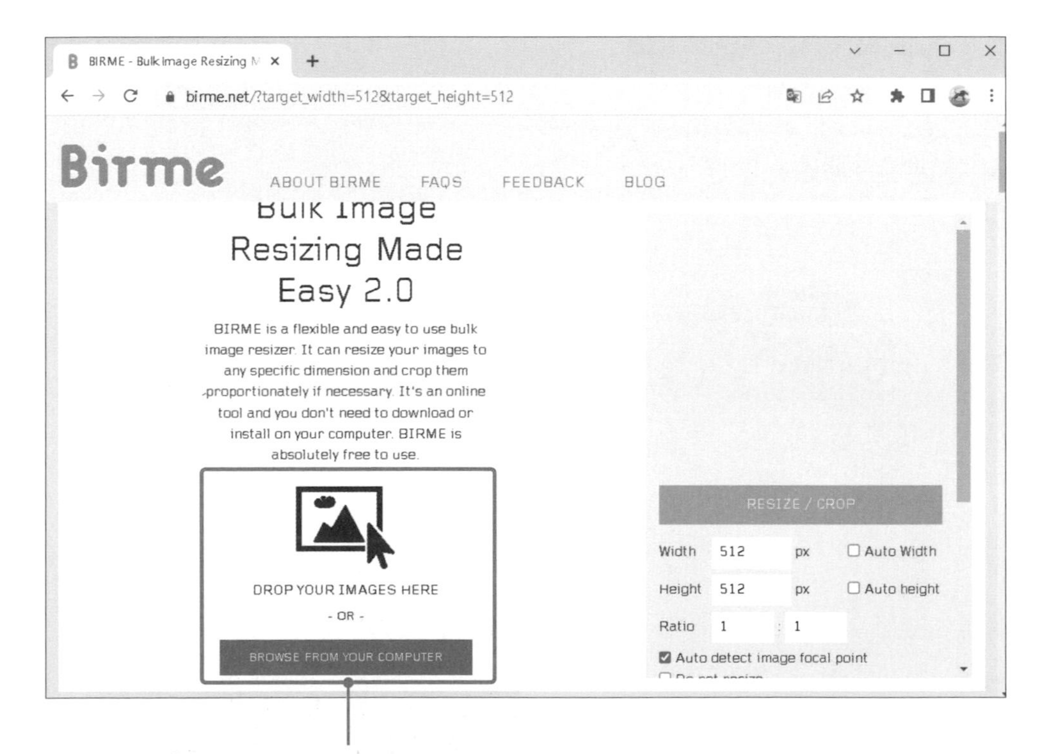

❶ 將要修改尺寸的圖像拖曳到網頁上，或者點擊來選擇圖像

STEP 3 修改圖像尺寸並下載

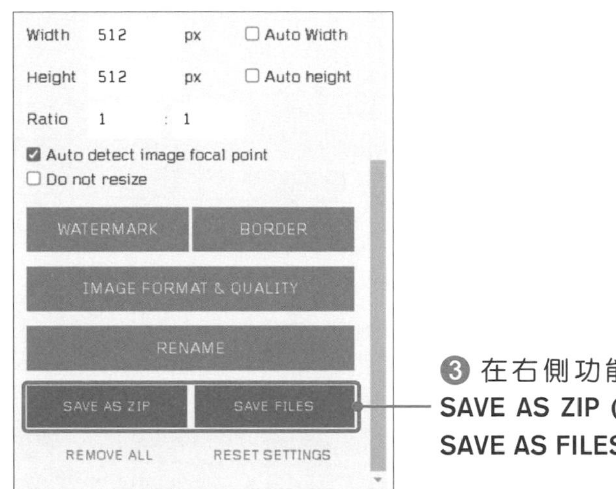

使用 fancaps.net 快速找到電影或動漫人物圖片

如果是想快速製作知名電影明星或動漫人物資料集的話，可以參照以下步驟：

STEP 1 輸入以下網址來進入 fancaps.net 網站

```
https://fancaps.net/
```

STEP 2 搜尋人物圖片：

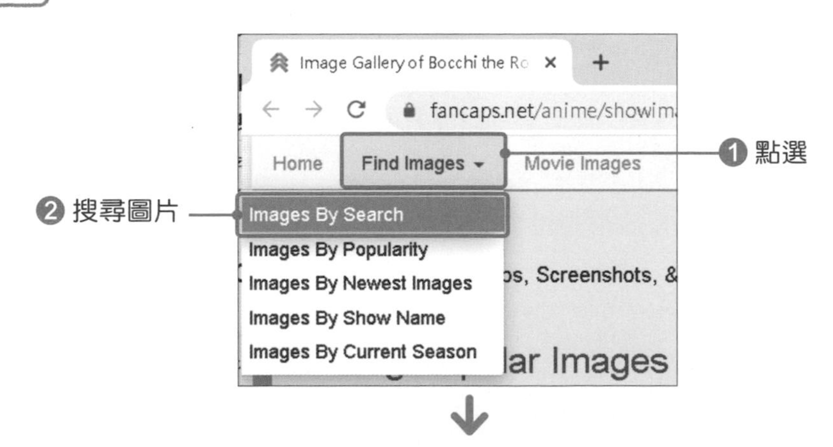

接下來，會出現每一集的搜尋結果，只要點選適合的人像圖片並「**放到最大**」後，點擊**右鍵**並**另存圖片為 JEPG 格式**即可。

挑選影像的步驟基本上與上一節相同，**建議抓取多角度的圖片、適時加入一些半身及全身照，並避免使用臉部被遮擋、太黑或太亮的圖片**。最後一樣使用 Birme 網站來統一修改照片尺寸，這樣就可以輕鬆製作電影或動漫人物的資料集了！

9-3 微調模型訓練－Leonardo.Ai

準備好精挑細選的 30 張照片了嗎？在這節中，我們會介紹如何使用 Leonardo.Ai 來訓練模型，並將我們的人物轉移到風格鮮明的圖像上。讓我們開始吧！

若未準備好照片或只是想測試看看模型訓練的讀者，可以使用本書附件中第 9 章的訓練資料集來進行測試。

建立訓練資料集及進行模型訓練

STEP 1 建立訓練資料集

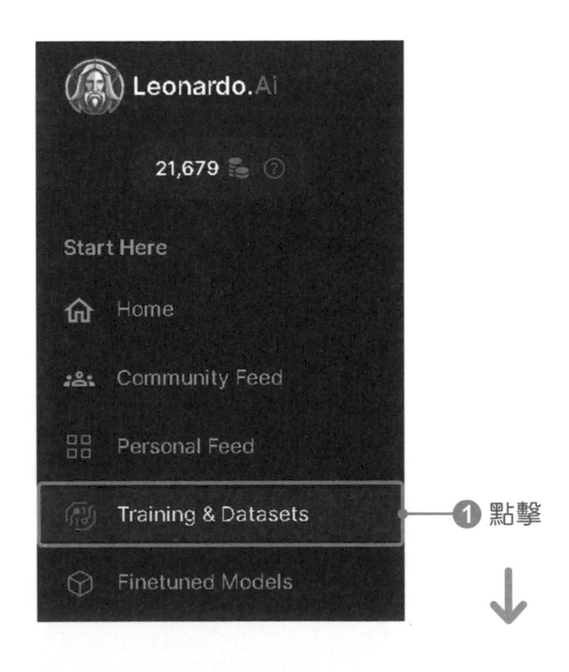

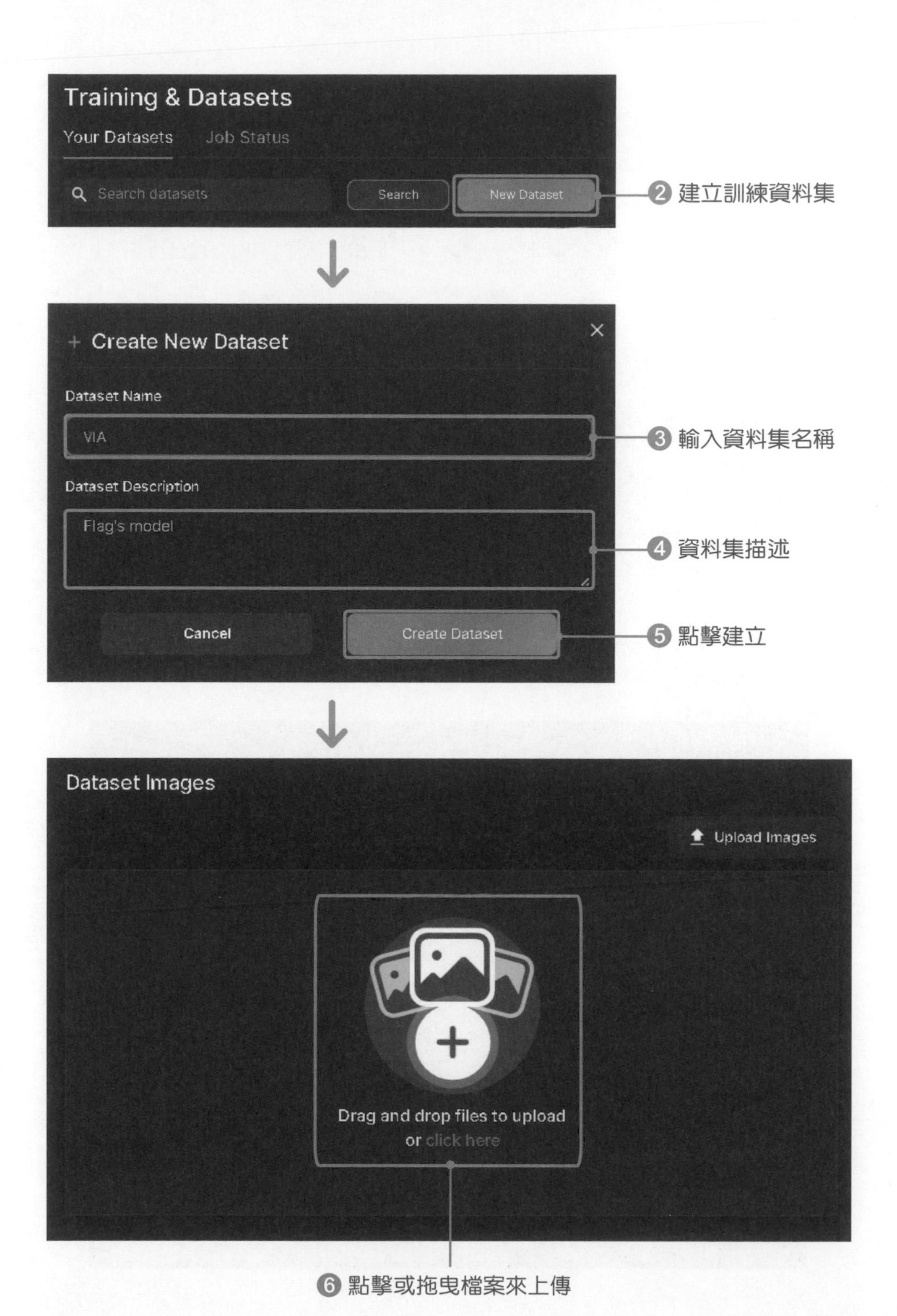
Training & Datasets
Your Datasets
Job Status
Search datasets
Search
New Dataset
❷ 建立訓練資料集
Create New Dataset
Dataset Name
VIA
❸ 輸入資料集名稱
Dataset Description
Flag's model
❹ 資料集描述
Cancel
Create Dataset
❺ 點擊建立
Dataset Images
Upload Images
Drag and drop files to upload
or click here
❻ 點擊或拖曳檔案來上傳

❼ 上傳修改好尺寸的照片

STEP 2 開始模型訓練

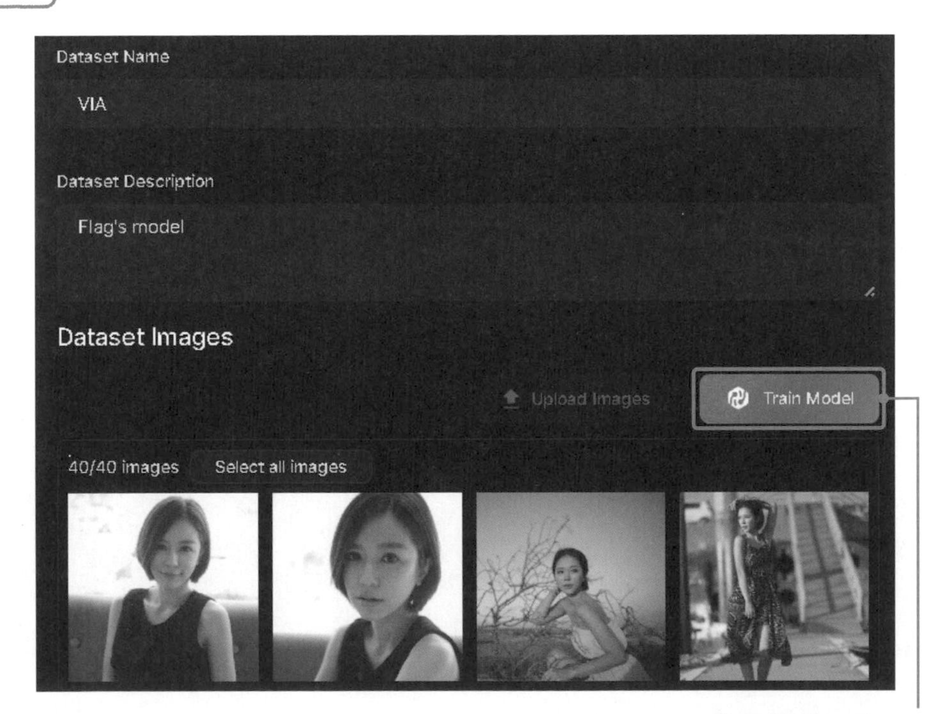

❶ 點擊進行模型訓練

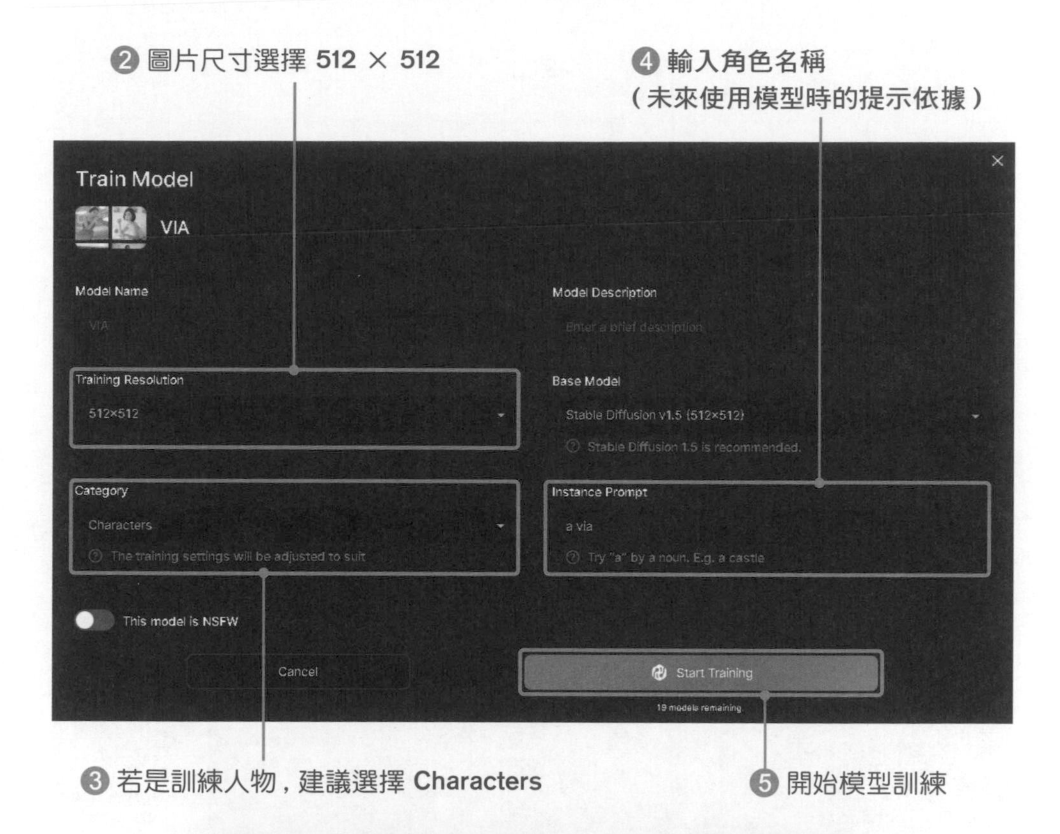

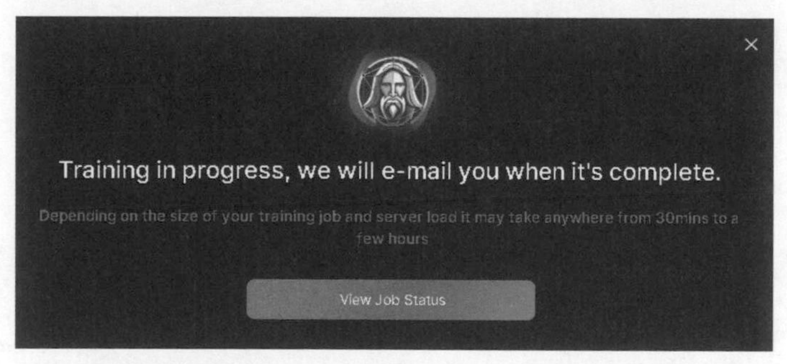

▲可以點擊 View Job Status 來查看訓練狀況，訓練時間約需花費 30 分鐘以上

經測試，Leonardo.Ai 的模型訓練效果不是很理想。如果直接使用訓練完成的模型來進行生圖的話，很常發生模特兒臉部扭曲或破圖的狀況發生。所以接下來，**我們會到主頁搜尋不錯的圖像，利用圖生圖的方式來進行生圖**。

以圖生圖來轉移圖像風格

模型訓練好後，就可以將模型套用到喜歡的圖像上，以此生成與原圖類似風格的圖像，步驟如下：

進入主頁並選擇圖像

❶ 回到主頁或社群分享區

❷ 選擇喜歡的圖像風格，點擊圖像後會跳出描述框

❸ 點擊使用圖生圖功能

切換訓練完成的微調模型

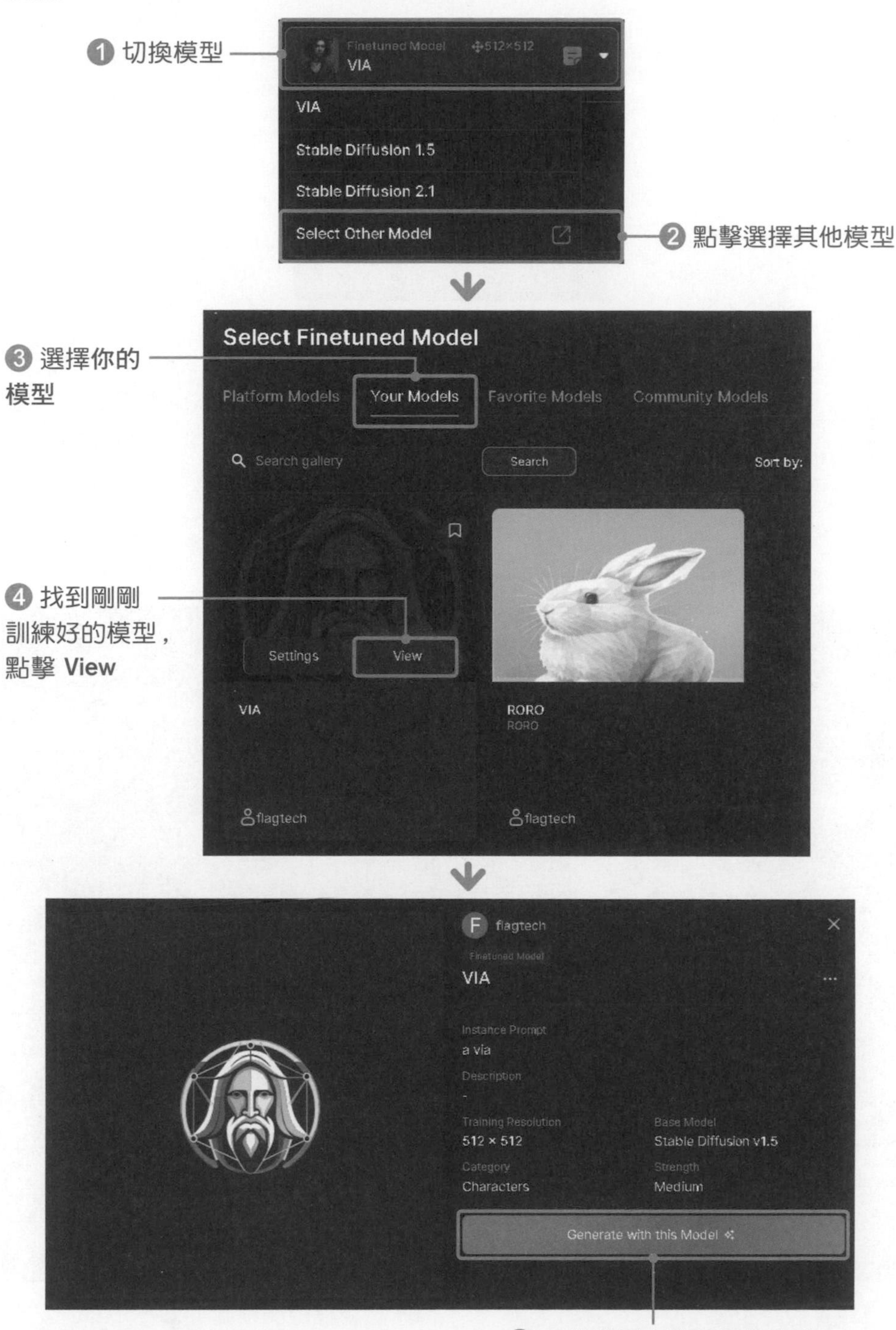

STEP 3 微調功能區選項

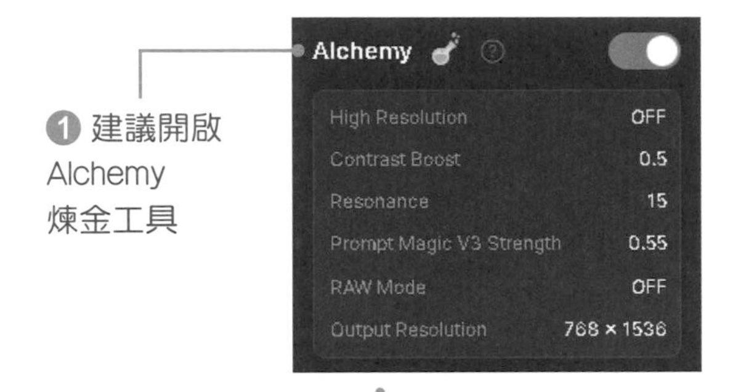

❶ 建議開啟 Alchemy 煉金工具

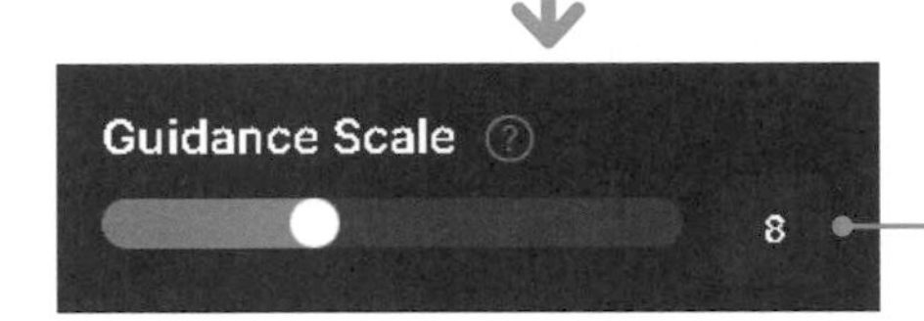

❷ 若未開啟 Alchemy 工具，Guidance Scale 的起始值可以設置為 5 ~ 8, 然後根據生成的圖片上下微調

❸ 選擇 Image Guidance

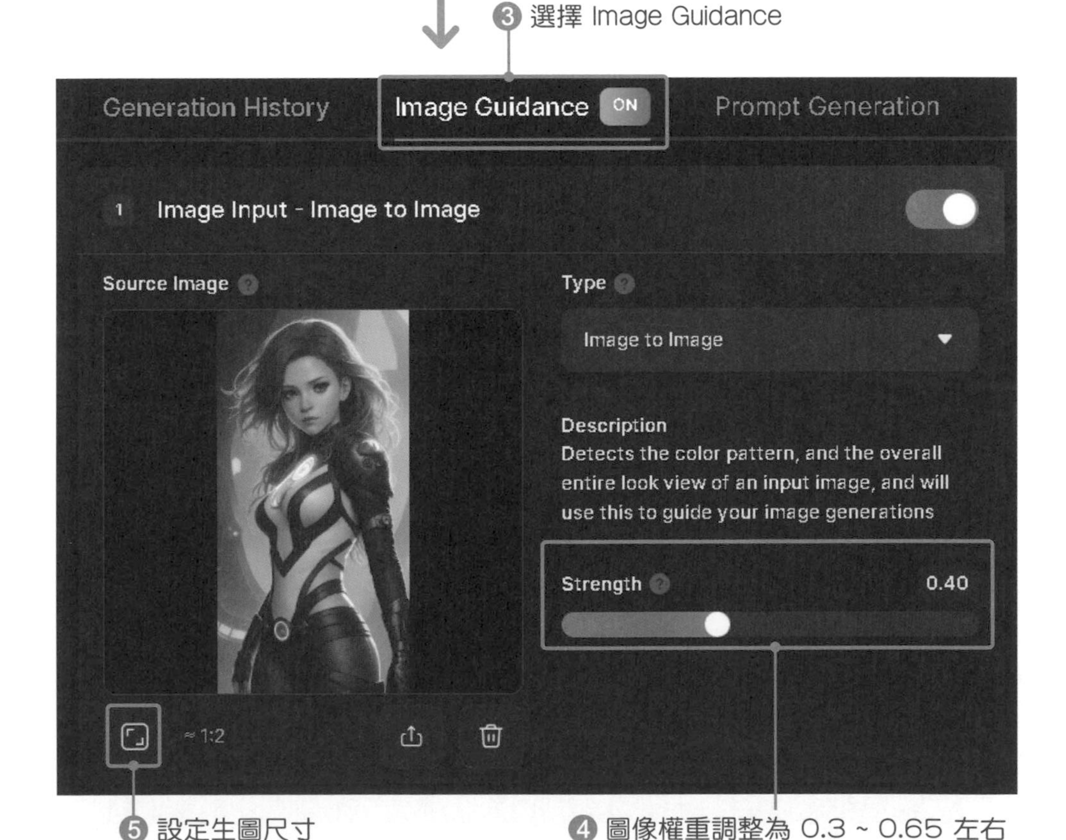

❺ 設定生圖尺寸

❹ 圖像權重調整為 0.3 ~ 0.65 左右

STEP 4 輸入 Prompt 並生成圖像

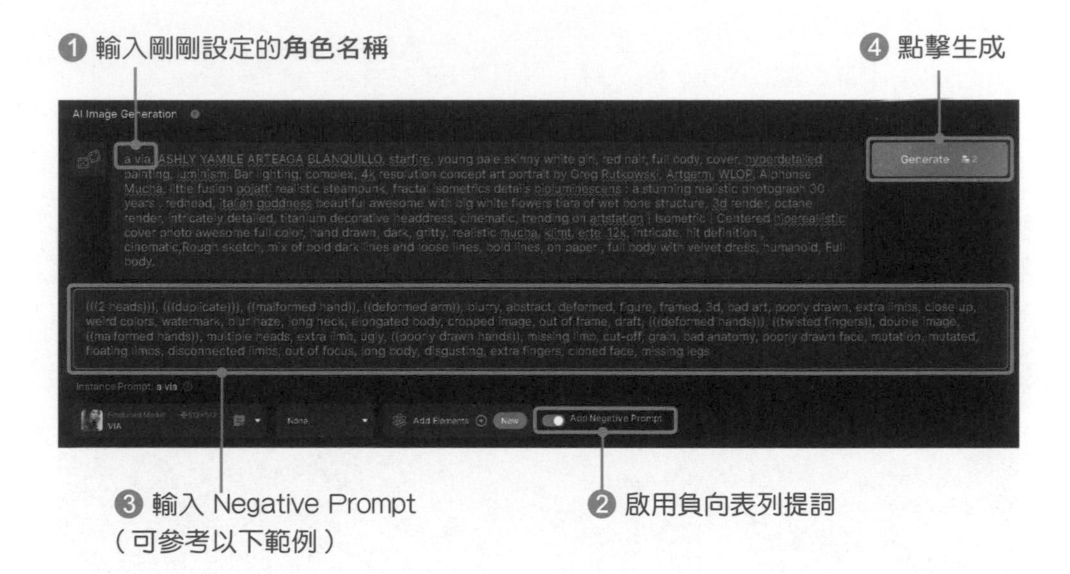

常用的負向表列 Prompt (可開啟檔案「Ch09- 萬用咒語.txt」來複製)：

Negative Prompt：(((2 heads))), (((duplicate))), ((malformed hand)), ((deformed arm)), blurry, abstract, deformed, figure, framed, 3d, bad art, poorly drawn, extra limbs, close up, weird colors, watermark, blur haze, long neck, elongated body, cropped image, out of frame, draft, (((deformed hands))), ((twisted fingers)), double image, ((malformed hands)), multiple heads, extra limb, ugly, ((poorly drawn hands)), missing limb, cut-off, grain, bad anatomy, poorly drawn face, mutation, mutated, floating limbs, disconnected limbs, out of focus, long body, disgusting, extra fingers, cloned face, missing legs

圖像調整重點

一開始很常生成出各種三頭六臂、牛鬼蛇神的奇怪圖像，別擔心，這邊提供幾個調整建議，讓生成的圖像能夠漸漸正常。

a via, ASHLY YAMILE ARTEAGA BLANQUILLO, starfire, young pale skinny white girl, red hair, full...
Negative prompt: (((2 heads))), (((duplicate))), ((malformed hand)), ((deformed arm)), blurry, abstract,...

▲ 很容易會產生奇形怪狀的圖像，不用擔心

圖像調整建議：

- 如果發現臉部或身體被擠壓，建議調高圖像的高度。
- 如果出現兩顆頭，代表圖像的尺寸太長了，需要調降圖像高度。
- 臉部出現失真的話，可以漸漸調高 Guidance Scale 的範圍為 4 ~ 10, 調降 Strength 為 0.25 ~ 0.4。
- Guidance Scale 和 Strength 建議反向調整（一個調高，另一個就調低）。
- **強烈建議開啟 Alchemy 煉金工具**，可以有效加強圖像質量，但會耗費較多 tokens。另外需注意，開啟 Alchemy 後需重新調整圖像尺寸。
- 如果沒辦法解決臉部失真的問題，就換張圖生圖吧！盡量選擇與訓練 Model 臉部「比例相符」的圖像。

調整後結果：

▲ 一開始一定沒辦法生成完美的圖像，需透過以上建議慢慢進行調整！

其他成品圖：

▲ 透過訓練模型所生成的模特兒圖像

家中的寵物兔也能拿來訓練模型

前面有提過，微調模型不只能夠學習「人像」，還能學習風格或各種物件，甚至是家中養的寵物兔也能拿來訓練專屬模型。有興趣的讀者也可以拍攝家中的寵物然後參照前面的訓練步驟來重繪自家寵物！

▲兔子本人照

▲AI 所生成的兔子照，有抓到兔子的特徵

9-4 微調模型訓練－Stable Diffusion

雖然 Leonardo.Ai 的訓練步驟很簡單，但其實訓練效果非常有限。有照步驟測試的讀者應該可以發現，若僅使用 Leonardo.Ai 的文生圖功能，模特兒的臉部非常容易變形。而 Stable Diffusion 的 LoRA 模型經過多次改良，目前的生圖效果已經非常不錯了！在這節中，我們將從製作雲端資料集開始，詳細地介紹如何使用 Colab 雲端訓練 LoRA 模型。

使用 Dataset Maker 快速製作資料集

STEP 1 開啟 Dataset Maker 的 Colab 網址

https://bit.ly/datasetmaker

STEP 2 執行第 1 個儲存格

警告：這個筆記本並非由 Google 編寫

這個筆記本是從「GitHub」載入，可能會要求存取你儲存在 Google 的資料，或是讀取其他工作階段的資料和憑證。在執行這個筆記本之前，請先檢查原始碼。

取消　仍要執行

❹ 點擊仍要執行

要允許這個筆記本存取你的 Google 雲端硬碟檔案嗎？

這個筆記本要求存取你的 Google 雲端硬碟檔案。獲得 Google 雲端硬碟存取權後，筆記本中執行的程式碼將可修改 Google 雲端硬碟的檔案。請務必在允許這項存取權前，謹慎審查筆記本中的程式碼。

不用了，謝謝　連線至 Google 雲端硬碟

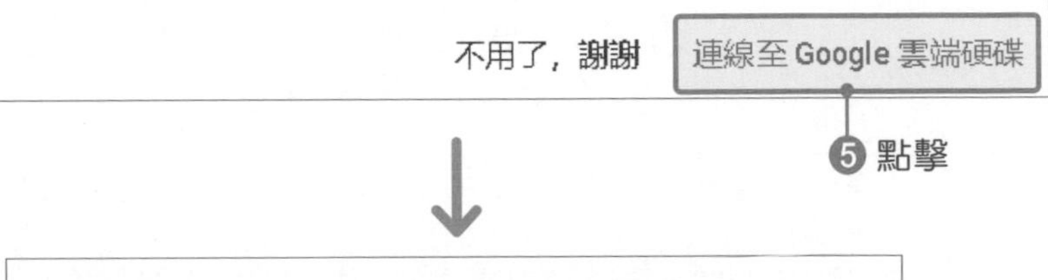

❺ 點擊

確認「Google Drive for desktop」是您信任的應用程式

這麼做可能會將機密資訊提供給這個網站或應用程式。您隨時可以前往 **Google** 帳戶頁面查看或移除存取權。

瞭解 Google 如何協助您安全地分享資料。

詳情請參閱「Google Drive for desktop」的《隱私權政策》和《服務條款》。

取消　允許

❻ 點選允許，此程式會在你的雲端硬碟建立 Loras / < 專案名稱 > / dataset 的資料夾

STEP 3 開啟新分頁並進入至 Google 雲端硬碟

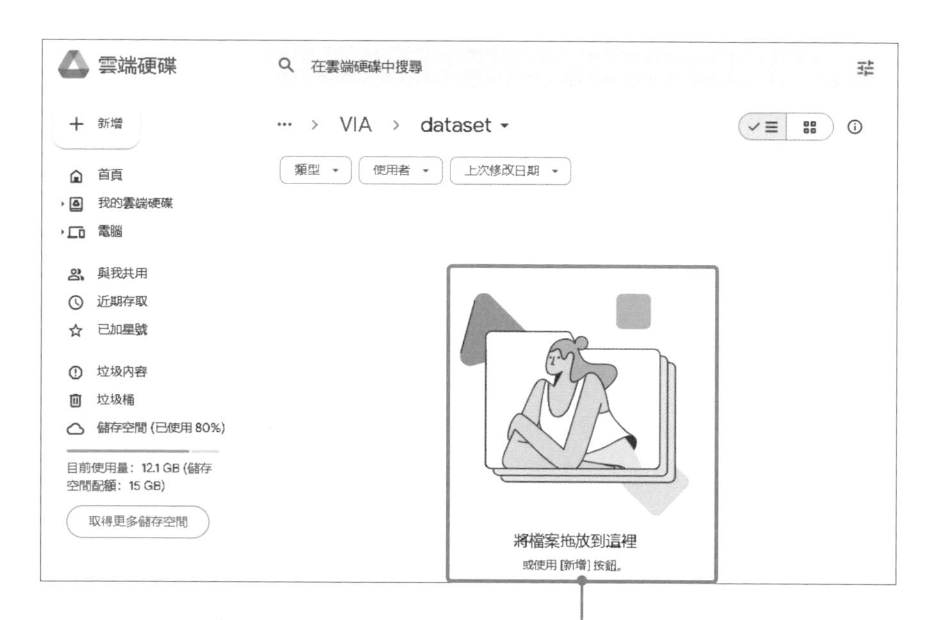

❶ 另開一個 Google 雲端硬碟的新分頁，進入到 drive / Loras / < 專案名稱 > / dataset 的資料夾中

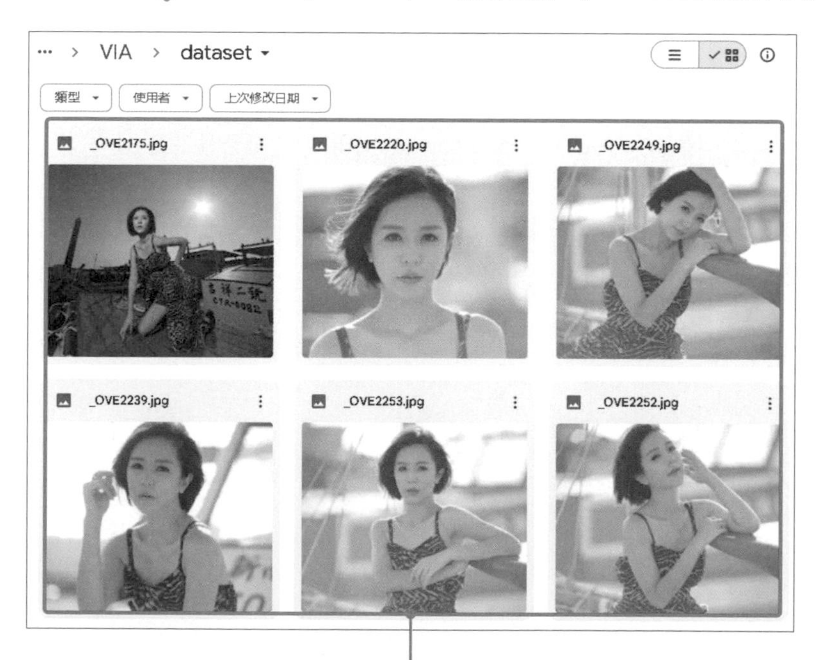

❷ 上傳先前準備好的模特兒照片

STEP 4 回到 Dataset Maker 並執行第 4 和第 5 個儲存格

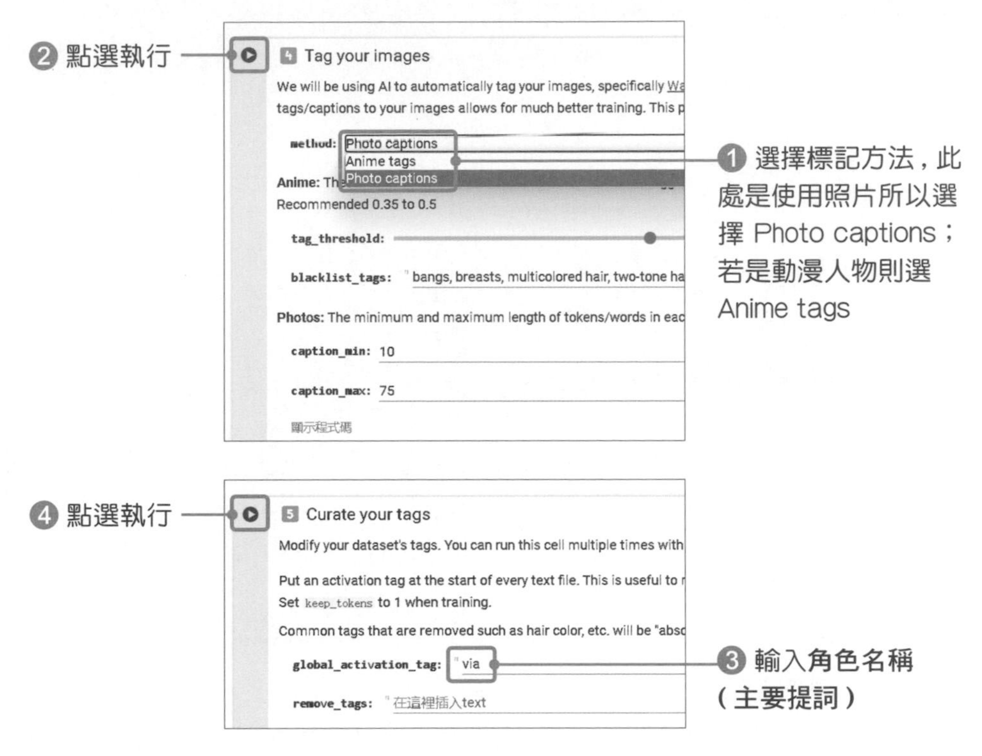

◀ 如果我們回到 Google 雲端資料集中，會發現每個檔案旁都多出了 txt 檔，此為每張照片的 Prompt 描述

注意！我們跳過了 Dataset Maker 中第 2 和第 3 個儲存格，這兩個儲存格是使用 Gelbooru 來自動抓取動漫角色的圖片。因為有版權爭議，加上容易包含許多裸露的圖片，建議還是使用自定義的資料集為主。

雲端一鍵訓練 LoRA 模型

準備完雲端資料集後，我們馬上就可以來進行模型訓練了，步驟如下：

STEP 1 開啟訓練 LoRA 的 Colab 網址

```
https://bit.ly/lora_training
```

STEP 2 設定超參數並訓練模型

❶ 輸入與剛剛相同的專案名稱

Start Here

Setup

Your project name will be the same as the folder containing your images. Spaces aren't allowed.

project_name: VIA

The folder structure doesn't matter and is purely for comfort. Make sure to always pick the same one. I like organizing by project.

folder_structure: Organize by project (MyDrive/Loras/project_name/dataset)

Decide the model that will be downloaded and used for training. These options should produce clean and consistent results. You can also choose your own by pasting its download link.

training_model: Stable Diffusion (sd-v1-5-pruned-noema-fp16.safetensors)

optional_custom_training_model_url: 在這裡插入text

custom_model_is_based_on_sd2: ☐

❹ 一鍵執行訓練

❷ 選擇訓練模型（建議選擇 Stable Diffusion)

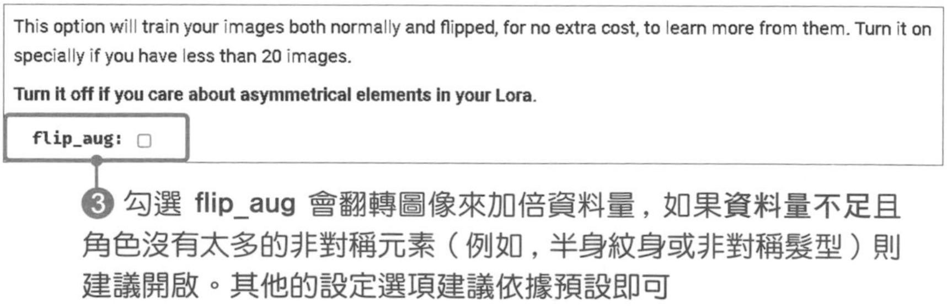

This option will train your images both normally and flipped, for no extra cost, to learn more from them. Turn it on specially if you have less than 20 images.

Turn it off if you care about asymmetrical elements in your Lora.

flip_aug: ☐

❸ 勾選 flip_aug 會翻轉圖像來加倍資料量，如果資料量不足且角色沒有太多的非對稱元素（例如，半身紋身或非對稱髮型）則建議開啟。其他的設定選項建議依據預設即可

```
enable LoRA for text encoder
enable LoRA for U-Net
prepare optimizer, data loader etc.

===================================BUG REPORT===================================
Welcome to bitsandbytes. For bug reports, please submit your error trace to: https://github.com/TimDettmers/bitsandbytes/issues
For effortless bug reporting copy-paste your error into this form: https://docs.google.com/forms/d/e/1FAIpQLScPB8emS3Thkp66nvqwmjTEgxp8Y9ufuWT
================================================================================
CUDA_SETUP: WARNING! libcudart.so not found in any environmental path. Searching /usr/local/cuda/lib64...
CUDA SETUP: CUDA runtime path found: /usr/local/cuda/lib64/libcudart.so
CUDA SETUP: Highest compute capability among GPUs detected: 7.5
CUDA SETUP: Detected CUDA version 118
CUDA SETUP: Loading binary /usr/local/lib/python3.10/dist-packages/bitsandbytes/libbitsandbytes_cuda118.so...
use 8-bit AdamW optimizer | {}
override steps. steps for 10 epochs is / 指定エポックまでのステップ数: 1000
running training / 学習開始
  num train images * repeats / 学習画像の数×繰り返し回数: 200
  num reg images / 正則化画像の数: 0
  num batches per epoch / 1epochのバッチ数: 100
  num epochs / epoch数: 10
  batch size per device / バッチサイズ: 2
  gradient accumulation steps / 勾配を合計するステップ数 = 1
  total optimization steps / 学習ステップ数: 1000
steps:   0% 0/1000 [00:00<?, ?it/s]epoch 1/10
steps:  10% 100/1000 [00:56<08:28,  1.77it/s, loss=0.112]saving checkpoint: /content/drive/MyDrive/Loras/penny/output/penny-01.safetensors
epoch 2/10
steps:  20% 200/1000 [01:53<07:33,  1.76it/s, loss=0.103]saving checkpoint: /content/drive/MyDrive/Loras/penny/output/penny-02.safetensors
epoch 3/10
steps:  30% 300/1000 [02:49<06:36,  1.77it/s, loss=0.106]saving checkpoint: /content/drive/MyDrive/Loras/penny/output/penny-03.safetensors
epoch 4/10
steps:  31% 309/1000 [02:55<06:31,  1.76it/s, loss=0.11]
```

損失數字越小代表模型「可能」訓練得越好，可先記住哪個階段有最小的損失

整個訓練過程會花費半個小時左右，總共會訓練十次，每次會產生一個副檔名為 **safetensors** 的檔案。在訓練過程中，會看到每個階段的訓練損失 (loss)，這個數字代表在驗證階段時的「誤差」(簡單來說，可以想像成模型沒認出人像的失敗率)。可以先記住哪個階段的損失最小，**通常會使用「損失最小」及「最後」階段產生的模型**。

完成訓練後，模型會儲存在雲端硬碟中的 output 資料夾中

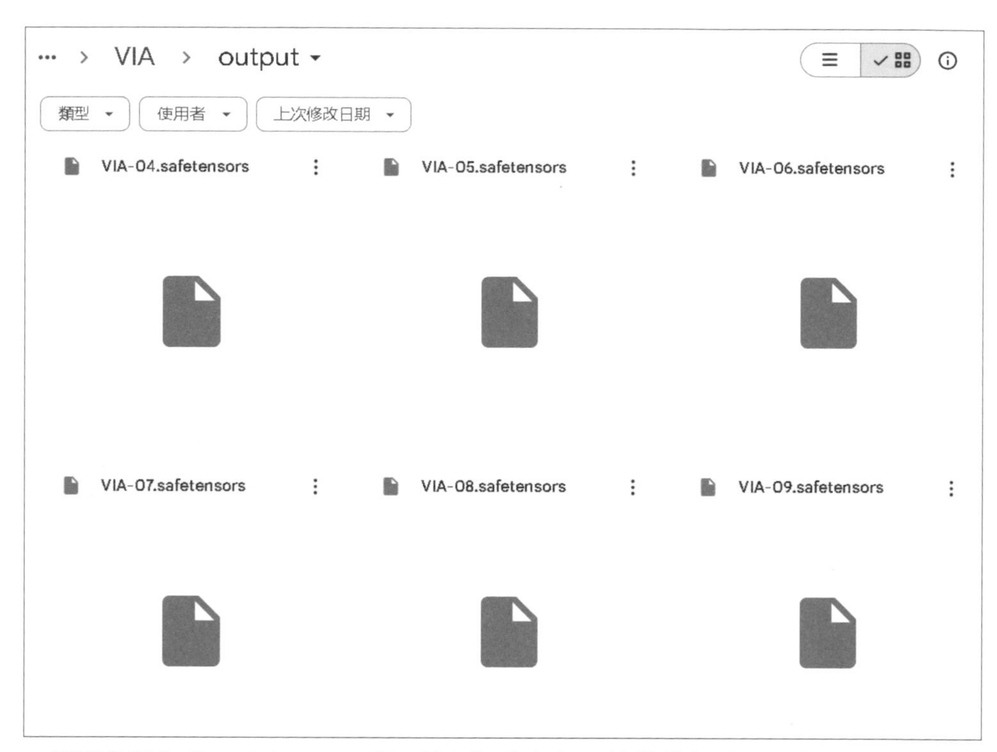

▲模型會儲存成 safetensors 檔，檔名為「專案＋第幾階段」(也是模型名稱)，此處訓練 10 次，所以共有 10 個檔案，每個檔案大小約為 20MB 左右。此為模型於各個訓練階段所保存的檔案，可以先將模型都保存到本機位置上

於 Stable Diffusion 上使用 LoRA 模型

完成模型訓練後，需先將 LoRA 模型放置在 Stable Diffusion 的資料夾中。若是在本機安裝的讀者，要放在 **sd.webui > webui > models > Lora**；而使用 RunDiffusion 雲端運行的讀者，可將模型上傳至頁面右側的 **models > lora > custom** 中。

STEP 1 將 LoRA 模型放置在資料夾中

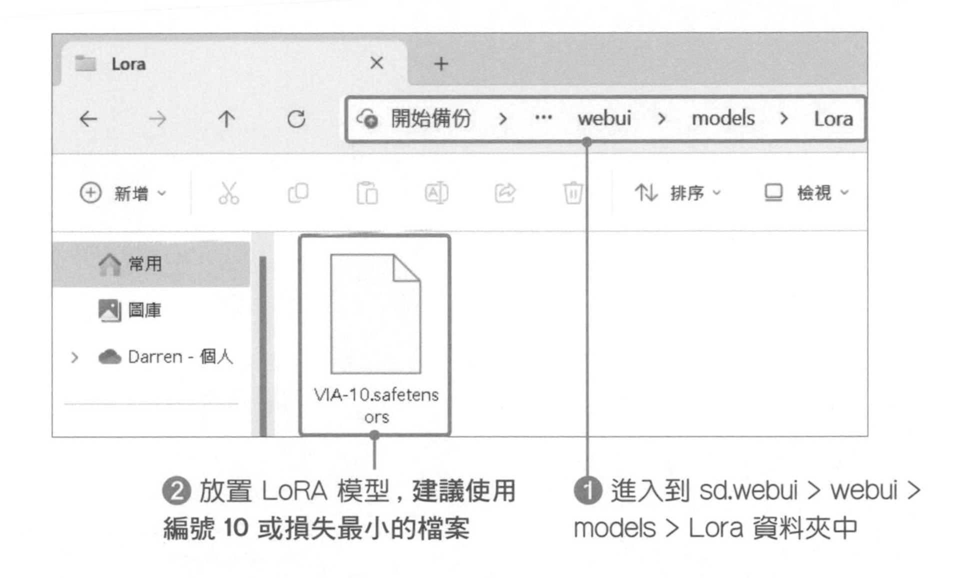

在 RunDiffusion 中上傳 LoRA 模型

若是使用 RunDiffusion 的讀者，運行 WebUI 介面後，可以將模型上傳至右側的資料夾中。

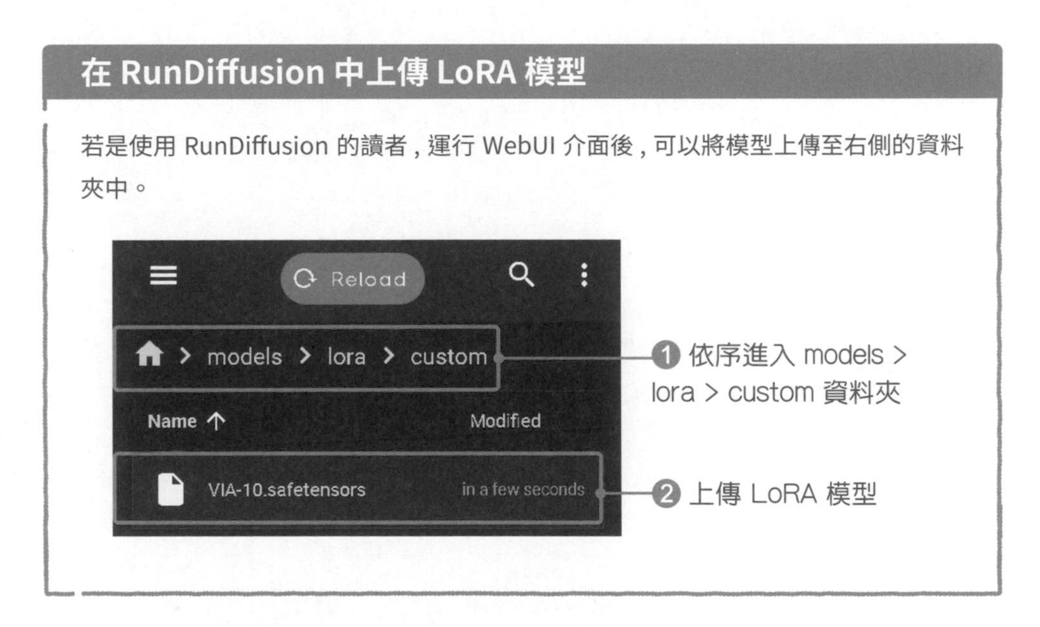

我們可以將訓練好的 LoRA 模型套用至不同的 Checkpoint 模型。如果想要讓生成的圖像更像真人，可以選擇真實風的 Realistic Vision、正妹風的 majicMIX 或 Kakarot；若想讓圖像更有藝術感，則可以選擇美版風的 RealCartoon 或 ReV Animated（讀者可以參考第 4 章來選擇不同的模型風格）。

STEP 2 插入 LoRA 模型

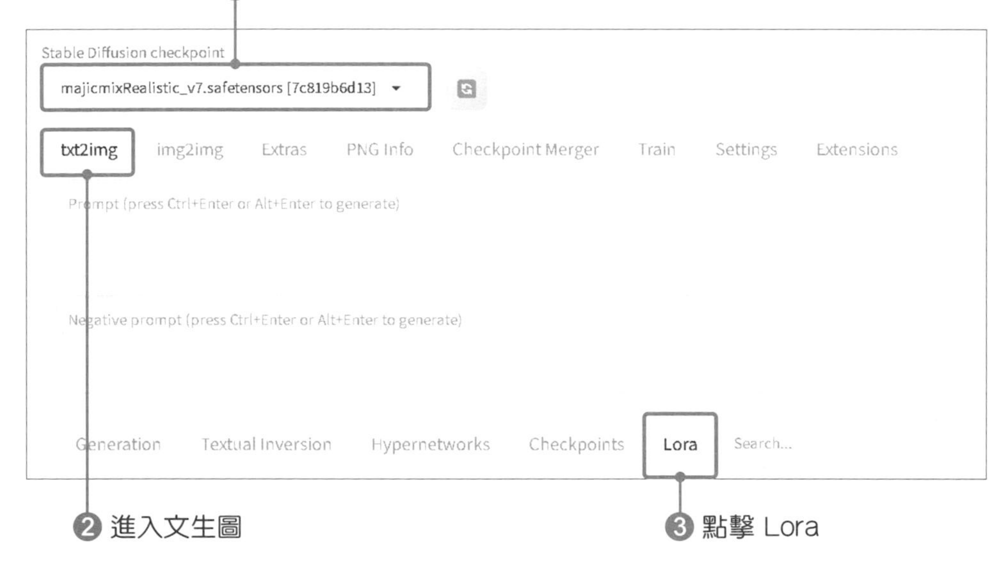

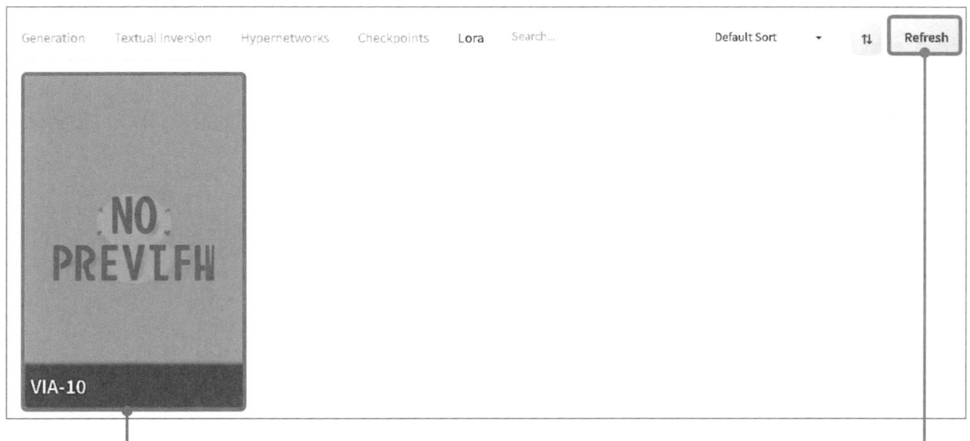

❺ 點擊可快速插入 LoRA 模型的關鍵提詞

❹ 點擊 Refresh 來刷新頁面

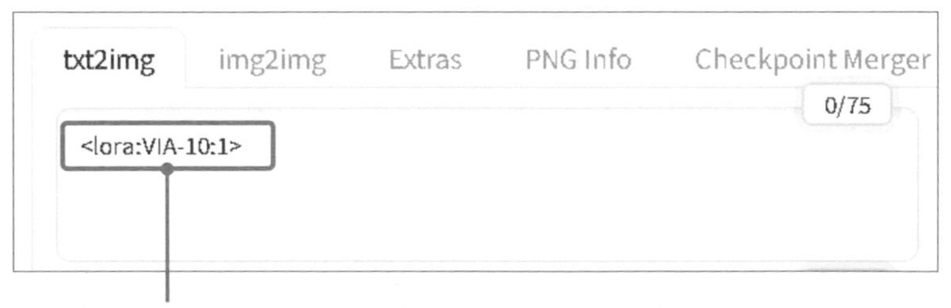

於 Prompt 輸入框中，會出現使用該模型的關鍵提詞 <lora: 模型名稱 :1>

如果我們想在 Stable Diffusion 中使用我們或其他人訓練的 LoRA 模型，需要先將 LoRA 模型上傳後，接著輸入啟用此模型的**關鍵提詞 <lora：模型名稱：權重>**。其中，「權重」代表 LoRA 模型對生成圖像的影響程度。

我們可以輸入多個關鍵提詞並透過調整權重來同時啟用多個 LoRA 模型。舉例來說，**輸入 <lora：模型一：0.7>, <lora：模型二：0.3> 能讓生成的圖像融合多個 Lora 模型的特徵**。

STEP 3 調整功能區選項、輸入 Prompt 並生成圖像

建議採樣方法選擇 DPM++2M Karras，生成的人物圖像會較精緻。Prompt 可以依據以下來進行修改，你也可以輸入自定義的 Prompt。但是，請記得添加「**之前設定的主要提詞**」和「**< lora: 模型名稱 :1>**」。

在此範例中，我們使用以下的 Prompt（可開啟檔案「Ch09- 萬用咒語.txt」來複製）：

```
Prompt：你設定的主要提詞, (masterpiece) , realistic, (best quality:1.4), (ultra highres:1.2), (photorealistic:1.4), (8k, RAW photo:1.2), (soft focus:1.4), (blazer), white shirt, suit pants, posh, (sharp focus:1.4), detailed beautiful face, black hair, (detailed blazer:1.4), tie, beautiful white shiny skin, smiling, <lora:模型名稱 :1>

Negative Prompt：(((2 heads))), (((duplicate))), ((malformed hand)), ((deformed arm)), blurry, abstract, deformed, figure, framed, 3d, bad art, poorly drawn, extra limbs, close up, weird colors, watermark, blur haze, long neck, elongated body, cropped image, out of frame, draft, (((deformed hands))), ((twisted fingers)), double image, ((malformed hands)), multiple heads, extra limb, ugly, ((poorly drawn hands)), missing limb, cut-off, grain, bad anatomy, poorly drawn face, mutation, mutated, floating limbs, disconnected limbs, out of focus, long body, disgusting, extra fingers, cloned face, missing legs
```

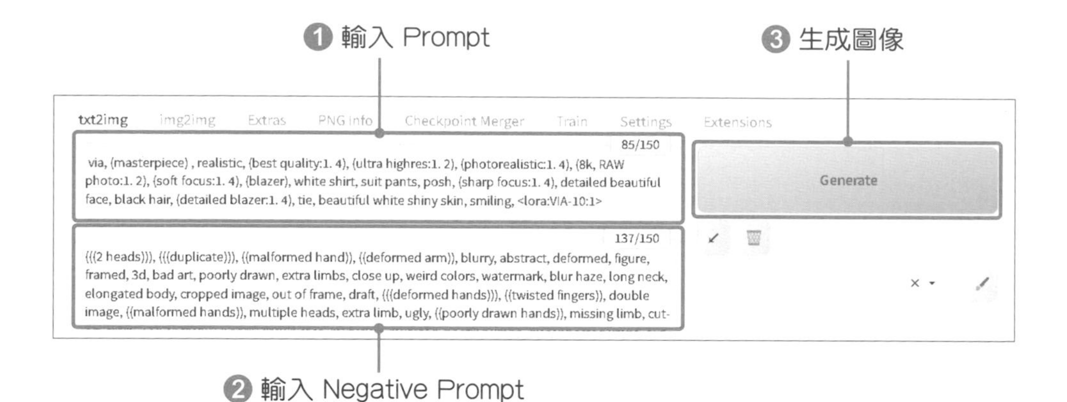
❶ 輸入 Prompt
❸ 生成圖像
txt2img
img2img
Extras
PNG Info
Checkpoint Merger
Train
Settings
Extensions
85/150
via, (masterpiece) , realistic, (best quality:1. 4), (ultra highres:1. 2), (photorealistic:1. 4), (8k, RAW photo:1. 2), (soft focus:1. 4), (blazer), white shirt, suit pants, posh, (sharp focus:1. 4), detailed beautiful face, black hair, (detailed blazer:1. 4), tie, beautiful white shiny skin, smiling, <lora:VIA-10:1>
Generate
137/150
(((2 heads))), (((duplicate))), ((malformed hand)), ((deformed arm)), blurry, abstract, deformed, figure, framed, 3d, bad art, poorly drawn, extra limbs, close up, weird colors, watermark, blur haze, long neck, elongated body, cropped image, out of frame, draft, (((deformed hands))), ((twisted fingers)), double image, ((malformed hands)), multiple heads, extra limb, ugly, ((poorly drawn hands)), missing limb, cut-
❷ 輸入 Negative Prompt

成品圖：

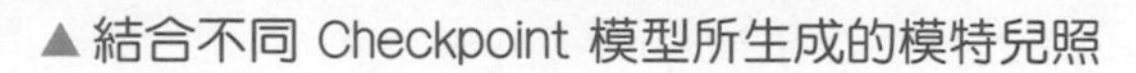

▲結合不同 Checkpoint 模型所生成的模特兒照

相較於 Leonardo.Ai, 可以發現 Stable Diffusion 所生成的模型臉部非常穩定，較不容易出現毀容、失真等狀況。接著在下一章中，我們會介紹如何一步步地修改圖像細節、加入鏡頭、光圈，來生成好比專業攝影師拍攝的模特兒照。

特別採訪

謝釋航

目前在紅番茄愛娛樂遊戲公司從事遊戲企劃工作，2022 年 9 月就有同事開始研究 AI 算圖，剛好 2023 年初因為工作需要跑 Unreal 引擎，裝了一台 RTX-4090 的高配主機，就跟同事請教 Stable Diffusion 的安裝方法與過程，順利安裝到位一玩就上癮了。那時候網路上都還沒有雲端平台有提供相關服務，所以只能在家中電腦上執行，白天就邊上班邊連回家遠端算圖。

後來陸續將 AI 繪圖的成品發表在 FB 上，老闆看到也覺得 AI 生成技術很有潛力，同意居家遠端上班，讓我能全心鑽研 AI 繪圖。對遊戲公司來說，這項技術不僅新鮮，更能節省美術上的人事成本，因此目前公司也有規畫了一間 AIGC 實驗室，陸續開發出試驗性質的小遊戲來測試市場反應，已經帶來不小的效益。

後續也有與其他公司合作，像是有中國大陸的公司，只是目前相關產品尚未上線。

繪圖工具的選擇

工具的選擇上，目前接觸過大多數的 AI 繪圖工具都要付費，所以最後選擇使用開源的 Stable Diffusion 開始入坑。以遊戲公司的角度來看，跟線上的 AI 繪圖服務相比，本機安裝 SD 有幾個特色很適合商業使用：

- 開源免費：節省時間與金錢成本。
- 封閉環境：不用將既有資源或是讓最終成品對外公開，損害到商業利益，也符合多數遊戲商用上會有前期保密的需求。
- 豐富的自訂功能：可以產生符合遊戲開發需求的資源，從風格到物件細節都能自己調整，也可以訓練符合產品風格的角色。

新推出的 SDXL 似乎在細節生成有更好的效果，但目前個人還在使用 1.5 為主，SDXL 要耗費更多資源，支援的慣用 Lora 也比較少，短期還沒辦法快速運用。

產業面的考量

從企劃人員的角度，只要能熟悉提詞的操作，都能達到平均美術中間甚至以上的品質，後續再請有經驗的美術人員進行修圖跟細部調整，讓整體品質更上一層。現在要產出 100 張圖，大概一小時就能搞定，相比以往交付給美術專業人員處理，畫兩三張圖光是來回討論定案就得花上 2~3 個禮拜，佔據了開發上很大一部分時間。總之，有了 AI 繪圖的幫助，讓討論時提案更有效率、有具體的參考依據，也能更快找到風格快速凝聚共識。

現在遊戲公司陸續都有引進 AI 繪圖，是有聽說因此而進行裁員。初期衝擊是難免的，可以把它當作是一種職場技能，多多進修增加自己的實力，如果有所疑慮，不敢踏出那一步，自然會影響自身的競爭力。

其實現在也還有很多遊戲玩家排斥 AI 繪圖，主要就是在版權認定的問題上還有不少模糊的空間在，除非是拿公司自家作品當素材來訓練或是像 Adobe 他們公司有自已的版權圖庫當作訓練素材，不然目前還很難完全被市場接受

就是因為現在 AI 版權認定還不太明朗的狀況，所以有些平台商目前會採取比較保守的作法，像 steam 平台就明文規定，開發商要能證明遊戲內的美術資源非是 AI 生圖，不然無法正常上架。在這點上 EPIC 平台就對 AI 生圖相對包容，而中國大陸市場的話更是放開了做，AI 算圖已經是必備的遊戲開發能力之一了。

抽卡的樂趣

在算圖的作法上，個人偏好是抽卡流派，主要是善用頂配硬體的優勢，用量變來追求質變。因此抽卡流派更看重的是變化性和成功率的提高。

變化性要高的話，提詞要精簡，不用寫太細，也不用太多，把創意交給 AI 去盡情發揮；成功率要高再進行百抽，這樣才不會浪費效能，一般每次提詞調整後會小抽個 4 張，當成品有 2、3 張能達到標準，我通常就放心去進行百抽，就像是手遊抽卡一樣，通常都能挑到不少不錯的作品，會很有成就感。

給入門者的話

提高效率在商業上的 AI 算圖是是很重要的一環，同樣算 100 張，硬體好就是可以比人家快，硬體一次到位是提升效率最直接的方式，當作是作業成本，省多少時間就是省多少錢，畢竟時間就是金錢。

要持續保有熱忱與動力，就要從自己感興趣的主題著手，先去找喜歡的元素加上風格或像卡牌形式，一開始我自己就是將算出的圖生成卡片型式，更有免費抽卡的帶入感。

在學習過程中也從協助他人創造自己的角色來充實自身的成就感，並找到其中可以應用的方向，在興趣與工作的結合，提高工作效率，創造能力價值的提升。因為自己剛好任職於遊戲公司，有機會能居家上班，也從原先住台北搬回到彰化老家，希望各位也能透過 AI 算圖讓自己的生活更舒適。

FLAG·301

CHAPTER

10

讓 AI 變身成專業攝影師

AI 可以幫助我們快速生成各式各樣的圖像，但在生成人物肖像、美食照或各種擬真攝影圖像時，卻常常達不到理想中的角度、構圖？不用擔心！在本章中，我們會介紹專業攝影的 Prompt 用法，只要透過修改提詞的方式，就能讓 AI 成為你的專業攝影師。

10-1 模特角度怎麼擺

第一個要介紹的重點就是**模特的拍攝角度**，一般若沒有特別說明時，生成出的圖像大部分是正面。如果想改變模特的拍攝角度，我們可以於 Prompt 中輸入以下表格中的提詞。

◆ **模特的拍攝角度**

拍攝角度	Prompt
正面	portrait angle, headshot, front photo
背面	back view photo
側面	side view photo, side angle
仰視	low camera angle
俯視	high camera angle, look up
鳥瞰	aerial view, drone angle
特寫	closeup shot
半身特寫	medium-full shot
全身特寫	full-body shot

以下皆為使用 Stable Diffusion 並搭配上一章訓練的 LoRA 所生成的圖像：

▲portrait angle（正面照）

▲ back view photo (背面照)

▲ side view photo (側面照)

▲ low camera angle (仰視照), 產生向下看的效果

▲ high camera angle（俯視照），產生向上看的效果

▲ aerial view（鳥瞰照），向上幅度更高，此提詞也適合繪製一些空拍風景圖

▲ closeup shot（特寫照），鏡頭拉近，產生臉部特寫效果

▲ medium-full shot（半身特寫）

▲ full-body shot（全身特寫）

在生成全身特寫照時，請一併調整圖像的長寬比，以確保模特兒的身材不會變形或被裁掉。另外，若希望模特兒的身材比例看起來更高挑好看，可以在輸入 Prompt 時加入相關的提詞，例如：**full body（全身）**、**tall（高挑）**、**leggy beauty（長腿正妹）**、**perfect body proportions（完美身材比例）**等。

10-2 專業攝影技巧

在使用 Prompt 進行 AI 繪圖時，有很多種不同的輸入方式可以選擇。除了一般的人物、姿勢和背景等提詞，我們還可以利用**相機鏡頭**、**光圈**和**焦距**等「專業攝影提詞」，以進一步提升畫面質感。這一章節將逐一介紹專業攝影相關的 Prompt，從此擺脫被女友嫌棄的拍照技術！

專業單眼相機品牌

添加相機型號的 Prompt 可以讓生成的圖像加入拍攝真實感。舉例來說，通常會選用 Canon、Nikon 或 Sony 等廠牌，而 DSLR 則代表數位單眼相機 (Digital Single Lens Reflex Camera)，常用的型號可參考下表。

◆ 相機型號 Prompt

	相機型號		
Prompt	Canon 5D Mark IV DSLR	Nikon Z7 II DSLR	SONY a7 DSLR
	Canon EOS R5 DSLR	Nikon D300 DSLR	SONY a9 DSLR

Prompt：Canon 5D Mark IV DSLR

相機型號並不是越高階、越新越好，AI 可能會認不得，比較多人用才重要。

◀ 圖像會加入單眼拍攝的真實感，並添加該相機特有的焦距、景深等特色

鏡頭焦距

短焦距視野廣，適合大部分的含景照片；而長焦距視野窄，適合拍攝人物的半身照或特寫照。通常標準焦距的 Prompt 會使用 **focal length 50 mm**、長焦距為 **70 mm**, 而短焦距則為 **24 mm**, 範例如下。

▲focal length 24 mm
短焦距會將景色一併帶入畫面中

▲focal length 70 mm
長焦距強調人物特寫

光圈

光圈的大小可以改變景深的深淺。**光圈越大，景深越淺，能夠產生前清後朦的感覺；光圈越小，景深越深，拍攝的主體跟背景都會非常清楚**。舉例來說，如果要設定大光圈，我們可以在 Prompt 中輸入 **aperture f/1.2**, 來讓景深較淺、產生朦朧美的背景效果。

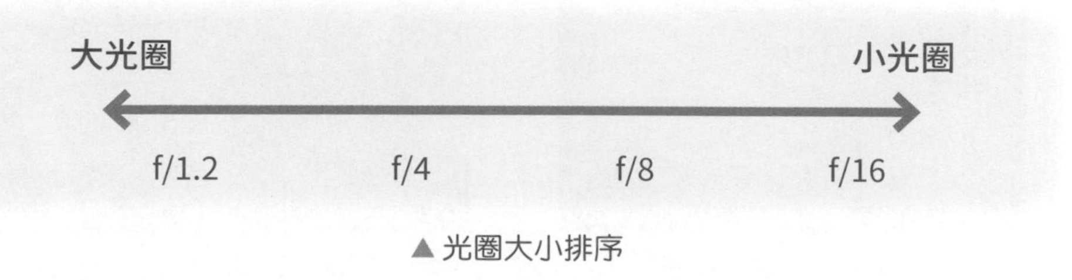

▲光圈大小排序

▲aperture f/1.2（大光圈）
景深較淺、背景產生朦朧感，
人物更加突出

▲aperture f/16（小光圈）
景深較深，背景沒那麼模糊

快門

長的快門可以將物體的律動呈現出來，而短快門可以捕捉照片景物瞬間的畫面。我們可以在 Prompt 中輸入 shutter **< 秒數 >** 來更改快門速度。

▲快門速度

▲shutter 900s（長快門）
捕捉車流流動的畫面

▲shutter 1/8000s（短快門）
捕捉車子行駛的瞬間

▲ 而短快門也適合拍攝物體的動態瞬間，讀者可以根據需求加入快門的秒數作為輔助，讓照片呈現的狀態更明顯

10-3 高品質 Prompt 大集合

在上一節中，我們介紹了一些簡單的攝影概念以及 Prompt 的用法，結合相對應的人物描寫就能生成出專業的人物特寫照片。在這節中，我們整理了一些生成高品質圖像時很好用的 Prompt。有效地利用這些 Prompt，可以讓圖像的細節與精緻度進一步地提升。

◆ 常用的高品質 Promp

中文名稱	Prompt
傑作	masterpiece
圖像品質	best quality, ultra highres
解析度	resolution 4K, resolution 8K
高清晰度	high sharpness, ultra high definition
攝影照	professional photography, photorealistic, RAW photo
感光度	ISO 200, ISO400 ,ISO 800, ISO 1600
精緻的細節	exquisite detail, delicate picture, highly detailed
景深	DOF, depth of field
聚焦	sharp focus
光線追蹤	ray tracing
柔光	soft light
極光	volumetric light
背光	rim light
自然光	natural lighting
人造光	artificial light
完美對比	perfect contrast
完美色彩	awesome full color
藝術攝影	artistic photography
錯綜複雜的細節	intricately detailed
寫實封面照片	hiperealistic cover photo
unsplash 照片	portrait featured on unsplash
遠景	distant view

這裡挑出幾個較常用的詞彙做說明：

- **masterpiece (傑作)**：在生成高品質圖像時絕對要添加的提詞。
- **sharp focus (聚焦)**：在畫面上對人物的表情、動作或物品有更精細的呈現，其他部分則相對模糊。
- **ray tracing (光線追蹤)**：一種渲染技術，可以生成非常真實的光線反射、照明效果。
- **perfect contrast (完美對比)**：自動調整畫面的色彩對比度，讓畫面不會過於鮮豔或黯淡。
- **awesome full color (完美色彩)**：更豐富的色彩呈現。
- **portrait featured on unsplash (unsplash 照片)**：模仿在 unsplash 網站上許多專業攝影的肖像照。
- **distant view (遠景)**：添加眺望感，繪製更遠的景色。

10-4 實作範例：如何拍出好看的美食照

如果想要生成好看的食物照，筆者目前最推薦的模型為 Midjouney V6。我們可以依序設想**主題**、**背景**與**圖像細節**、**風格**，然後加入前文介紹過的**相機細節**和**拍攝角度**來生成有質感的食物照。以下為範例 Prompt 及使用 Midjouney V6 所生成的圖像。**熟悉 ChatGPT 的讀者也可以將下列的範例依照第 3 章中的教學輸入 ChatGPT 內，並依據你的需求，讓 ChatGPT 生成任意美食的 Prompt**。

牛肉麵

Prompt：
```
food photograph of Taiwan beef ramen, soup with stack beef and
vegetables, ←主題
bowl on a wooden table , meticulously detailed, ←背景與圖像細節
in the style of dark and moody still lifes, soft light, ←光線與風格
Canon 5D Mark IV DSLR, 8k resolution, focal length 70 mm , ISO 200 ,
exquisite detail , masterpiece , ←相機細節
side view photo ←拍攝角度
```

牛排

Prompt：
```
food photograph of well-done steak , ←主題
with spices on a wooden board , meticulously detailed,←背景與圖像細節
in the style of ildiko neer, uhd image, soft light, ←光線與風格
SONY a9 DSLR, 32k uhd, sharp focus , focal length 70 mm , ISO 200 ,
exquisite detail , ←相機細節
aerial view photo ←拍攝角度
```

漢堡

Prompt：

food photograph of hamburger, ←主題
in cafe background on a wooden board ,surreal complexity details, ←背景與圖像細節
white lighting, Chiron Crash, lithography, ←光線與風格
NIKON D300, 32k uhd, 50mm ,f/1.4, ISO 400, ←相機細節
closeup shot ←拍攝角度

燒肉

Prompt：

deliciously grilled meat at a yakiniku restaurant, ←主題
with flames licking the marbled cuts of meat and diners enjoying their meal in the background, ←背景與圖像細節
warm and appetizing color scheme with the glow of the charcoal fire, ←光線與風格
Nikon D850, 35mm lens, f/1.8, 1/100s, ISO 800, ←相機細節
close-up shot from a side angle ←拍攝角度

Pizza

Prompt:

```
appetizing, freshly baked pizza with various toppings, ←主題
placed on a wooden table surrounded by ingredients like basil,
tomatoes, and cheese, ←背景與圖像細節
natural and vibrant color scheme with soft, even lighting,←光線與風格
Canon EOS 5D Mark IV, 24-70mm lens, f/2.8, 1/80s, ISO 400,←相機細節
top-down perspective ←拍攝角度
```

冰淇淋

Prompt:

```
tantalizing scoops of assorted ice cream flavors in a glass sundae
dish, ←主題
garnished with fresh fruits, chocolate shavings, and a drizzle of
syrup, set against a bright and minimalistic background,←背景與圖像細節
vivid and cool color scheme with soft, natural lighting,←光線與風格
Fujifilm X-T4, 56mm lens, f/2.0, 1/125s, ISO 200, ←相機細節
closeup shot ←拍攝角度
```

甜點

Prompt：

```
food photograph of strawberry cake, ←主題
in a bakery setting with pastries and cakes on display in the
background, ←背景與圖像細節
bright and bold color scheme, with shades of pink and red throughout
the image, ←光線與風格
Canon EOS R6, 35mm lens, f/2.8, 1/60s, ISO 800, ←相機細節
closeup shot ←拍攝角度
```

調酒

Prompt：

```
food photograph of moody cocktail, ←主題
in a dimly-lit bar, with a bartender in the background and various
bottles and tools on the counter, ←背景與圖像細節
dark and shadowy color scheme with warm amber and gold accents, ←光線與風格
Sony A7 III, 50mm lens, f/2.8, 1/50s, ISO 3200, ←相機細節
low camera angle ←拍攝角度
```

特別採訪

洪俊德

洪俊德是資深的 IT 玩家，今年已經 55 歲，現職是房屋仲介，同時也經營粉絲專頁「智能未來 Ai 無所不在」。年輕時曾擔任電腦工程師，過去資訊比較不發達，許多的資訊都仰賴幾個特定網站，不然就是自己找書來看（所以一直以來自己也是旗標的忠實粉絲）。因為工作的關係本身也有經營 Youtube, 在處理室內設計素材、自媒體相關內容時，不管是使用 Canva 或其他剪輯軟體，常會遇到素材版權的相關問題，所以才想到可以透過 AI 繪圖來輔助。

偏愛 Stable Diffusion

個人最主要使用的工具就是 Stable Diffusion Web UI 了，雖說 AI 繪圖主要也只是做好玩、有趣的，但這個歲數經濟上沒有什麼負擔，一天可以花上 6～8 小時在探索 AI 繪圖的天地。

2023 年 6 月才初接觸 AI 繪圖，7 月開始設立粉專，剛開始還不太熟悉，單純使用現成的大型模組，也沒有搭配 Lora, 所以一開始生成的圖像都不太滿意，後來隨著時間經驗的累積，才慢慢提升自己的作品。一開始會發表比較具有藝術感、抽象等非寫實的作品，後來卻發現這類型作品的點擊、觸及率低了很多、迴響不夠好，於是更著重在寫實的內容。模組的使用主要推薦 majicMIX realistic(麥橘寫實)、XXMix_9realistic, 出圖效果都非常寫實、令人驚豔。

目前沒有看到其他衍生的經濟效益，工作上也沒有這方面需求，所以也就沒考慮線上各種付費的 AI 繪圖服務。微軟 Bing 生圖服務也有稍微玩過，有時會作為創作的參考靈感基礎，其他 AI 工具最熟悉的就是 ChatGPT, 有做 Youtube 節目時會用來輔助產出腳本內容。

提詞與光影運用的技巧

出圖上我們可以分為人、事、時、地、物，描述什麼樣的人在什麼樣的地方做了什麼事。例如一位美女穿著薄紗在夕陽下開車門的動作，類似像這樣詳述作品的細節。在服飾上可以選用這些比較性感若隱若現或者加上別緻的物件，就會更有記憶點、更吸引人。像是我會在作品中可以放入福斯老爺車、MINI，將細節提詞描述好，內容都可以達到很好的效果。在角色面容的部分，許多現有模組都是外國人做的，提詞上加入國籍才會有亞洲人的形象，而非都是一成不變的西方的臉孔。

接著就是時間，光線是造成畫面風格的重要因素，就像攝影上也有所謂日出、夕陽前後的黃金時段，例如夕陽光線的角度較水平，就可以達到很好的視覺效果。另外也可以善用增強細節的 Lora，一開始權重配比較難拿捏，抓到比例之後就可以沿用一直出圖。此外也可以參考其他網站的提詞範本，利用景深達到攝影等級的視覺效果。

在出圖的順序上，一直出大圖很花時間，建議先出小圖，有滿意的作品再透過 Hiresfix 的功能，提高畫面的細節。

偏愛寫實朦朧美的作品

我個人最喜歡的作品主要就是之前有一系列，主角是一位戴著眼鏡、穿著蕾絲的年輕女孩子坐在廢墟裡，在服飾上就有前文提及，那種若隱若現的朦朧美，系列作品的臉模也非常精細，之前有粉絲詢問為什麼要讓一位美女坐在廢墟裡，其實就是要透過對比製造衝突感的氛圍。

因為自身有拍影片的基礎，也更了解姿勢怎麼調整與視覺美感，喜歡透過若隱若現的薄紗等精緻服飾達到細節的呈現，也讓畫面更加性感吸引眼光。圖片呈現有特寫、動態姿勢等不同的展現方式，這也會影響作品的氛圍，例如如果選擇了肖像畫則會佔掉許多空間，就沒有畫面能展現作品的細節。

給入門者的話

我自己因為有電腦基礎，所以一開始接觸 Stable Diffusion 很快就上手，如果初學者真的有興趣投入的話，只要有個 4G RAM 顯卡、可以跑 3D 遊戲的電腦，都可以嘗試看看，當然如果有可以參考的詳細文件或是買幾本書一步一步做會更好上手，很多人沒基礎從零開始光是安裝就怕到，因為一開始真的就蠻繁複的，我自己當時剛裝好可以運作的時候，「哇也是很開心！」。

也可以從 Bing 生圖接觸，這樣的話是比較簡單好上手，而且也具藝術感，我有利用 Bing 生出曼谷火車市集，感覺也非常到位，從電線凌亂的細節，到髒亂鐵皮屋的強烈視覺風格都一應俱全。不過 Bing 的缺點是同一個角色生成有困難，沒辦法像 SD 一樣透過 Lora 來鎖定，只能固定服裝、面容，這是使用 Bing 要注意的地方，簡單但不完全可控。

CHAPTER

11

網拍業者必看-AI 明星幫你代言

想賣衣服卻找不到好看的模特兒嗎？自己拍攝的服裝照總是醜醜的？如果你也這樣想的話，那你肯定不能錯過這個章節。在這一章中，我們會介紹如何「擺弄」AI 模特的姿勢，並教你如何幫 AI 模特「換衣」！

11-1 Stable Diffusion 的 ControlNet 外掛

在第 9 章中，我們介紹過如何使用 LoRA 來訓練一個專屬模特兒。而在第 10 章中，我們學會使用 Prompt 來調整拍照角度或是添加其他的專業攝影技巧。但不知道你有沒有發現，僅使用 Prompt 的話，其實很難完美控制模特兒的拍照姿勢或是穿上指定的服裝。而在這一章中，我們會在前兩章的基礎上做延伸，介紹 Stable Diffusion 的進階 ControlNet 外掛功能。

注意！若未下載 ControlNet 及其模型的讀者，可依照 8-15 頁的詳細步驟進行下載。

什麼是 ControlNet？

ControlNet 為 Stable Diffusion 中最強大的外掛，它能夠透過參考資訊（如：草圖、姿勢圖）精確地控制圖像生成的方式，讓圖像的構圖符合我們的設想。舉例來說，如果你在網路上找到一張不錯的模特兒照片，希望讓所生成的圖像能夠保持一樣的姿勢。這時，就可以透過 ControlNet 來讓新圖像的模特兒姿勢和原圖像一致。

不管使用哪種 ControlNet 模型，我們都能在 WebUI 的介面中看到兩個重要的組成部分，分別是 **Preprocessor（預處理器）**和 **Model（控制模型）**。**預處理器的功能是將我們送入的原圖進行檢測，轉換成可供控制模型使用的控制圖像**。簡單來說，我們可以把控制模型想像成一位外國籍的顧問，而預處理器則是一位專業的翻譯官。預處理器會先把我們的問題轉換成控制模型聽得懂的語言，這樣控制模型就能正確地達到要求、解決問題。

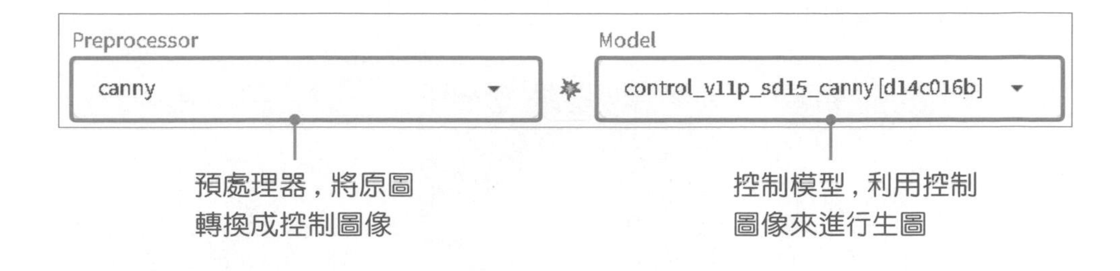

ControlNet 模型介紹

其實我們在商標設計的章節已經偷偷使用過 ControlNet 的 **Depth (深度圖)** 功能了，閱讀到這邊的讀者，應該深刻地體會過 ControlNet 的強大之處了。本書希望以循序漸進的方式，並搭配實作，一步一步介紹 Stable Diffusion 的各種進階功能。接下來，我們會簡單介紹幾種常用的 ControlNet 模型：

- **Canny (邊緣檢測)**：

▲ Canny 為最常用的邊緣檢測功能，它會檢測原圖中的圖像線條，並以此為構圖來生成新圖片。其他的邊緣檢測方法還有 Soft Edge，有興趣的讀者可以自己試用看看

● **Depth（深度圖）**：

▲ Depth 會將原圖以黑白檢測的方式呈現，其中白色代表最前景，而顏色越黑表示景物越遠。透過這項功能，可以有效地分割圖像中的不同物件（很適合玩神奇寶貝的猜猜我是誰）

● **MLSD（直線檢測）**：

▲ MLSD 有點類似 Canny，但不同的是，它是**檢測原圖中的直線**。MLSD 適合用在生成建築物或較多直線的圖像上

● **OpenPose (姿勢控制)**：

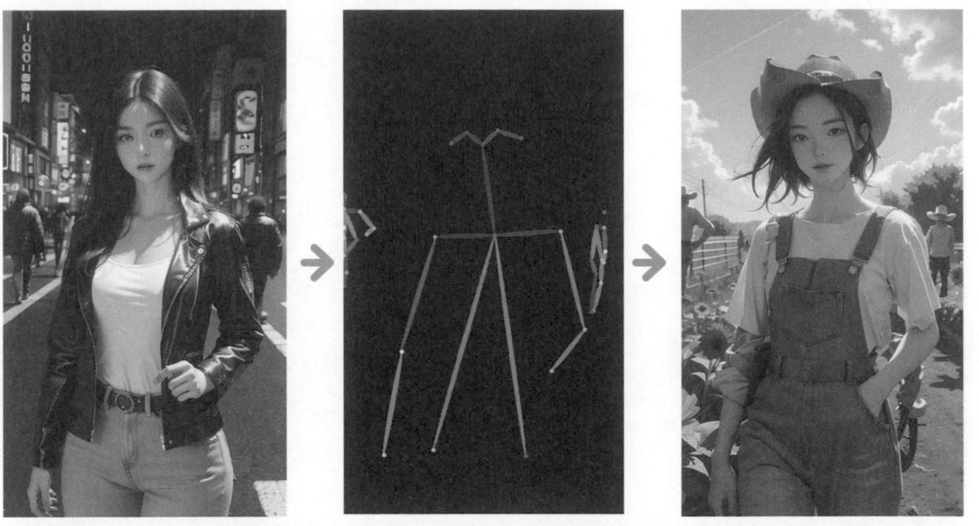

▲ OpenPose 會偵測模特的姿勢並重新繪圖。新圖僅僅保留模特的姿勢，我們可以隨意替換模特兒的長相、服裝、背景。另外，OpenPose 還有手指和臉部版本，可以用來固定模特的手部姿勢和表情

● **NormalMap (3D 檢測)**：

▲ 跟其他檢測方法相比，NormalMap 可以更好地保留 **3D** 特徵，如臉部表情、身材曲線等

- **Seg (色塊分割)：**

▲Seg 的全名為 Segmentation, 這個功能會以色塊的方式來分割原圖中的物件，生成的新圖也會與原圖的差異較大

11-2 使用 OpenPose Editor 控制模特兒姿勢

在這一節中，我們會介紹另一個好用的外掛－**OpenPose Editor**。這個外掛可以自由地調整模特兒的姿勢。在以下範例中，我們選擇使用 kakarot28D 模型，並搭配第 9 章中所訓練的 LoRA, 藉此讓每次生成的模特兒長得一模一樣。

控制模特姿勢

使用 OpenPose Editor 的步驟如下：

STEP 1 安裝 OpenPose Editor

安裝完畢後，重新啟動 WebUI 介面就可以看到 OpenPose Editor 的標籤頁了。

STEP 2 調整圖像尺寸

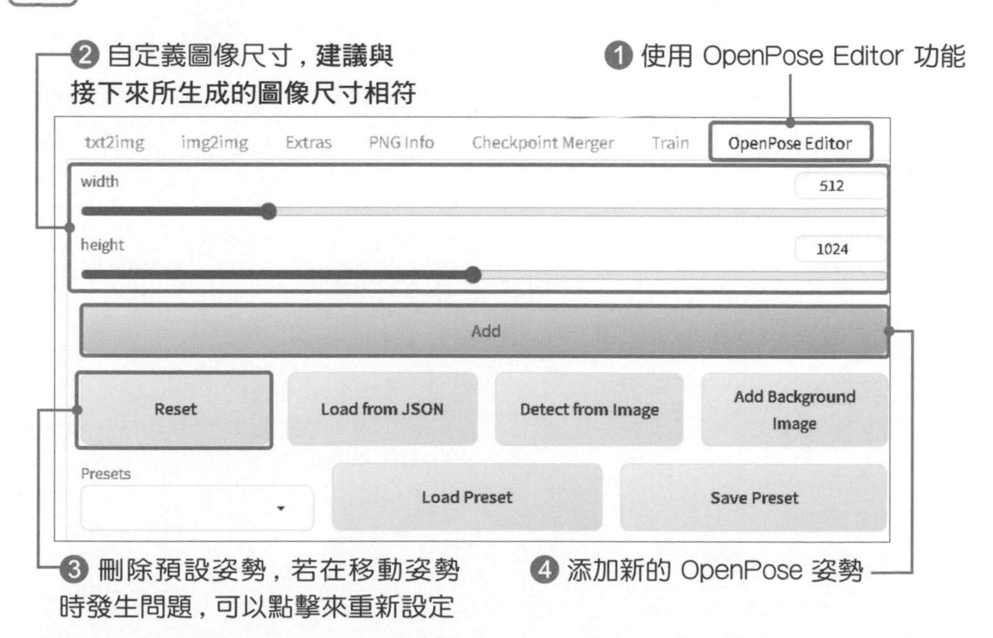

STEP 3 調整 OpenPose 姿勢

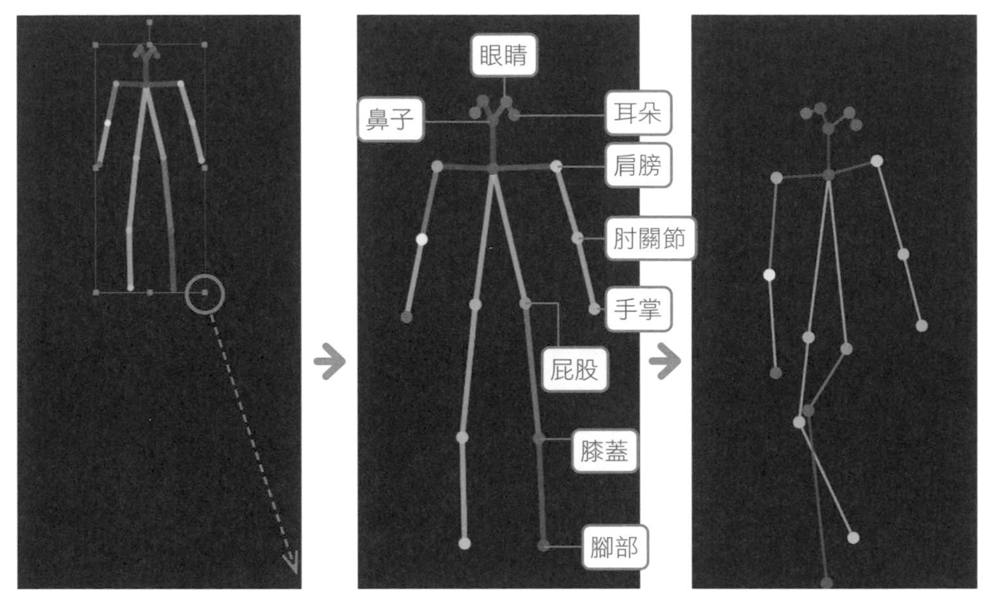

▲ 拖曳至符合圖片大小

▲ 拖曳圓點處來調整人物的姿勢

STEP 4 傳送至 txt2img 頁面

在 OpenPose Editor 右下方的功能列，可以看到 4 個按鈕選項。Save JSON 和 Save PNG 可以將調整好的姿勢圖保存；Send to txt2img 和 Send to img2img 則可以將姿勢圖直接送至文生圖或圖生圖。

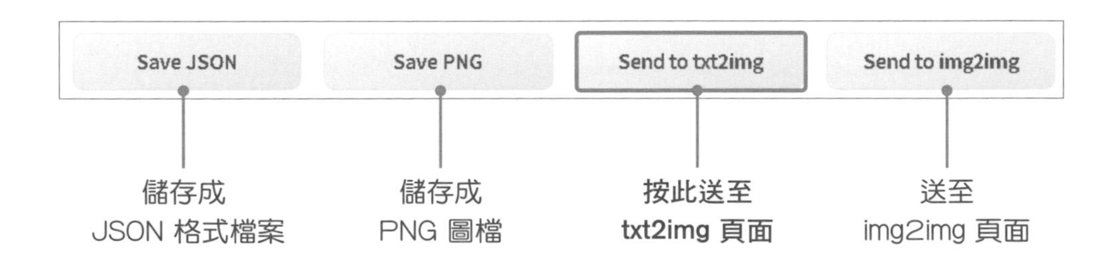

STEP 5 調整 ControlNet 功能區

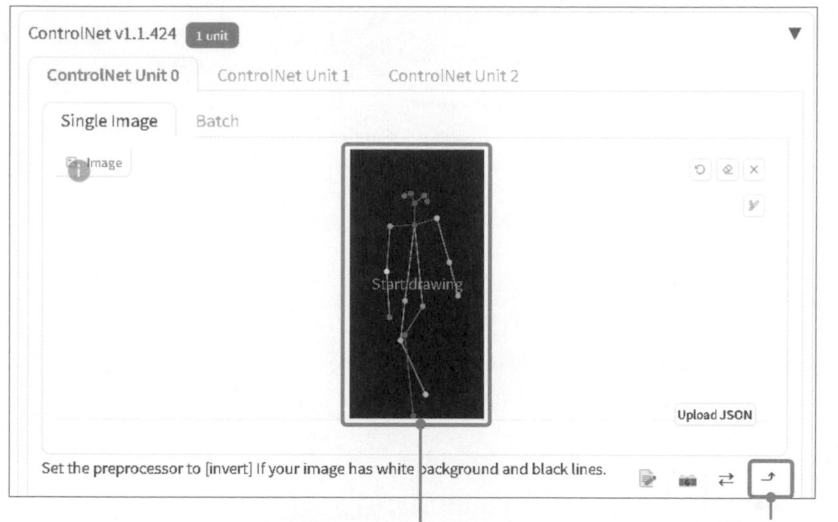

剛所設定的 OpenPose 會自動傳送到 ControlNet 設定中

可讓圖像生成尺寸與原圖一致

❶ 勾選

❷ 注意！預處理器請設定為 none

❸ 選擇 sd15_openpose

❹ Control Weight 可以設定為 1 左右，值越小會越自然，但會偏離姿勢設定

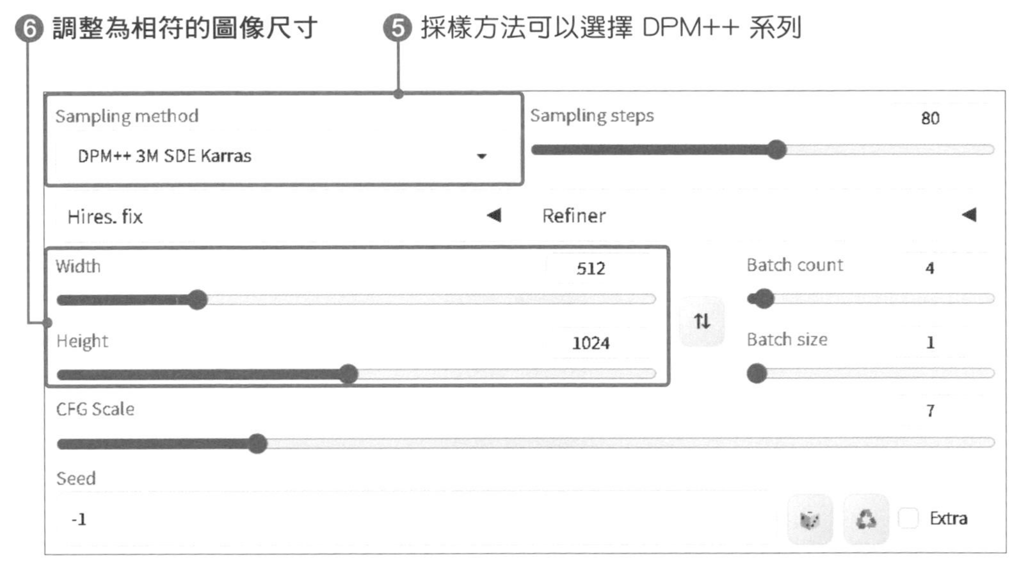

▲ 其他的調整可以依據需求來自行設定

> 在此範例中，我們將採樣步數調整到 80 左右，這是因為 kakarot28D 模型適合較高的採樣步數。但要注意的是，每種模型所適用的參數都不太一樣，讀者可以到 Civitai 網站來查看其他人的參數設定。

STEP 6 輸入 Prompt 並生成圖像

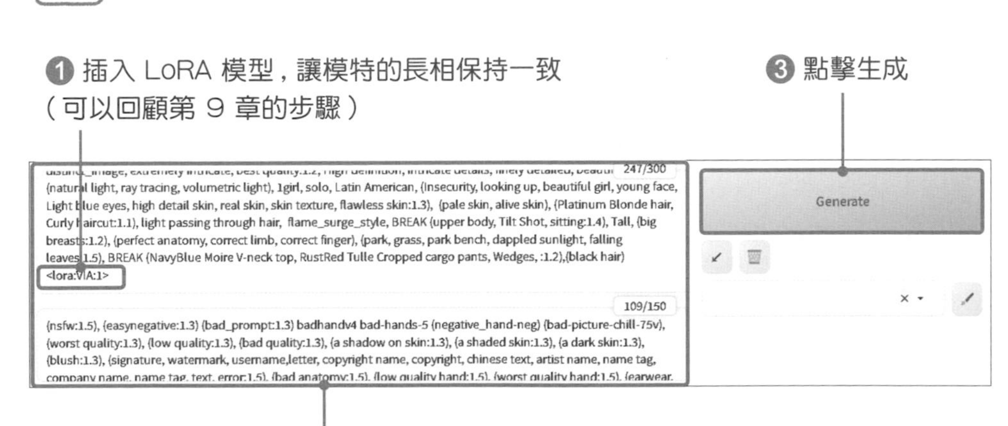

成果圖：

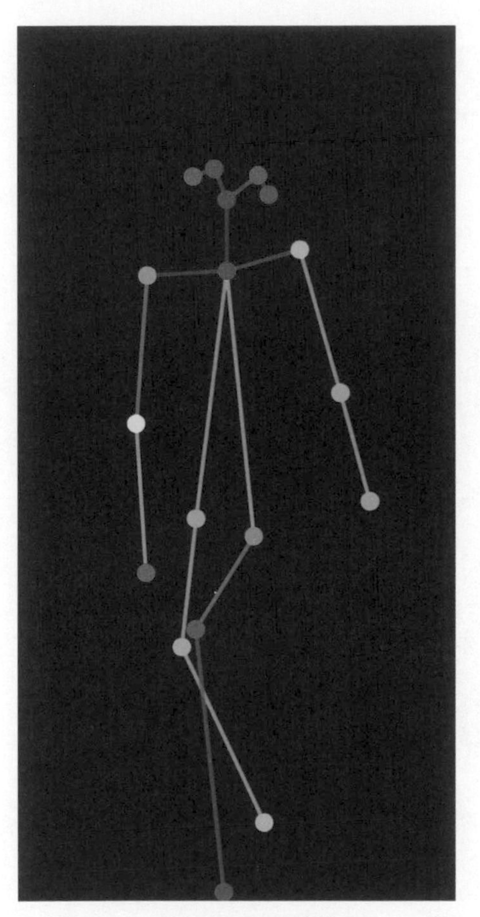

▲ OpenPose 圖

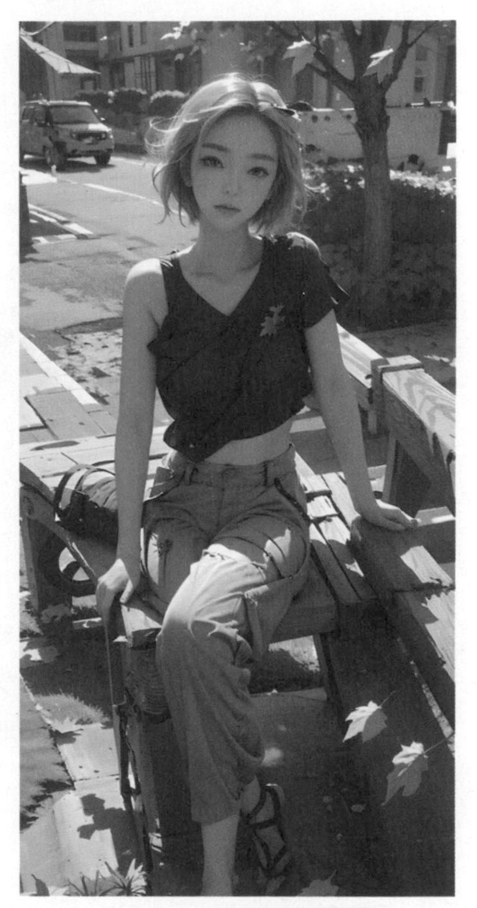

▲ Lora 模特照

直接使用圖片來控制模特姿勢

對於初學者來說，OpenPose Editor 其實蠻不好控制的（調整不好很容易生成歪七扭八的圖像）。其實有另一個更簡單的方法可以設定 OpenPose，我們可以先搜尋不錯的人物照片，然後直接匯入 ControlNet 中來模擬照片中的姿勢。步驟如下：

將圖片上傳至 txt2img 的 ControlNet 功能區

STEP 2 調整 ControlNet 功能區

選擇 Control Type 為 OpenPose 時，預處理器會自動調整成預設值 openpose_full，此方法會檢測原圖的所有人物細節（包括臉部表情、手勢等）。若希望與原圖有較大的差異，請將預處理器改選為 openpose。

接下來跟上一小節相同，**依序調整微調選項區、插入 LoRA、輸入 Prompt 來生成圖像**。另外要注意的是，**所生成的圖像大小要調整到與原圖的比例一致，才不會讓模特的身材走樣**。

成果圖：

▲原圖

▲Lora 模特照

11-3 AI 模特兒換裝秀

筆者測試過許多更換模特兒衣服的方法，目前最有效且最快速的方法是先準備自行拍攝的服裝照或假人模特兒照，然後將原圖的人物更換成自行訓練的 AI 模特兒。在這節中，我們會使用 Stable Diffusion 的 **Inpaint** 功能，然後搭配 **ControlNet** 來將人像變成先前訓練的 LoRA 模特兒，這種方法最容易實現。接下來，就讓我們一步一步來建構出專屬的服裝模特兒吧！

使用 Inpaint 與 ControlNet 更換模特兒臉部

為了讓服裝模特兒更符合真人質感，在這節的範例中，我們使用擅長繪製亞洲臉孔的 ChilloutMix 模型，讀者可至 Civitai 網站登入後進行下載。

注意！ChilloutMix 模型有年齡限制，需打開 NSFW 設定才能下載。另外，若未設定好提詞的話，此模型容易繪製出一些瑟瑟的圖，需小心使用。但接下來，我們僅會針對模特兒的臉部進行繪製，所以影響不大。

更換模特兒臉部的步驟如下：

STEP 1 準備好服裝照並上傳至圖生圖

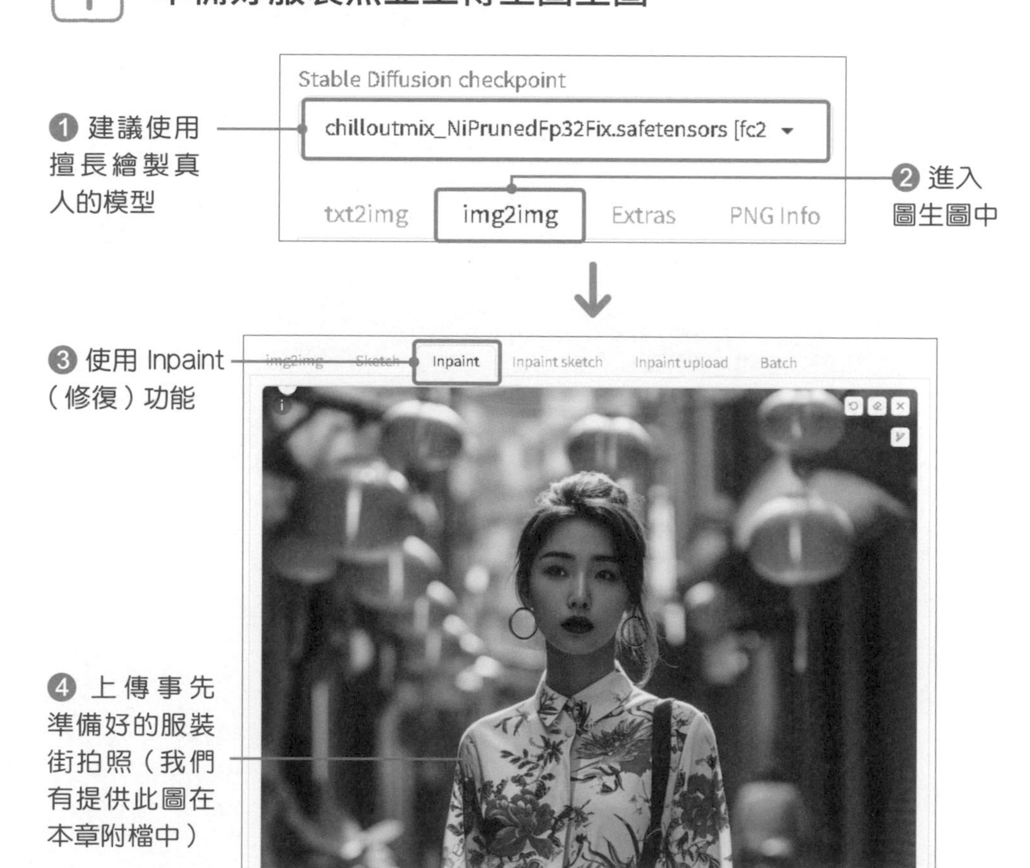

STEP 2 加入遮罩

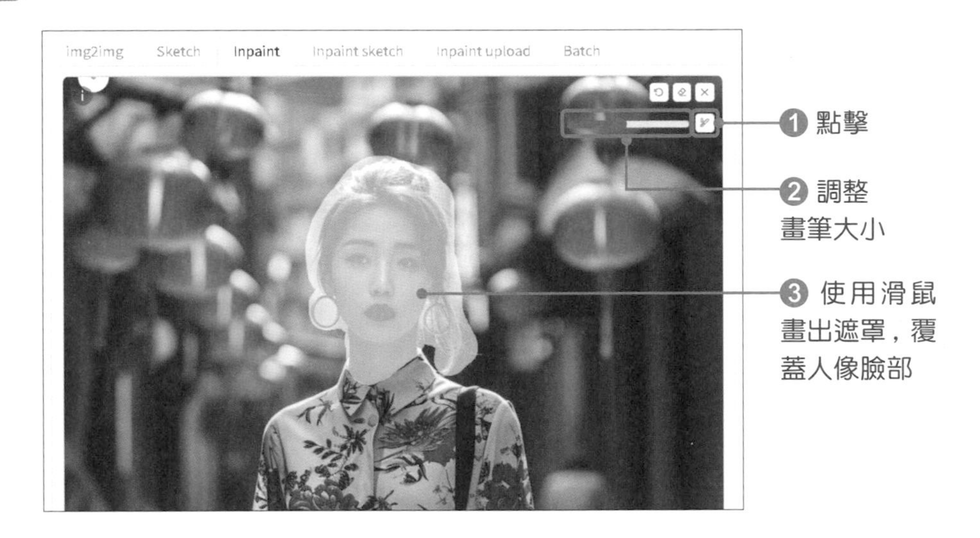

STEP 3 調整微調選項區

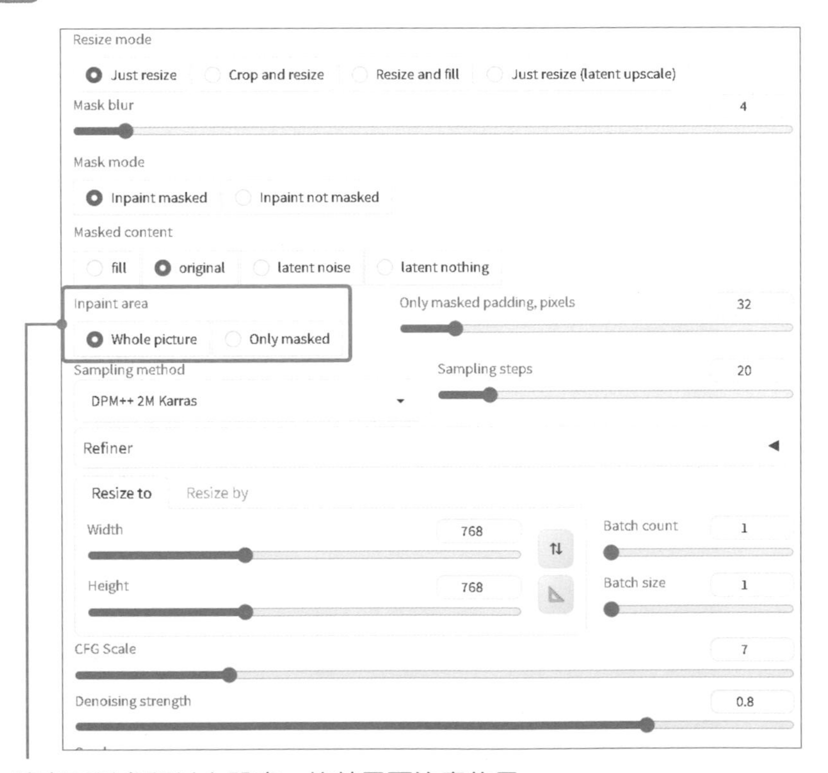

讀者可以參照以上設定。比較需要注意的是，
Denoising strength（重繪幅度）建議選擇 0.8 ~ 1 左右

關於 Inpaint area 的小知識：要選擇 Whole picture 還是 Only masked 呢？這要取決於遮罩的大小。若遮罩太小 (修改範圍小), 建議使用 Only masked, 模特的臉部較不會失真；若遮罩較大 (修改範圍大), 選擇 Whole picture 能讓整體圖像較為自然。

STEP 4 使用 ControlNet 功能

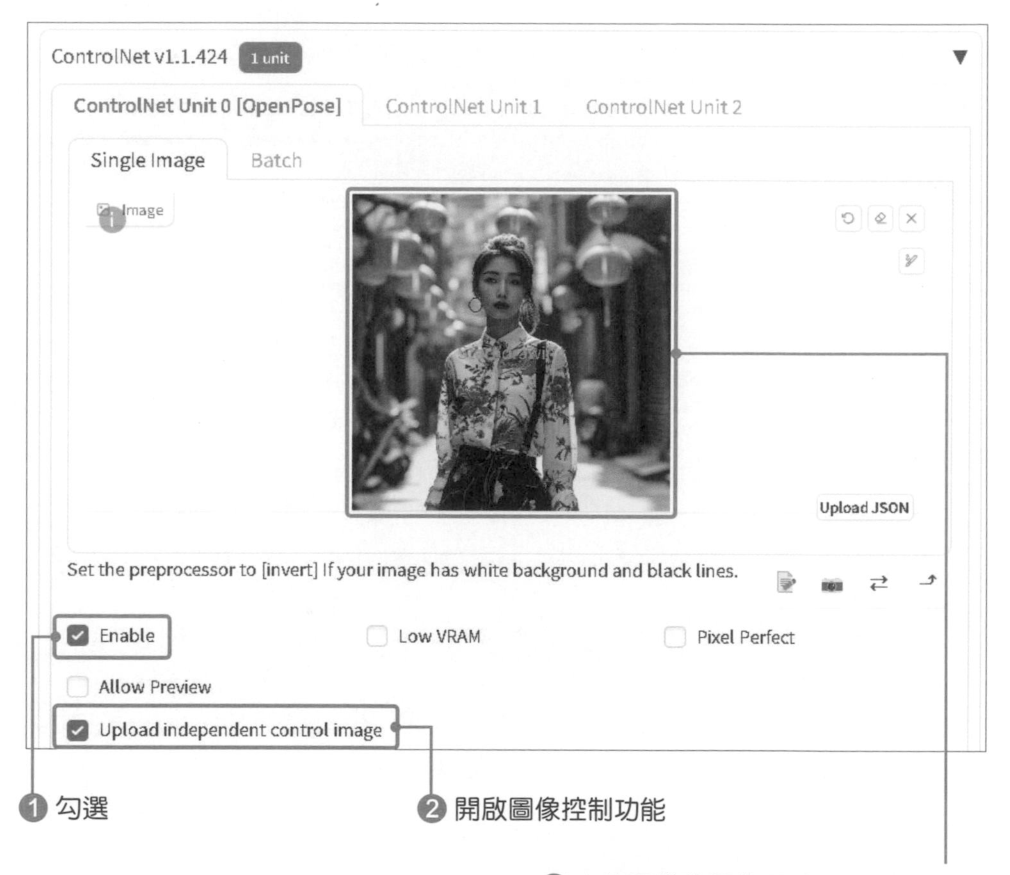

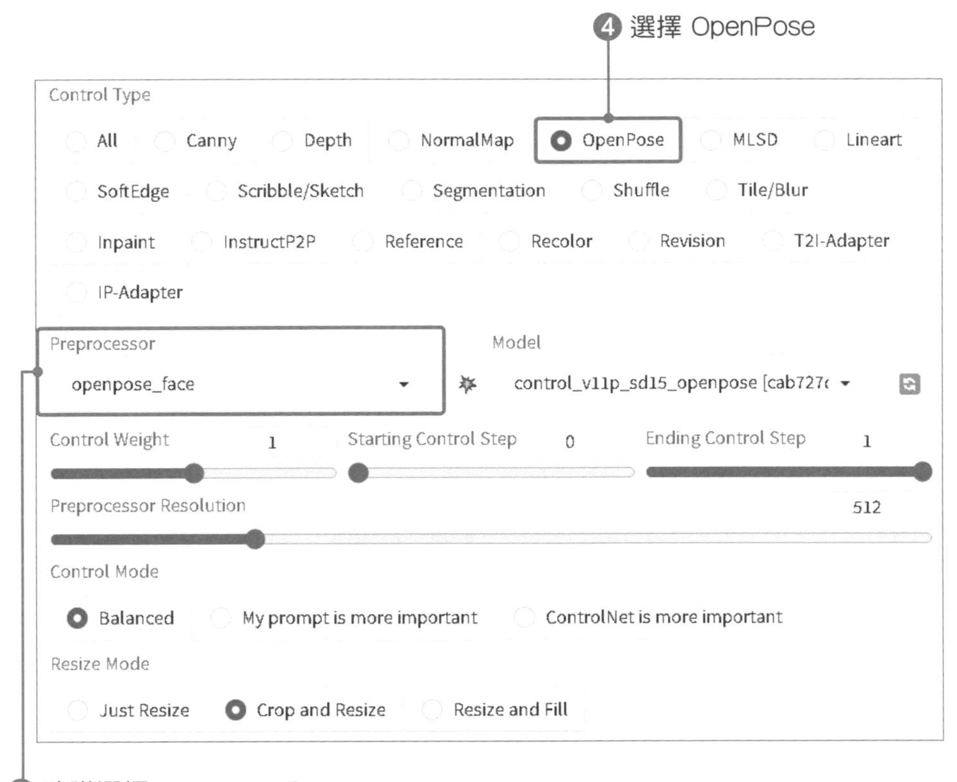

▲ 其他設定可以參照此圖

STEP 5 輸入 Prompt 並生成圖像

因為我們要對臉部進行修改，所以要輸入描述模特臉部的 Prompt, 並插入訓練好的 LoRA 模型。筆者輸入的 Prompt 如下：

```
Prompt：
Lora模型的主要提詞, (RAW photo, best quality), (realistic, photo-realistic:1.3), masterpiece, extremely detailed, ((detailed beautiful face)), black hair, beautiful shiny skin, smiling, <lora:模型名稱:1>

Negative Prompt：
abstract, deformed, ugly, poorly drawn face, cloned face, headgear
```

成果圖：

◀ 完成！但好像有點不太自然。這時候可以把生成完的圖像丟入 img2img 中，然後調整 Denoising strength（重繪幅度）至 0.2 左右，讓整張圖重繪一次

◀ 重繪完的圖像，畫風較為自然

11-4 AI 修圖大師：擴增背景

在上一節中，我們成功地將事先準備好的街拍照替換為專屬的 AI 模特兒。但是，人像的比例好像太大了，有沒有辦法擴增背景來調整整體的視覺效果呢？當然可以！如果要擴增圖像背景並保留原先模特兒的話，**我們可以使用 ControlNet 中的 Inpaint 模型，任意地調整背景尺寸**。

擴增圖像寬度

在本節中，我們希望將原先的圖像尺寸 768 × 768 調整為 1024 × 1024，將背景部分進行延伸。但是，Inpaint 模型只能擇一選擇調整寬度或長度。讓我們先從寬度進行調整吧！

STEP 1 使用圖生圖功能

STEP 2 調整圖像寬度

❶ 採樣方法可以選擇適合繪製背景的 DDIM

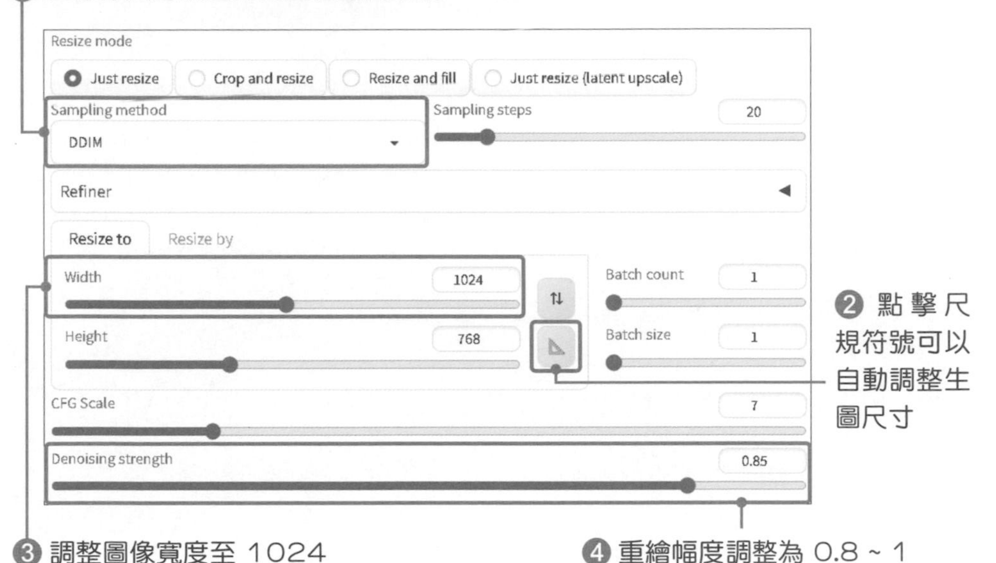

❷ 點擊尺規符號可以自動調整生圖尺寸

❸ 調整圖像寬度至 1024

❹ 重繪幅度調整為 0.8 ~ 1

STEP 3 設定 ControlNet

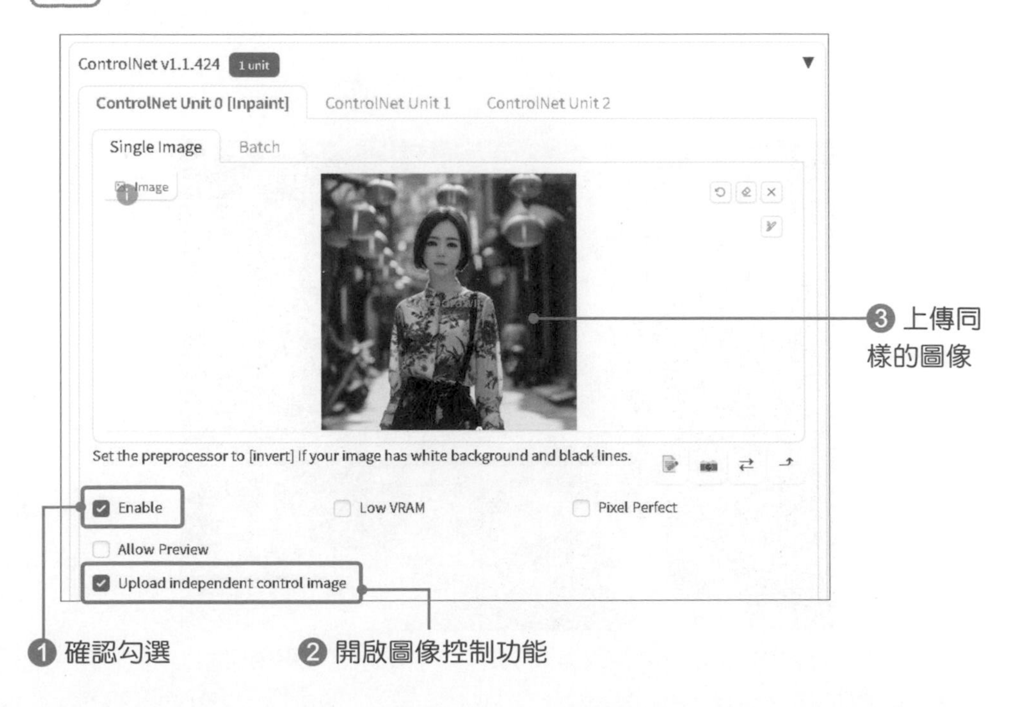

❸ 上傳同樣的圖像

❶ 確認勾選

❷ 開啟圖像控制功能

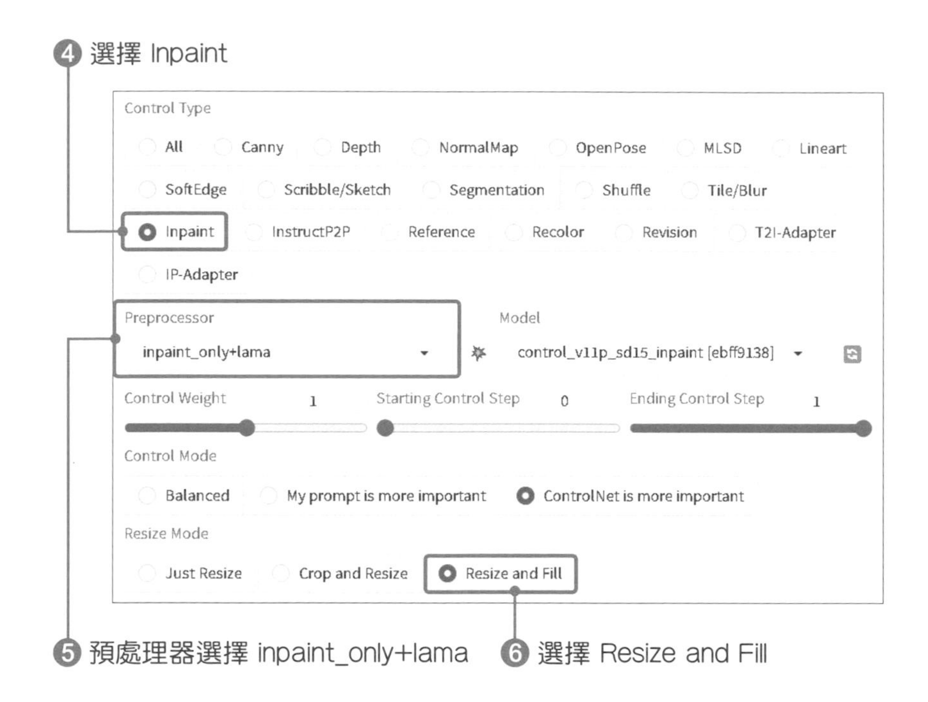

STEP 4 不需輸入任何 Prompt 直接生成圖像

經測試，使用 Inpaint 模型時，是否輸入 Prompt 的差異不大，所以我們可以直接點擊 Generate 按鈕來生成。

成果圖：

▲成功將圖像尺寸修改為 1024 × 768，且效果很自然！

擴增圖像高度

接下來，我們可以按照同樣步驟將圖像高度也進行修改。但大部分的選項都已經設定好了，只要將 img2img 和 ControlNet 的圖像進行替換即可。步驟如下：

替換 img2img 和 ControlNet 原圖

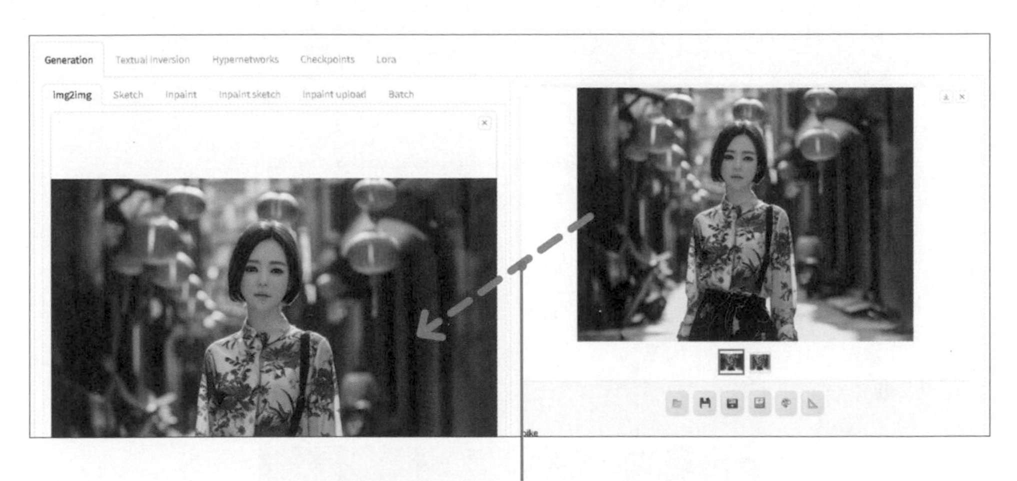

❶ 拖曳來替換 img2img 的原圖

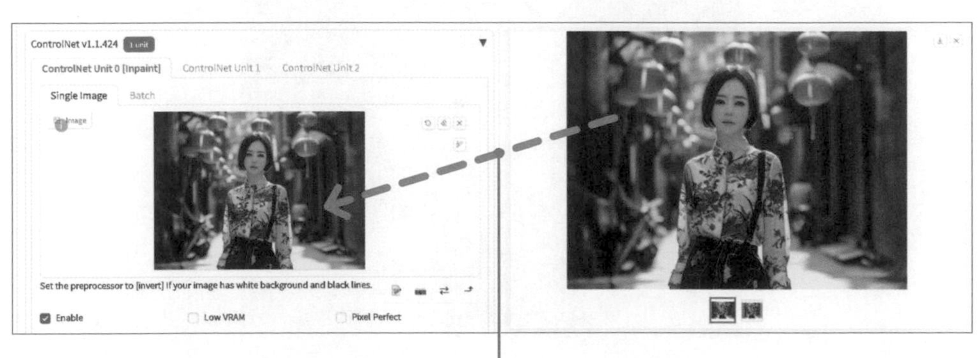

❷ 拖曳來替換 ControlNet 的原圖

STEP 2 調整圖像高度

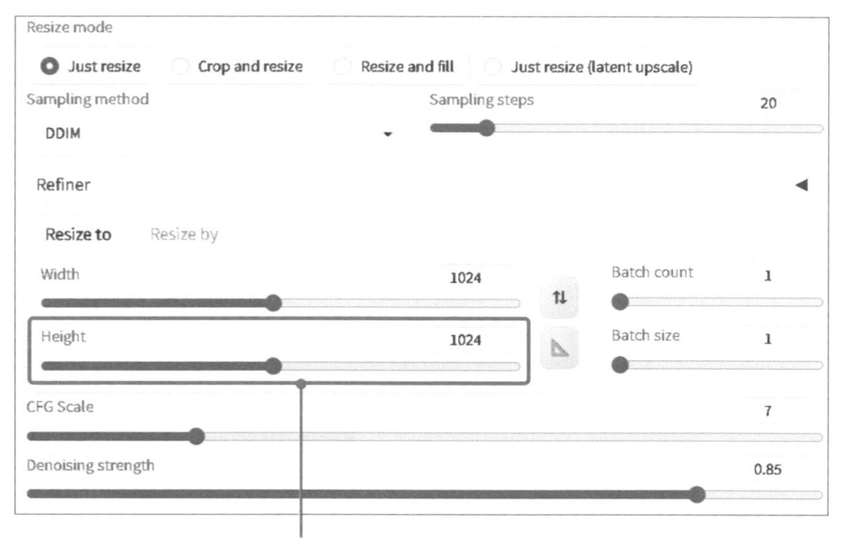

這次將圖像高度也一併調整為 1024

STEP 3 不需輸入任何 Prompt 直接生成圖像

同樣地，直接點擊 Generate 來生成圖像即可：

◀ 完成！但可以發現，有時候延伸出的模特兒手部並不自然

在製作延伸圖時，若延伸的部份包含身體部位，很常會有不自然的狀況發生。但別擔心，接下來我們將慢慢修改照片細節。

修改圖像細節

STEP
1

使用 OpenPose Editor 來調整模特姿勢

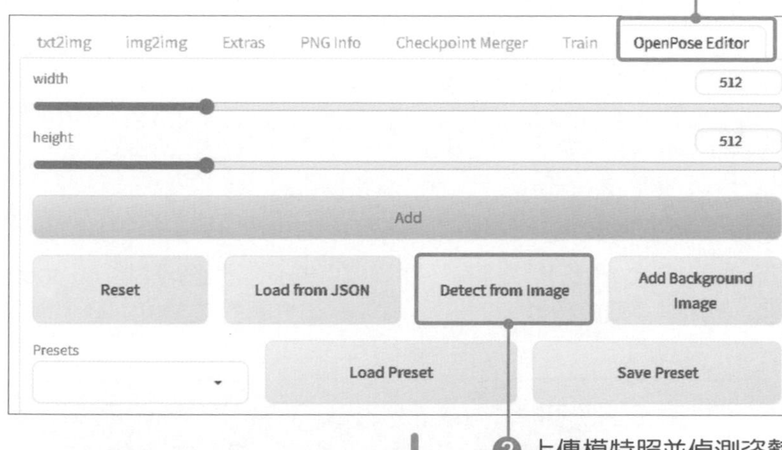
❶ 使用 OpenPose Editor 功能
txt2img
img2img
Extras
PNG Info
Checkpoint Merger
Train
OpenPose Editor
width
512
height
512
Add
Reset
Load from JSON
Detect from Image
Add Background Image
Presets
Load Preset
Save Preset
❷ 上傳模特照並偵測姿勢

Save JSON
Save PNG
Send to txt2img
Send to img2img
❸ 調整模特姿勢
❹ 按此會自動傳送至圖生圖的 ControlNet 中

❺ 因為 OpenPose 圖已經是控制圖像了，不用選擇預處理器

❻ 控制模型選擇 sd15_openpose 對圖生圖的 ControlNet 功能區進行設定

> 若對手指細節有嚴重要求的讀者，可以下載 openpose-hand-editor 外掛。這個外掛能針對手部的各關節進行細微調整。

STEP 2 使用 Inpaint 功能並加上遮罩

❶ 選擇 Inpaint

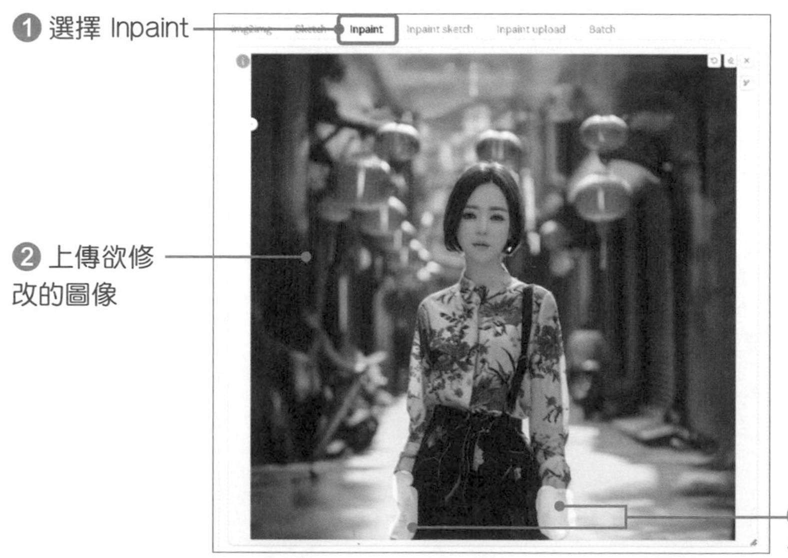

❷ 上傳欲修改的圖像

❸ 在要修改的地方畫上遮罩

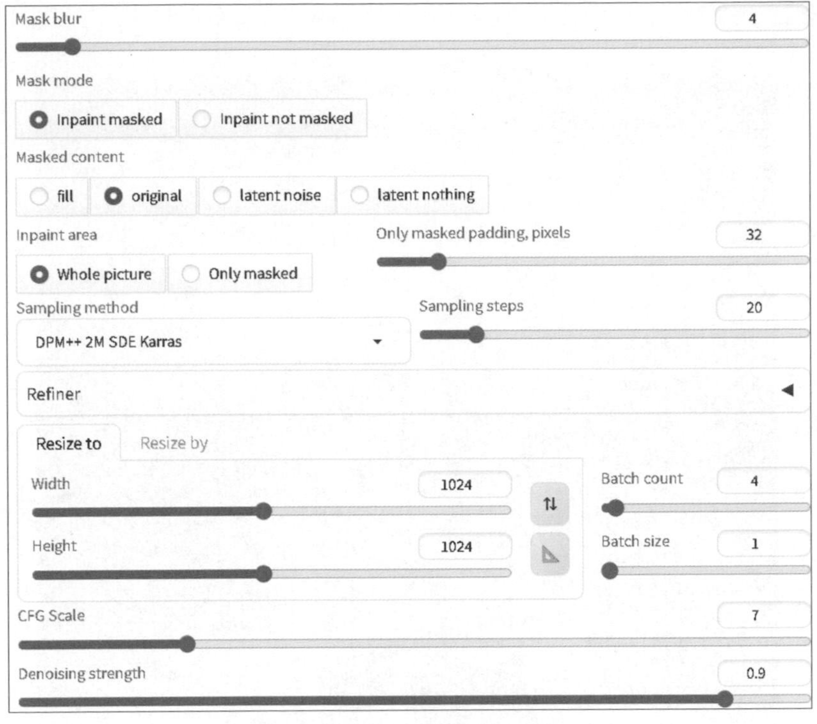

▲ 讀者可以參考上述設定來進行調整

STEP 3 輸入 Prompt 並生成圖片

Prompt 請針對要修改的物件進行描述。在此範例中，要修改的部位為模特兒的「手部」，筆者輸入以下的 Prompt。

Prompt：

```
hands, (RAW photo, best quality), (realistic, photo-realistic:1.3),
masterpiece
```

Negative Prompt：

```
(worst quality:2), bad-hands
```

成果圖：

▲ 不斷抽獎直到選到滿意的圖像為止。若要對其它部位進行修改，可以依照以上步驟畫上遮罩，並輸入描述該部位的 Prompt

11-5 AI 修圖大師：替換背景

若不滿意原圖的背景，**我們可以先製作一個深度圖做為遮罩，接著使用 Inpaint upload 功能來保留人像（前景），並將背景重新繪製**。這樣一來，模特兒就能遊歷世界的各個角落，置身在各種不同的場景之中！

製作深度圖作爲遮罩

深度圖模型會檢測圖像中的前景與遠景，並透過白色、黑色或灰階來表達不同物體的遠近程度。藉由這個方式，我們可以將人像（白色前景）保留下來，重新繪製背景（黑色或灰階遠景）。製作深度圖步驟如下：

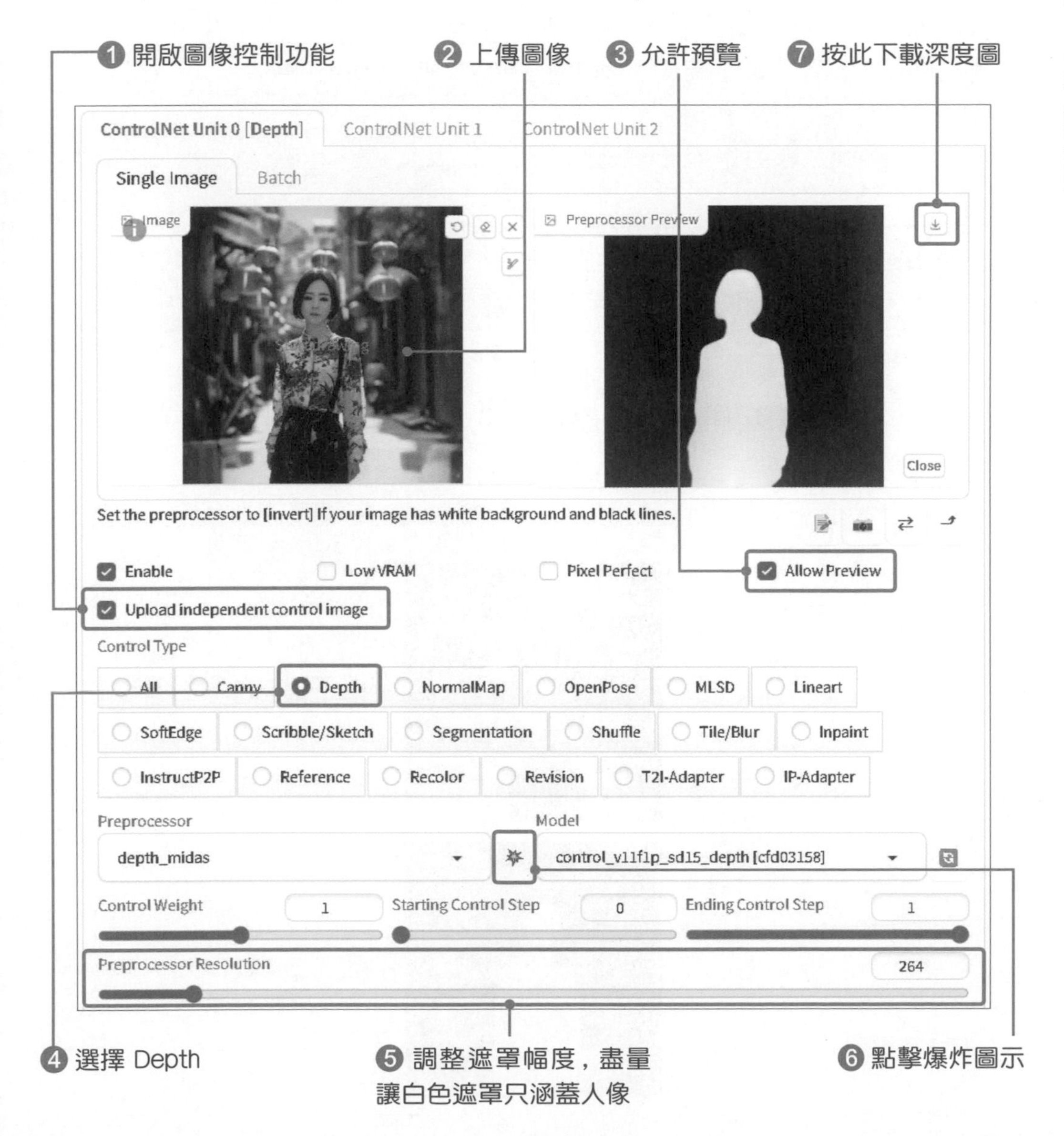

更換背景

製作完**深度圖**後，我們就可以來**重繪背景**了。步驟如下：

STEP 1 切換成擅長繪製場景的模型

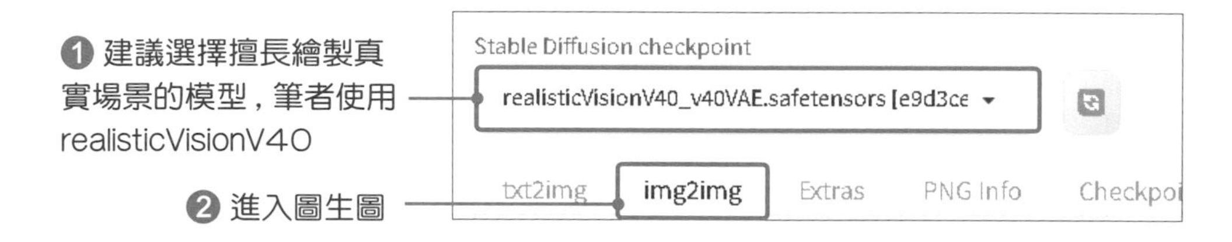

由於某些 Checkpoint 模型是用大量人像進行訓練，在生成背景時，容易出現很多不相干的人物。建議使用擅長繪製場景的模型，我們一樣可到 Civitai 網站來搜尋適合的模型。

STEP 2 使用 Inpaint upload 功能

STEP 3 調整微調選項區

❶ Mask blur 建議依照遮罩圖的覆蓋程度來調整

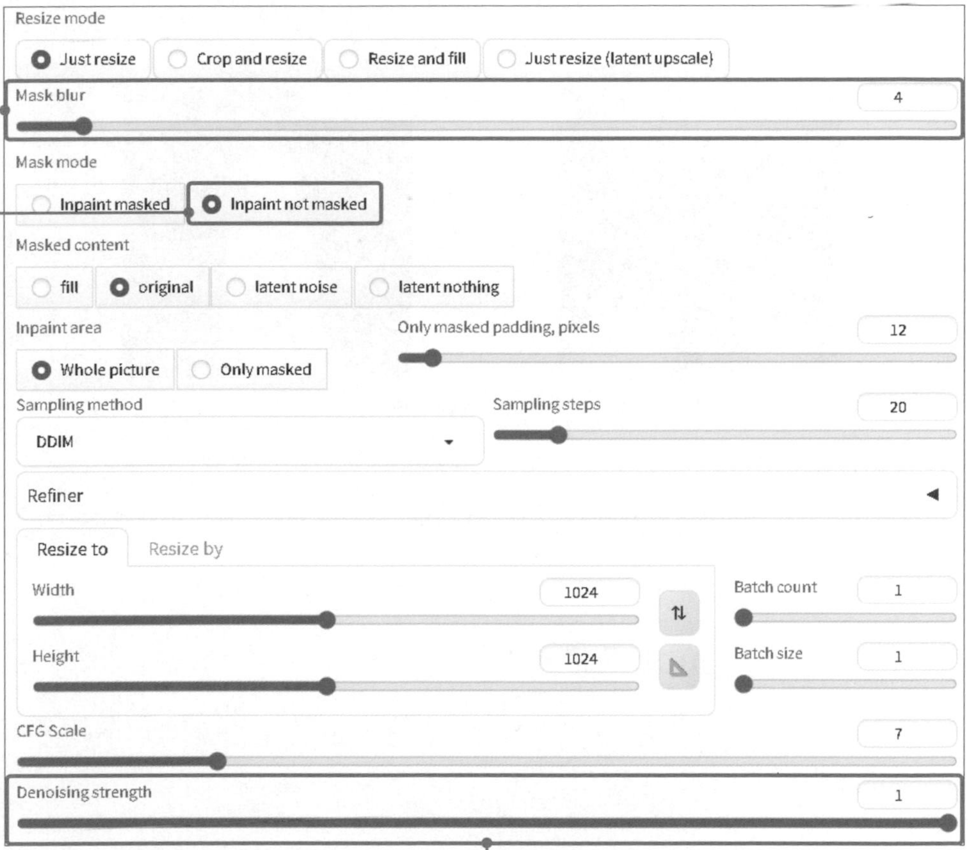

❷ 選擇重繪非遮罩的部分

❸ 重繪幅度調整至 0.9 ~ 1

▲其他設定可以參考此圖

關閉 ControlNet

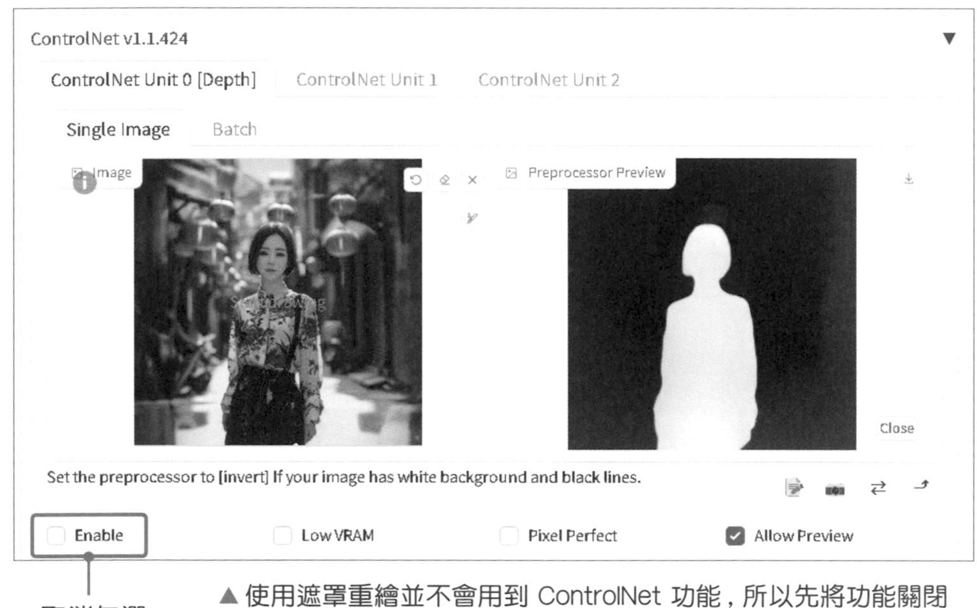

▲ 使用遮罩重繪並不會用到 ControlNet 功能，所以先將功能關閉

輸入 Prompt 並生成圖像

接下來，我們可以依據構想的背景來輸入 Prompt, 以下為筆者所輸入的 Prompt。

Prompt：
```
(photograph of beautiful night street), realistic, soft light, f/2,
8k, masterpiece
```

也可以加上前一節介紹過的其他攝影技巧

Negative Prompt：
```
people, hand, hair, hat, ear, car
```

成果圖：

▲ 輕輕鬆鬆就能夠更換背景了！對於圖像較不自然的地方，一樣可以進行局部修改

▲ 原圖

▲ 修改後的圖

11-6 用 Facebook 製作 3D 效果圖

在前面小節中，我們已經學會如何製作深度圖了。而 Facebook 有一個相當酷炫的功能，我們可以將圖像搭配深度圖來製作出 3D 的效果圖。話不多說，讓我們先來看看這種 3D 圖的呈現效果如何吧！

請輸入以下網址或掃描 QR code 來看 3D 效果圖：

https://bit.ly/iron_girl

https://bit.ly/store_girl

注意！使用手機觀看要進入到 Facebook APP 才看的到 3D 效果。另外，部分過舊的 Android 機型可能無法支援 3D 圖。

3D 圖製作方法

要製作出這種 3D 圖的方法非常簡單，我們需要準備一張**原圖**以及**深度圖**，接著將圖像上傳至 Facebook 轉換為 3D 圖。詳細步驟如下：

STEP 1 準備原圖及深度圖

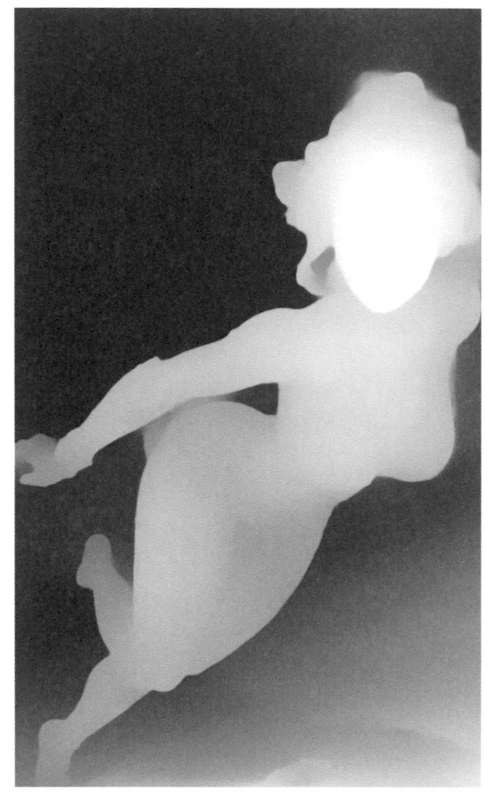

▲ 讀者可自行準備原圖及使用前節方法來製作深度圖，或利用本書提供的圖檔（檔名：**irongirl**、**irongirl_depth**）來進行後續步驟

STEP 2 重新命名檔案名稱

◀ 在製作 3D 效果圖時，Facebook 要求深度圖的檔名後方須加上 **_depth**

重新命名深度圖檔名為
< 自訂檔案名稱 >**_depth**

STEP 3 上傳至 FaceBook 來製作 3D 圖

▲ 在建立貼文時，上傳剛剛原圖及深度圖檔。接著等待約 5 ~ 10 秒鐘，2 張圖會自動合成為 3D 圖

在電腦上用瀏覽器觀看，可移動滑鼠即可看到 3D 立體效果：

CHAPTER

12

用 Photoshop 打造 AI 協作藝術

在 AI 生圖的過程，常會遇到人物的手多了一隻、二隻，或是眼神視線並非我們所要，更別提常遇到的手指超過五隻以上的情形。

有時不管 Prompt 怎麼改，AI 依然故我，不為所動，此時，不妨暫時跳脫 AI 生圖的框架，改用舊科技，以修圖軟體之霸 — Photoshop 來處理這些問題。

12-1 Photoshop 與生成式 AI

修圖及生圖是完全不同的概念。一是使用 Prompt 以文字「無中生有」產生圖片，一是運用修圖軟體對「既有」的圖片進行修飾甚至是合成。先前我們已經介紹過各種 AI 生圖的工具，而談到修圖，公認的霸主就是 Photoshop。

本來生圖和修圖的界線壁壘分明，不過 Photoshop 從 2024 版起，開始將 AI 生成的功能納入軟體之中，其中包含了以 Prompt 生圖，及運用 AI 來輔助修飾圖片的功能，讓兩者的界線慢慢變得模糊了起來。

其實 Photoshop 很早就引入了 AI 修圖的功能，從最早期的「內容感知」，近期的「神經濾鏡」，到現在推出的 AI 生成功能，都屬於 AI 應用。本章將帶你運用 Photoshop 內建各種好用的 AI 輔助功能，幫我們局部生成及處理好更完美的照片。

本節我們會先介紹 Photoshop 近期才剛釋出，最新的 3 項 AI 生成功能，分別是：

- 移除工具
- 生成擴張
- 生成填色

移除工具

可以快速而輕鬆的讓使用者移除照片中的雜物 (如出遊照的路人甲)，並且自動用適當的材質回填到移除的部分。當然也可以用來移除生圖結果中的雜物或是多出來的一隻腳或手。

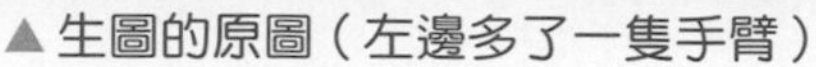
▲生圖的原圖（左邊多了一隻手臂）

▲使用移除工具後

生成擴張

運用 AI 自動填補我們畫面中的空白部分，Photoshop 會衡量畫面中的光線方向、元素，幫我們彌補空白，讓您不需要重拍也可以重新構圖，新照片看起來也會是渾然天成、自然寫實。

從正方型的原圖 ▶

▲以裁切工具重新構圖

▲使用生成擴張

生成填色

生成填色就如同前面您已經很熟悉的 AI 生圖工具，使用者只要輸入 Prompt, 就可以在指定的範圍內，無中生有產生指定的素材內容。可以是在畫面中局部，也可以是一個完全空白的圖檔。

無中生有

先建立張空白的畫布，再輸入 Prompt, 如藍天，白雲，羊群，即可生出符合描述的內容。

▲空白的畫布

▲輸入 Prompt

▲成果

局部生成

使用任何的選取工具，在畫面上劃出一個選區，這個選區的形狀，也會影響之後下 Prompt 所生成的物件。

在畫面上畫出要生出物件的區塊

蝴蝶 ••• 取消 產生

▲ 輸入 Prompt, 如，蝴蝶

▲ 成果

12-2 Ps 內建的 AI 生成功能應用

前面我們只有大致介紹 Photoshop 的 AI 生成功能，這一節我們要實際帶例子進行操作示範。

用生成擴張來延伸構圖範圍

不管是拍攝的照片，或是 AI 生成的圖片，遇到構圖不完整，畫面被裁切時，如何處理？重拍或是重新生圖，都是選項之一。如果我們透過 Photoshop 的生成擴張來進行二次構圖，會是更有效率的方式。

接下來我們以實作來解說，如何使用生成擴張功能。

STEP 1 開啟要處理的圖檔

範例是一個 AI 所產生的人造人在太空艙內的圖片，男主角的頭部被裁掉了。

STEP 2 裁切工具

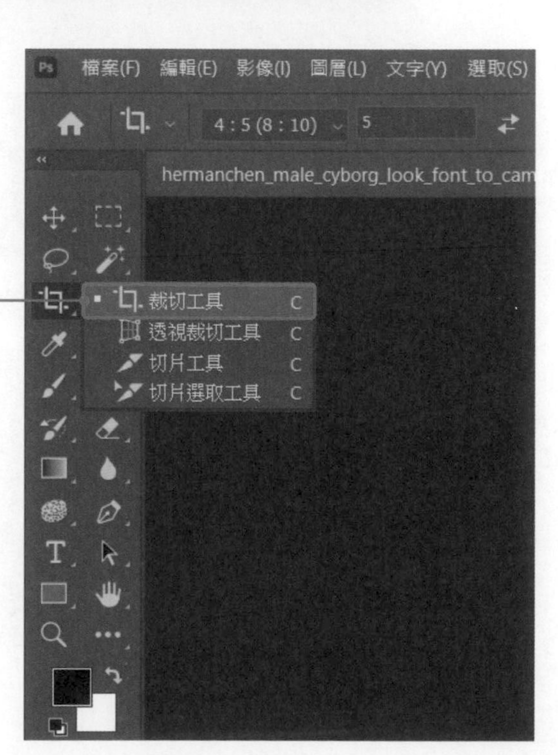

在左邊工具箱中找到裁切工具

使用生成擴張功能

先確定裁切工具的填滿選項，請在上方工具列選擇其中的「生成擴張」。

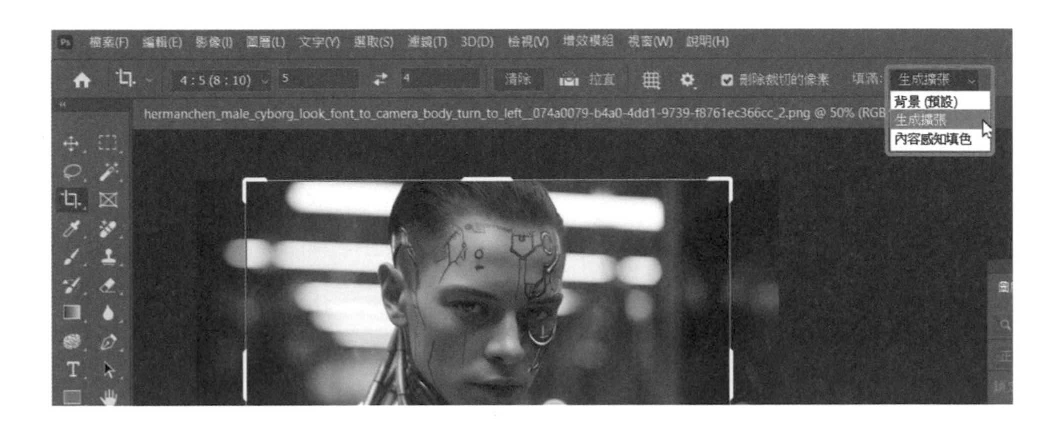

二次構圖的圖片比例

在上方工具列，對裁切比例進行選擇，如 3:2(傳統照片比例)、16:9(影片比例), 本範例則是選擇沖洗放大照片的 4:5。

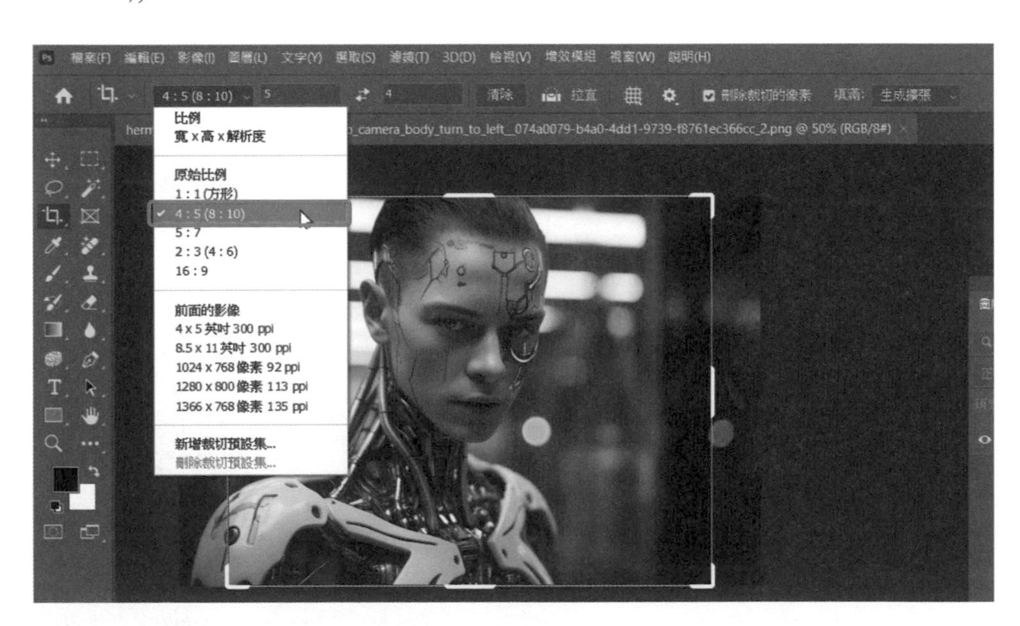

STEP 5 調整裁切範圍

以滑鼠控制裁切框四角的控制點，讓裁切範圍符合我們的需要。這邊我們想讓 Photoshop 幫我們補出人物的頭頂，所以把空白留在人物上方，也就是生成擴張會幫我們補圖的範圍。

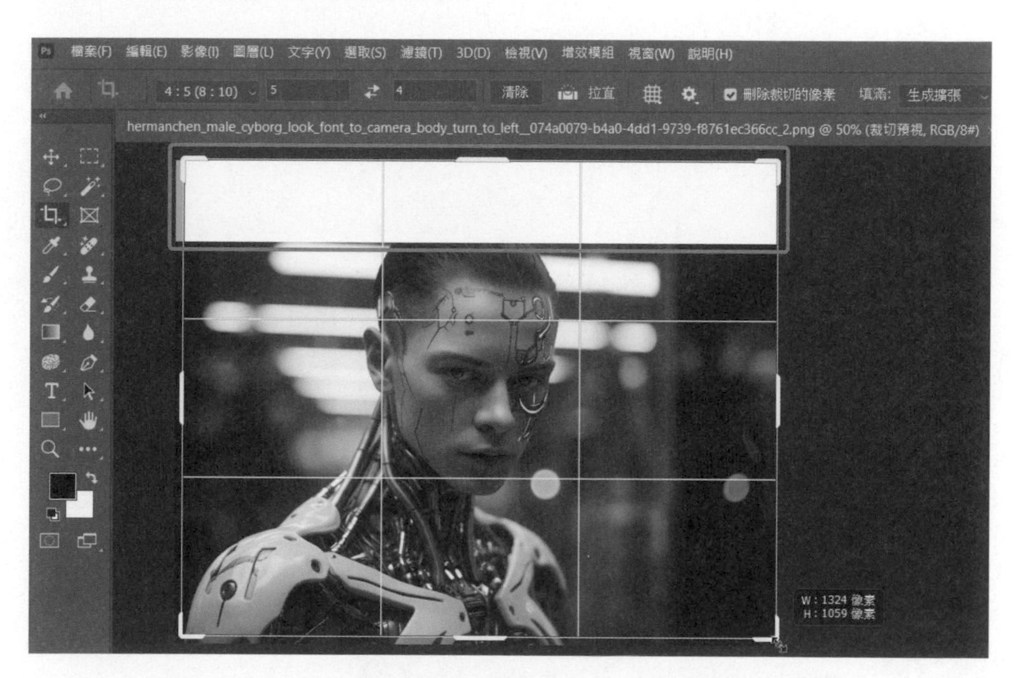

STEP 6 在浮動的生成視窗點擊生圖

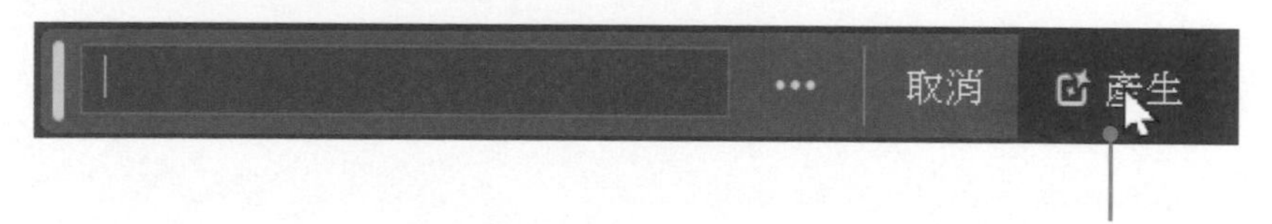

STEP 7 等候雲端生圖運算完成

生成擴張是透過網際網路，由雲端的 Adobe 主機進行 AI 運算，因此請稍候片刻，等待運算完成。

STEP 8 延伸生圖完成

運算完成後，會產生一個新圖層，我們也會看到 Photosop 已經幫我們把構圖的空白部分填滿，並且生成了主角的頭髮。

三選一及重新生圖

當圖片重新構圖後，生成擴張功能會幫我們生成三個略有差異的畫面供我們選擇，我們只要內容面板上點擊這三個縮圖，即可進行選擇，在圖片上也可以看到這三張的差異。

如果這三張仍不符合需求，只要再次點擊「產生」即可請 Photoshop 再重新生圖。

接下頁

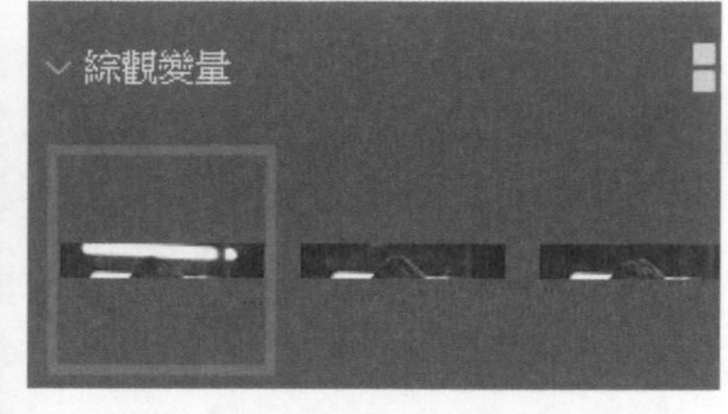

用生成擴張進行傾斜構圖

在攝影構圖學中，適當的傾斜構圖可以增強動態的視覺感受。所以生成擴張一開始，我們在裁切圖片時，也可以把滑鼠放在四個角，然後左右旋轉，讓原來的畫面傾斜出一些角度。

此時角落會出現空白，請放心，Photoshop 仍可以幫我們完美的填補空白。

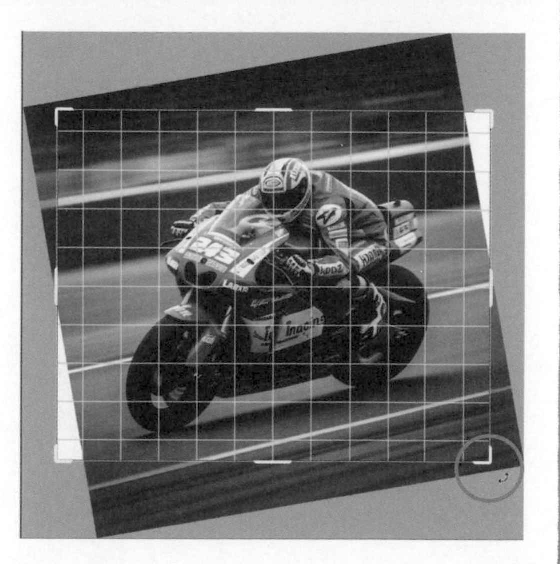

接下頁

▲ 調整前

▲ 調整後

生成填色

剛剛介紹的生成擴張通常運用來處理構圖及版面 / 場景延伸的問題 , 而若要調整畫面中的配角 , 或是其他局部內容不理想問題 , 就要改用生成填色來處理。

從 Photoshop 2024 開始 , 只要我們使用任何選取工具 , 在畫面中建立選區 , 從生成對話框中 , 填入生成的關鍵字 , 即可生成物體。

STEP 1 開啟要處理的圖檔

範例是一位 AI 美女 , 在花園中巧遇花辦雨 , 我們想透過生成填色的功能 , 在手的前方添加一隻蝴蝶。

STEP 2 套索工具

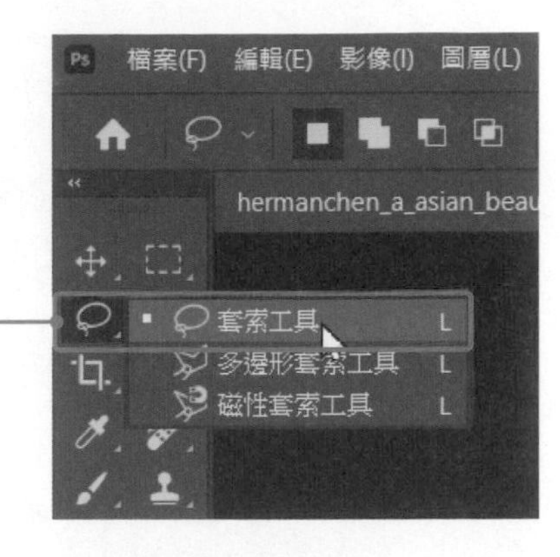

在左方工具箱中，找到套索工具。

STEP 3 畫出生成範圍

在用套索工具在美女的手前方，粗略的畫出一個範圍，作為生成的參考範圍。

STEP 4 輸入生成填色的 Prompt

系統帶出的輸入欄位中，點擊「生成填色」，用中文輸入「蝴蝶」，接著點擊「產生」，靜候系統連網處理。

STEP 5 選擇要採用的生圖內容

完成生圖後，在內容面板中，系統提供了三個出圖成果，我們可以就縮圖來點擊，看看這三個選項的內容，再決定要用哪一個，或是再次重新進行產生。

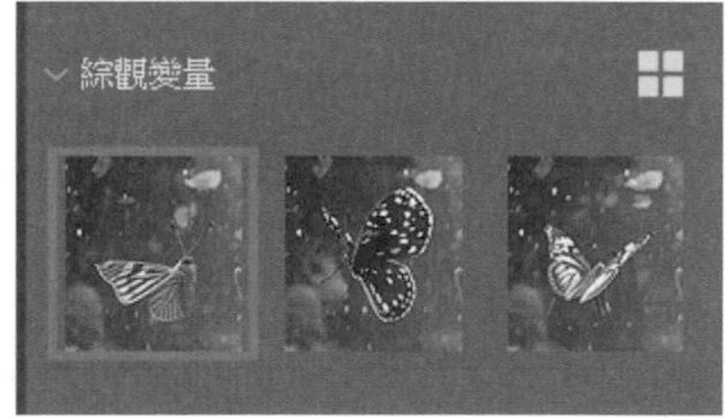

用選區形狀改變生成樣態

使用生成填色時，我們圈選的選區形狀，對於生圖的結果，是不是有影響？答案是肯定的。在 Photoshop 接收到 Prompt 後，會依選區的形狀來生成結果，這邊我們分別以水平的長方形，及垂直的長方形，建立選區。

我們來看一下生成的結果，對照之下，生成的結果是受到選區的影響的。反過來說，我們可以透過選區的形狀，來引導 Phptoshop 生成我們想要的姿勢或樣態。

▲ 直立的選區

▲ 側面只看到單翅的蝴蝶

▲ 水平的選區

▲ 正面雙翅張開的蝴蝶

直接變更 Prompt 改變內容的主題

如果想要改變生成的內容，而沒打算改變選區形狀時，只要直接在內容面板內，對提示欄位重新輸入 Prompt 即可。

在本單元的範例中，我們把蝴蝶改為蜂鳥，接著點擊產生，就生出了新的主題來，並且以圖層的形態追加在原圖之上，方便我們比較，思考哪一個適合我們的圖片，如果短時間內無法決定，只要把圖檔存檔，之後再開啟來比較即可。

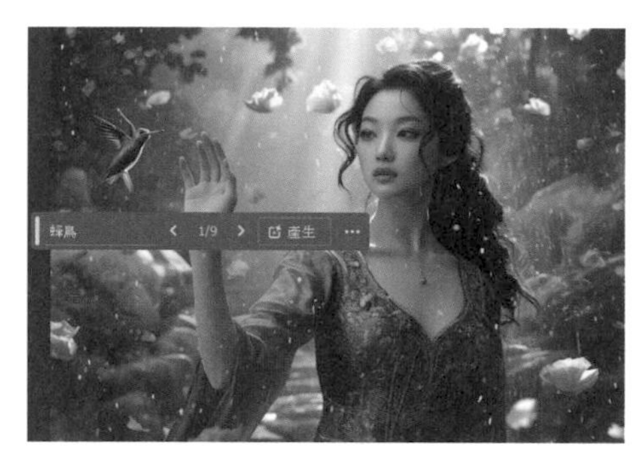

▲ 重新輸入蜂鳥

▲ 生成的結果

用生成填色來改變主角服飾或配件

上個單元，我們是在底圖上，建立選區之後，運用生成填色來新增物件。其實，生成填色也可以用來改變畫面中暨有的物體，比如人物的服裝。

操作過程一樣是建立選區，在圈選的過程，不用太精確，可以用比較粗略的方式圈選，不需要太厲害的技巧，就算是 Ps 初學者也能輕鬆操作，對 Photoshop 來說，寬鬆的範圍意味著更大的揮灑的空間。

STEP 1 開啟要處理的圖檔

範例是一位 AI 美女，在棚拍的環境中，所穿著的服裝是銀灰色的洋裝，我們想透過生成填色的功能，來改變服裝及增加配件。

STEP 2 以套索工具畫出範圍

以套索工具沿著美女的洋裝，粗略的畫出一個範圍，作為生成的參考範圍。

STEP 3 生成白色婚紗

在生成面板中，點擊「生成填色」，並填入「白色婚紗」，點擊「產生」，靜待生圖。

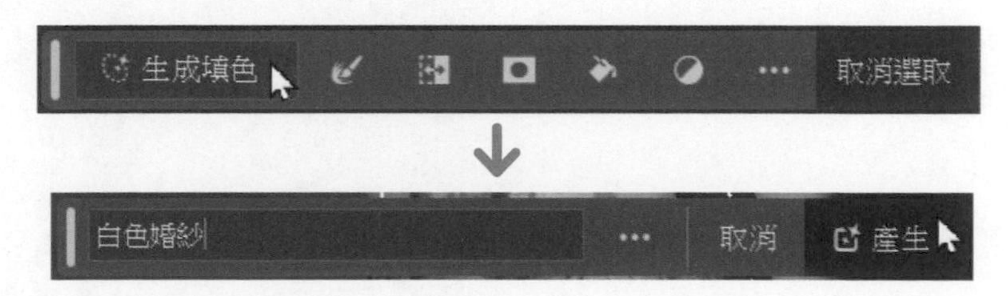

STEP 4 選擇生圖內容

在內容面板中，Photoshop 已經幫我們生成了三種成果，供我們選擇。如果要改變服裝的類型，如「運動服」，只要更改提示欄內的文字即可。

STEP 5 嘗試不同的 Prompt

我們來看一下變更前後的差異，這個工具，是不是很有具威力呢？另外，有后冠的這張，您要不要自己試試看？

要訣：只要在頭部圈出后冠的範圍，再輸入提示即可。

▲加了后冠

背景的更換及綜合練習

在看過前面的單元，大家對 Photoshophap 的 AI 功能應該有所認識了。在實務上，我們大多無法僅透過一個功能來完成作品，而是要結合各項功能來相互輔助。

這邊我們舉個範例，來說明如何靈活運用 Photoshop 的各項功能及 AI 功能，用來變換構圖、更換背景，與修飾局部不理想的地方，並提醒生圖過程可能遇到的問題，如何解決。

STEP 1 開啟要處理的圖檔

範例是一位 AI 美女，在棚拍的環境中，我們預計擴充構圖的範圍，並更換背景。

STEP 2 調整裁切比例

點選裁切工具，選擇 4:5 的裁切比例，如果想要變更長、寬的方向，可以點選二者之間的雙向箭頭符號，就可變更為 5:4，亦可在二個數值框內直接輸入數值。

STEP 3 調整好裁切的範圍

主角在原始構圖中，頭部不完整，所以我們一方面要補出頭頂，一方面打算也生出主角的半身，以符合需要的構圖比例。

STEP 4 自動填補空白處

直接點擊工具列上的勾，並點選生成欄位的產生，讓系統幫我們填補空白處，系統運作後，提供了三個成果選項。

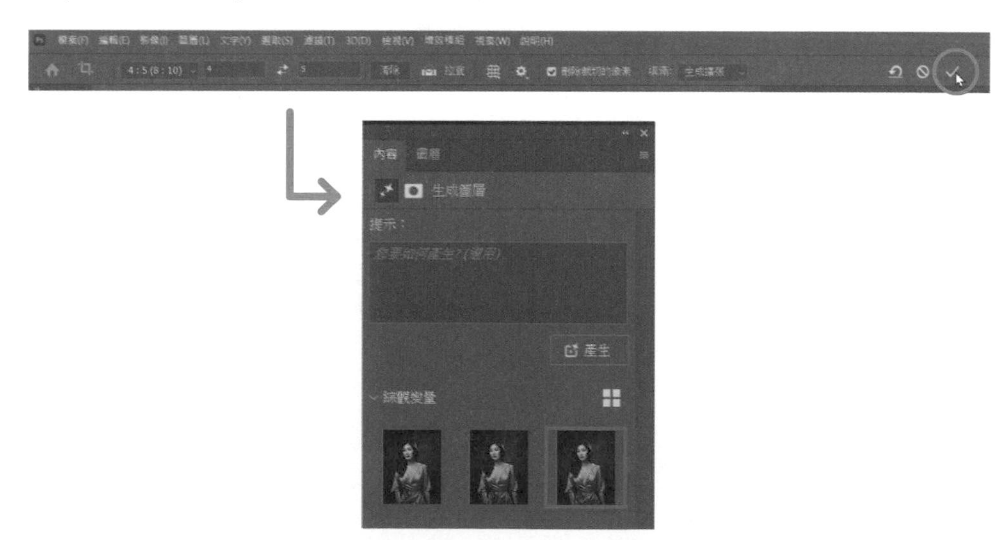

STEP 5 選取主體

由上方選單中，找到「選取」>「主體」。讓 Photoshop 幫我們自動從畫面中選出主體來。

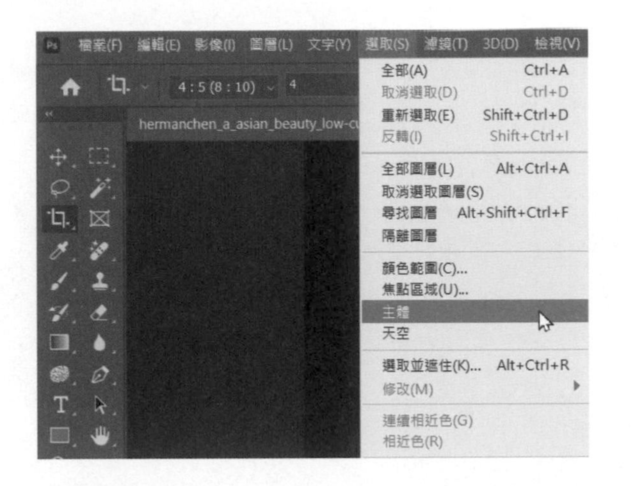

STEP 6 反轉選取範圍

透過上方選單「選取」中的「反轉」，就可以把選取出來的範圍由主體變為背景。

▲ 已選取出主體

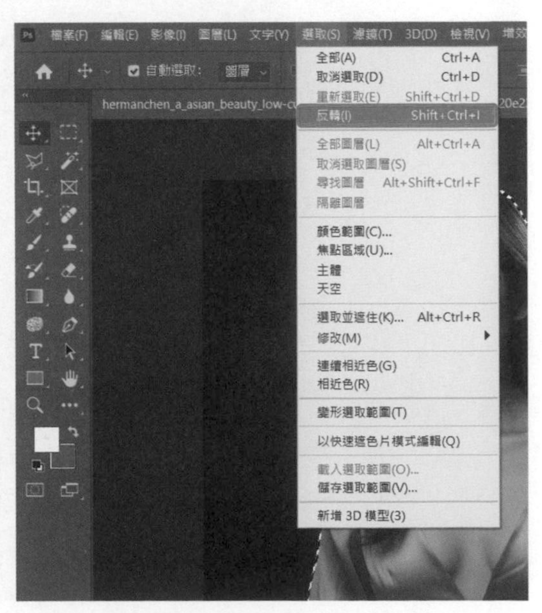

羽化選取範圍

先前在上個步驟選取好範圍後，我們都是直接輸入 Prompt 進行生圖，就可以更換背景。這邊我們會再透過「羽化」，讓主體跟背景更為自然。

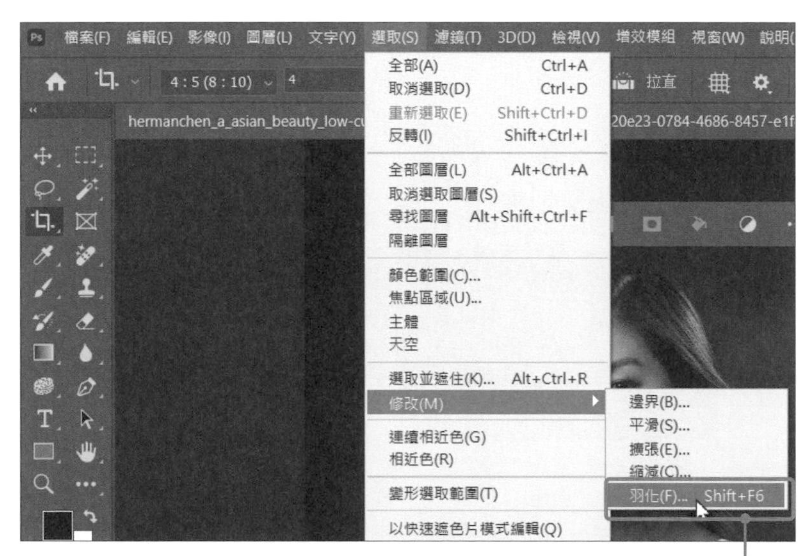

請點擊選單「選取」>「修改」中的「羽化」

輸入羽化的參數，本範例為 2。

STEP 8 生成台北夜景的背景

我們試著來生成背景，點選「生成填色」，輸入「台北街道，夜景」，看看能不能生成一個漂亮的背景。

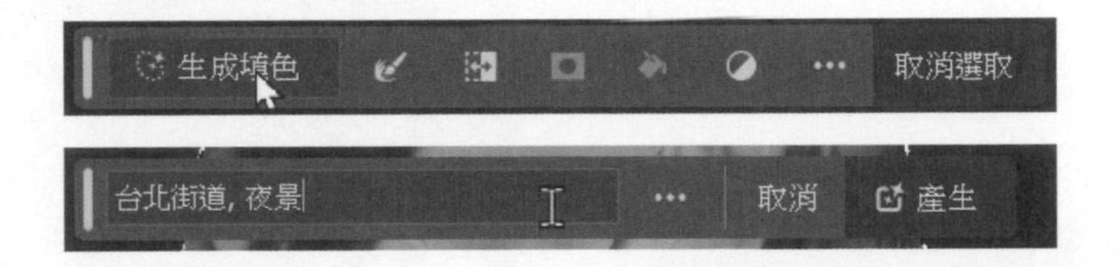

STEP 9 生成結果

果然生成了夜景的背景，效果還算不錯，您覺得呢？

STEP 10 改成倫敦街景

這邊我們修改提示詞為「倫敦，街道，藍調時刻」，Photoshop 的生成背景並不理想，並未呈現藍調的情境。

STEP 11 改用英文 Prompt 重新生圖

雖然 Adobe 宣稱提示詞可以接受 100 種以上的語言，但我們的經驗是，以英文的提示詞來進行是最好的，於是我們修改提示詞為「london, street, blue hour」。

STEP 12 用移除工具清除不自然邊界

仔細看目前的圖片，系統幫主角生出的裙子的部分，有明顯的交接痕跡，我們可以使用「移除工具」讓交界處真實而自然。

STEP 13 合併圖層進行微調

如果點選「移除工具」沒有辦法直接處理，可能是目前畫面有很多圖層結合。建議把所有的圖層合併成單一圖層來處理。請在圖層面板中，點選最上一層。

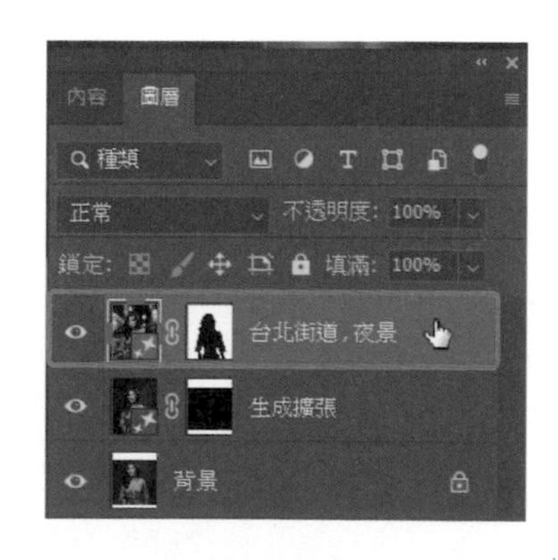

STEP 14
產生新的合併圖層

同時按下三個組合鍵及 E, 也就是 Ctrl + Alt + Shift 及 E；這個快捷鍵稱為「蓋印可見圖層」, 意思是將所有的圖層組合起來, 在上方產生一個新的圖層。

(Mac 系統請按 Command + Option + Shift 及 E)

STEP 15
再次移除不自然邊界

再使用移除工具來刷不自然的交界處, 讓 AI 處理的效果還不錯呢。

已經不著痕跡 ▶

12-3 神經濾鏡的後製應用

其實早在 Photoshop 的 AI 生成功能發表前，已經發布另一個功能也很強大的 Neural Filters（神經濾鏡），屬於 AI 輔助功能的一種，只是在 AI 生成的光芒之下，好像沒有獲得太多關注。

不過某種層面來說，這個功能的實用性更高，而且功能和種類仍在持續進化中，未來後勢發展也不容小覷。本節就介紹幾種神經濾鏡的使用。

化夏景爲冬景 - 風景混合器

本單元要示範神經濾鏡當中的「風景混合器」，來把夏天的風景照變成冬天的風景照。以往在 Photoshop 中，要把夏天的景色變為冬雪的景色，並不是那麼容易，但在風景混合器當中，日轉夜，四季變換，都難不倒它。

開啟要處理的圖檔

範例是一個 AI 所產生夏季峽谷作品。

STEP 2 開啟神經濾鏡功能

在上方選單中「濾鏡」>「Neural Filters(神經濾鏡)。

STEP 3 下載風景混合器

Neural Filters(神經濾鏡) 包含多種濾鏡，有些濾鏡雖然出現在功能表中，但實際並未安裝。在撰稿當下，「風景混合器」就是如此，只有出現項目但尚未安裝，若您的畫面也跟此處一樣，請先點擊「下載」。

STEP 4 展開風景混合器的預設集

完成「下載」後，即可使用。我們可以直接使用「預設集」內的項目，包含白天、夜晚及春夏秋冬等四季功能，我們選擇跟主圖反差比較大的冬天。

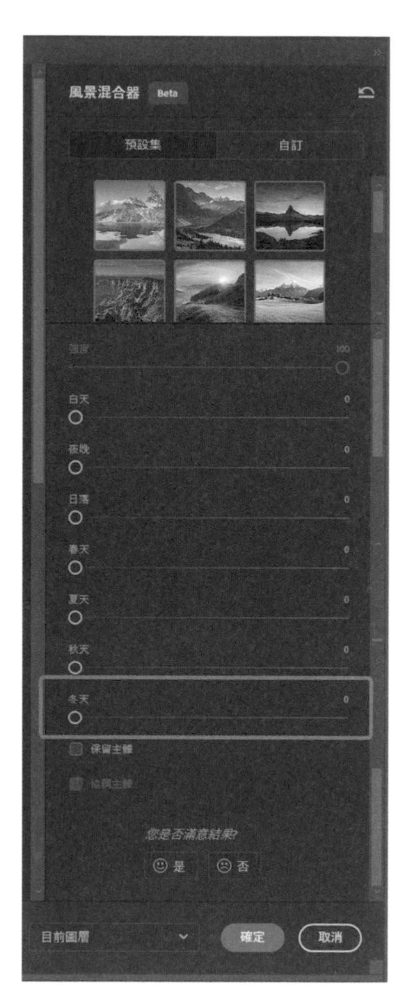

STEP 5 選擇輸出到新圖層

在進行變化成冬天之前，我們先選擇出的成果要輸出至哪兒，建議點選「新圖層」。

STEP 6 調整效果程度

要變化成冬天操作很簡單只要撥動冬天所在的滑桿，將之向右推動即可，推動的幅度，也就是變化成冬天的程度。這兒我們推到 100。

要注意，由於本功能是在本機上運算，會需要大量的 GPU 資源，建議性能不夠好的電腦，不要一下子推到底，以免當機。

STEP 7 完成後的差異比較

◀ 原圖（夏天峽谷）

◀ 變成冬天峽谷

視線的處理

Photoshop 的 Neural Filters, 可以說是 AI 生成功能的前身 , 因此有部分的功能是需要連到雲端主機才發揮作用的 , 像本功能就是。

本單元要介紹的 , 是透過 Neural Filters 當中的「智慧型肖像」功能 , 來改變人物的視線方向。在智慧型肖像功能中 , 不僅可以改變人物的視線方向 , 也可以將更動人物的年齡或髮型、笑容等。

STEP 1 開啟要處理的圖檔

範例是一個 AI 所產生的棚拍的紫外光人像作品。

STEP 2 開啟神經濾鏡功能

選擇上方選單的「濾鏡」>「Neural Filters(神經濾鏡)。

STEP 3 選擇智慧型肖像

Neural Filters (神經濾鏡), 是一套濾鏡系統 , 內有多種濾鏡 , 請選擇其中的「智慧型肖像」。

STEP 4 選擇輸出到新圖層

在進行調整前 , 請在 Neural Filters 區域下方輸出的選項中 , 選擇「新圖層」, 這樣神經濾鏡所產生的新影像 , 會輸出在新圖層上 , 我們可以視個人需要 , 再依 Photoshop 圖層的概念 , 進行更多的操作。

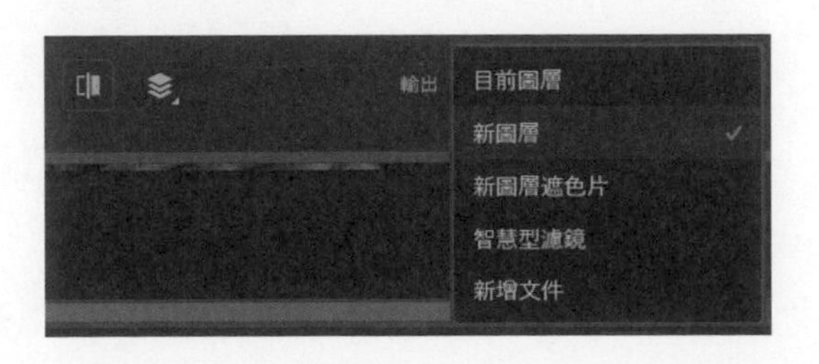

STEP 5 調整視線方向

在智慧型肖像濾鏡內，有快樂、臉部年齡、頭髮厚度及視線方向等不同調整，我們這邊要向左拉曳視線方向的滑桿，讓眼睛向左方調整，如果要讓視線朝向攝影師的右邊，請向右拉曳。

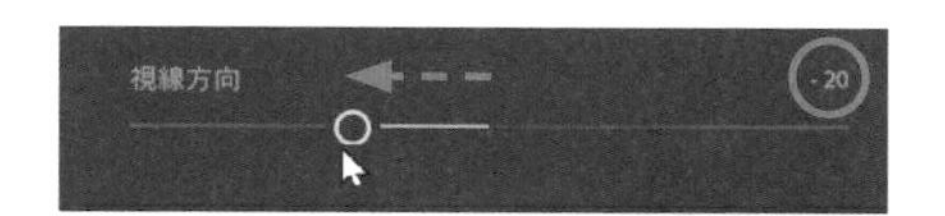

STEP 6 交付雲端生圖運算

在調整的過程，Photoshop 已經把圖檔傳回雲端主機進行運算，如果您調好，只要按下確定即可完成操作。

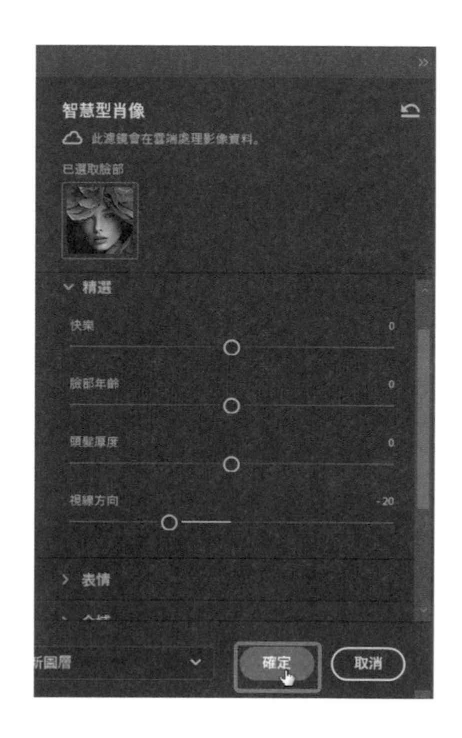

STEP 7 確認新增的圖層

當智慧型肖像完成調整後，回到 Photoshop 平常的操作介面，我們可以看到圖層面板上多了**圖層一**的一個新的圖層，經過 AI 運算調整的視線的圖像，就在這個圖層上。

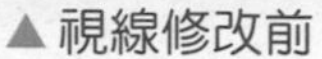

▲視線修改前

▲視線修改後

黑白照片上色

家裡可能有一些黑白老照片，我們可否把它變成彩色的？過去照相業者有提供這樣的服務，現在自己來就可以，如果您手上有 Photoshop，就無需假他人之手，透過神經濾鏡，自己便可以處理，包含瑕疵修復等，而且一切都在雲端處理，不耗費您的電腦資源。

STEP 1 開啟要處理的圖檔

範例是一張在孟加拉實拍的黑白人像作品。

STEP 2 選擇彩色化神經濾鏡

在上方選單中「濾鏡」>「Neural Filters(神經濾鏡)。並選擇其中的「彩色化」

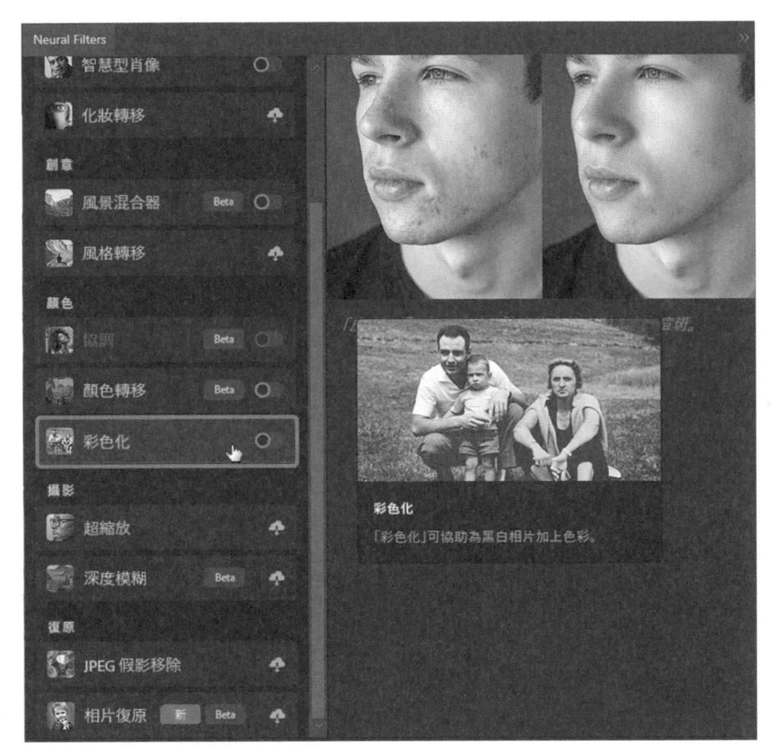

STEP 3 選擇輸出到新圖層

先將 Neural Filters 的輸出選項，選擇為「新圖層」。以方便我們如果有後續處理的需求，可以再運用圖層的各項操作 (如不透明度、遮色片等) 來進一步變化影像。

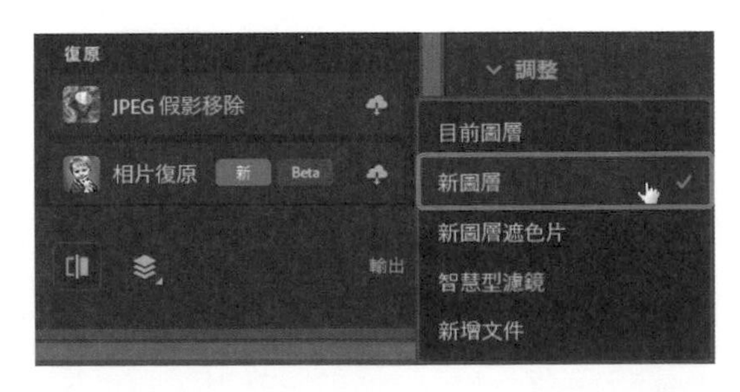

STEP 4
自動上色

勾選「自動彩色影像」，讓 Photoshop 幫我們自動上色，接著點選「確定」，稍候片刻，即可完成黑色照片自動上色。

STEP 5
上色完成

▲黑色影像

▲上色後的影像

12-4 四肢和手指處理

生圖平台 (軟體) 在生成人物的成果，目前最常遇到的就是肢體無法正常生成，像是多二隻手、多一條腿，或是多數隻手指。本章節就是要教大家如何透過 Photoshop 的 AI 功能或是傳統操作，來完美的處理這個問題。

多肢的處理

這隻跳躍的貓多了二肢。我們可以在 AI 平台中，用局部修改的方式來處理，也可以用 Photoshop 的移除工具來處理。

開啟要處理的圖檔

STEP 2 移除工具

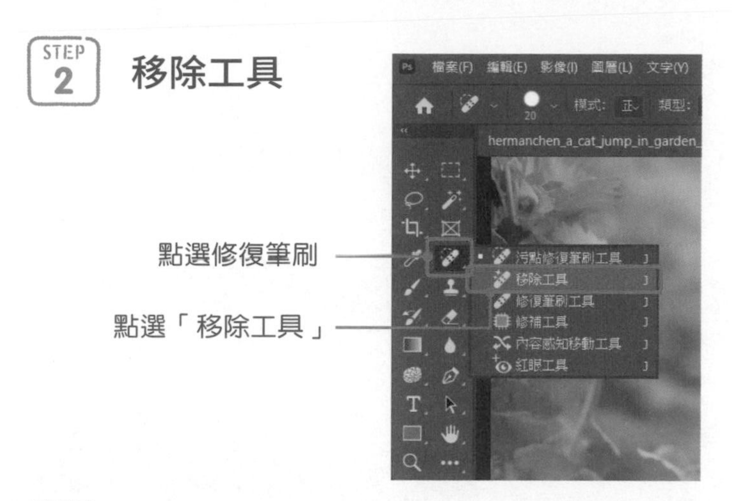

STEP 3 調整筆刷設定

在上方工具設定中，我們可以調整筆刷的大小，以方便劃出要移除的範圍，另，如果移除範圍不大，建議「在每一筆觸後移除」不勾選。

STEP 4 塗抹要移除的範圍

用筆刷放大塗抹要移除的範圍，不必精確，Photoshop 會自行判斷。

STEP 5 交付雲端生圖運算

在上方工具列，點擊勾勾。此時 Photosop 會連網回主機，進行 AI 修圖。處理時間視伺服器忙碌及網速而定。

STEP 6 可重複生圖運算

如果處理的效果，仍不夠完美，再重覆以上步驟，塗抹要處理的局部，讓 Photoshop 再次處理。以經驗來說，複雜的處理，大概需要二到三次的操作，即可有不錯的效果。

STEP 7 修復生圖完成

看來效果還不錯，毛髮的部分十分自然。以往要花很多技巧及時間處理的細節，在 Photoshop AI 功能之下，簡單而快速。

▲修改前

▲修改後

多手指的修圖

在 AI 生成人物時，經常會有多一隻手或腳，或是多手指的情形發生。多手的處理相對單純，我們在前一單元已經跟大家分享，運用 Photoshop 的移除工具即可快速消去。

手指的處理，就有一點麻煩了，要處理到完美，非得使用傳統修圖手法不可，包括選取工具及變形工具。

範例是一張 AI 生成的大理石像作品，大致上看起來還不錯，但美中不足，仔細看在左手的部分多了一隻手指，除了重新生成之外，可以試著手動修圖來改善。在進行修圖之前，我們找了一張姿勢及角度類似的白人女性手掌，作為參照。

對比參照圖及 AI 圖，AI 生成的小指與其他手指不成比例，倒數的二隻手指，也偏長。此處修圖想法是先把最後一隻小指抹去，再將紅框處的四隻手指，重新分配在手掌上，並縮短其中二隻作為無名指及小指。

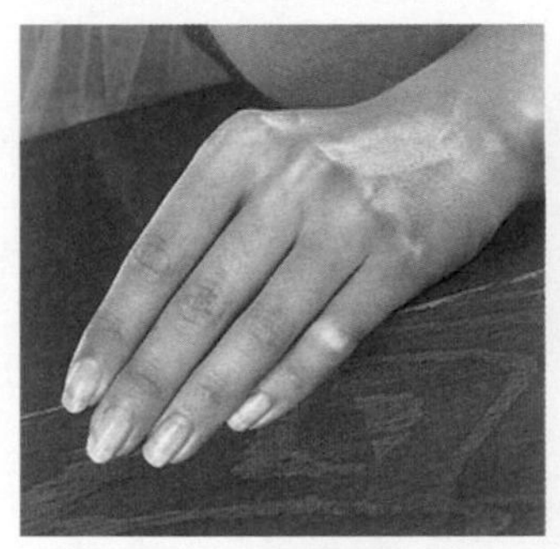

▲參照圖

▲AI 原圖

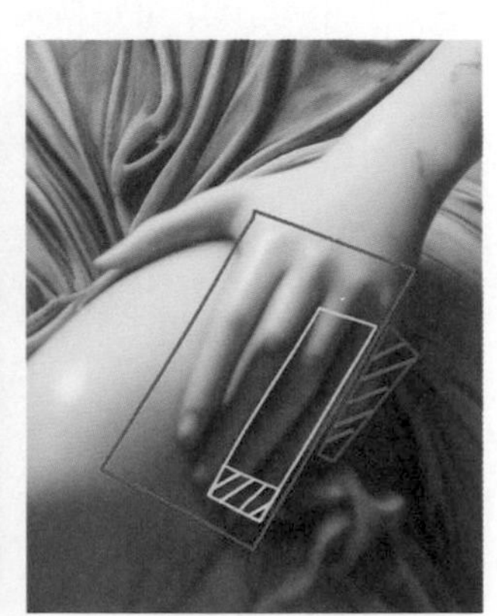

▲修圖示意圖

STEP 1 開啟要處理的圖檔

本範例就是前頁所提及，由 AI 生成的大理石像作品，畫面左下方人像的手指部分，就是我們要調整的區域。

STEP 2 放大畫面，方便精選

以多邊形套索工具，把手指依預想的範圍圈選出來，虎口處不用精細，而手指的末端 則是沿著陰影線來居中選取。

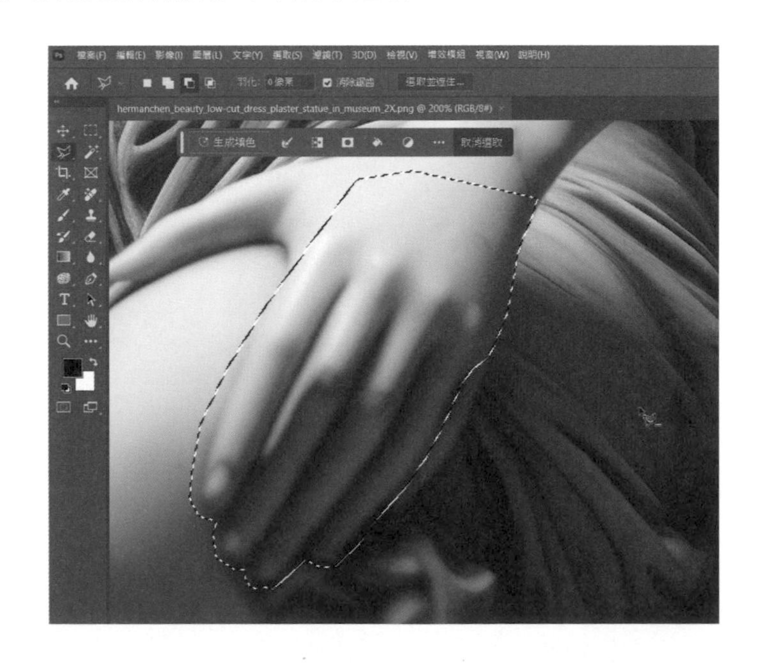

STEP 3 將圈選範圍複製為新圖層

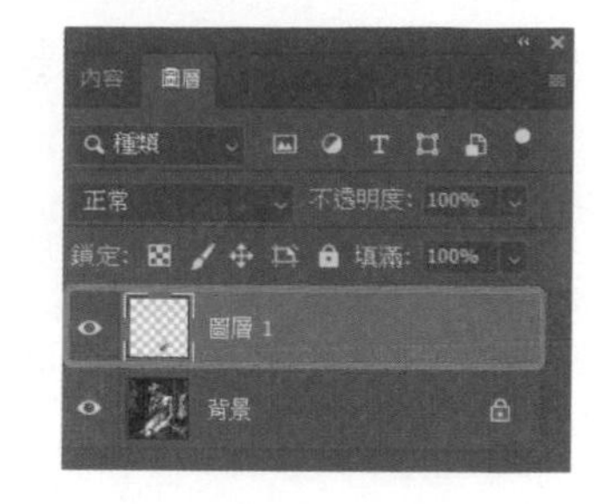

以快捷鍵 Ctrl + J (Mac 系統為 Command + J), 將圈出的手指複製為新的圖層。

STEP 4 開啟變形功能

點擊新圖層，並以快捷鍵 Ctrl + T (Mac 系統為 Command + T), 叫出變形功能，準備對新圖層進行變形。

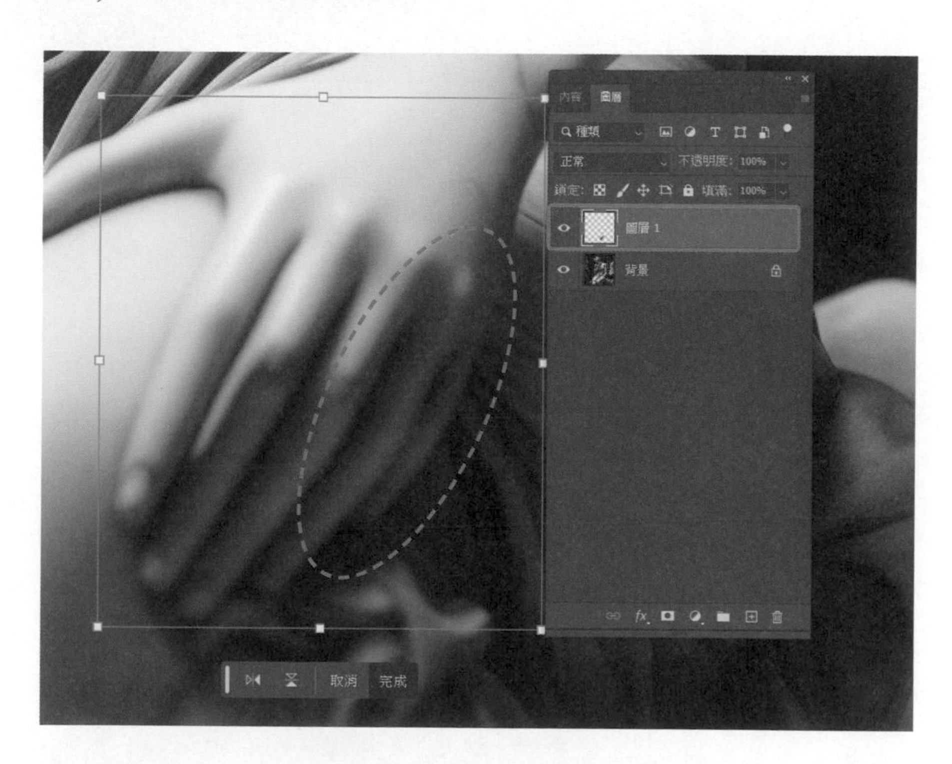

STEP 5 調整控點，覆蓋不要的部位

啟用變形功能後，我們可以透過控制點，對手指進行變形。我們先按住 Shift 鍵，並以滑鼠拖動中間的控制點，將手指拉寬，直到覆蓋掉不要的小指。

STEP 6 查看接縫處是否自然

當手指拉寬，覆蓋掉不要的小指時，手掌處也被拉開形成斷層，此時我們必須再加處理，讓接縫順利接回去。

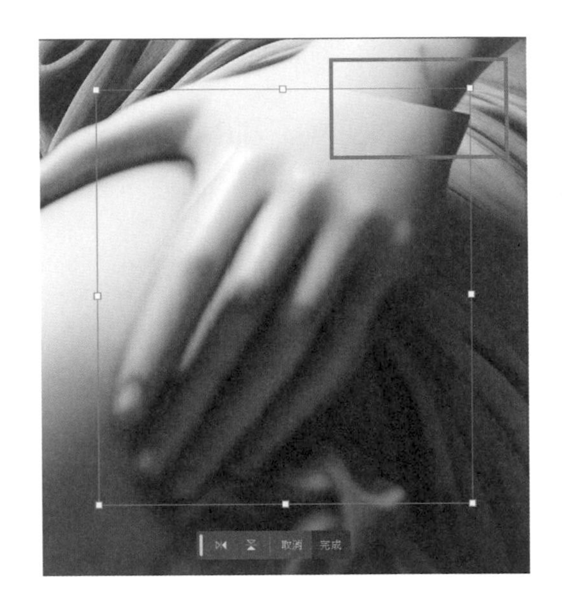

STEP 7 接回斷開處影像

按住 Ctrl 鍵 (Mac 系統為 Command 鍵)，並以滑鼠推動右上角的控制點，將斷開處接回手掌。但，此時又會發現，小指又露出來了。

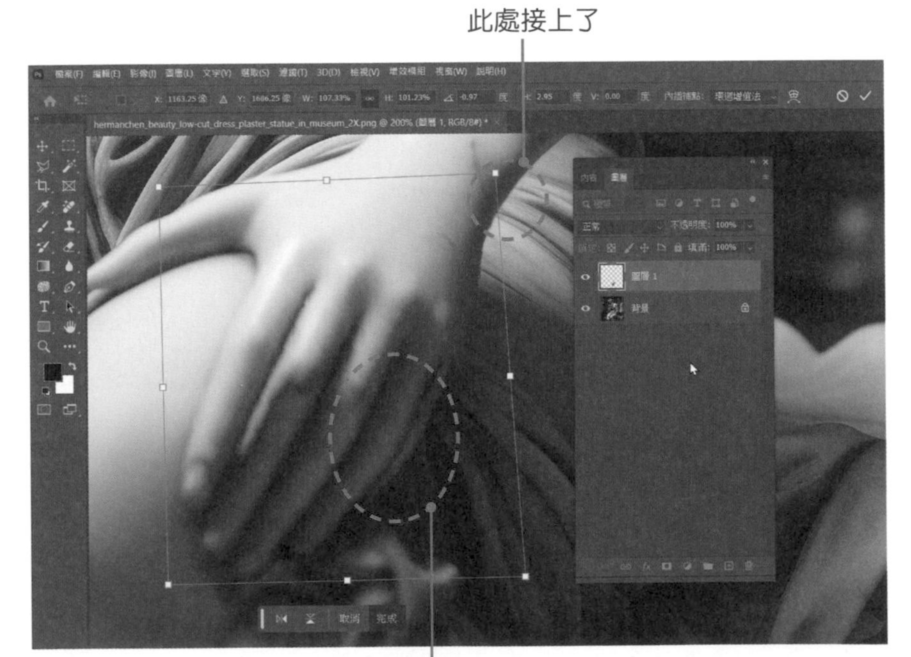

開啟彎曲模式

切換變形功能，進入彎曲模式，來處理這個問題，請先點擊上方選項的這個符號，進入彎曲模式。

重新覆蓋不要部位

在彎曲模式下，以滑鼠按住末指，移動，會發現手指漸漸受控制而變形，直至覆蓋掉小指。

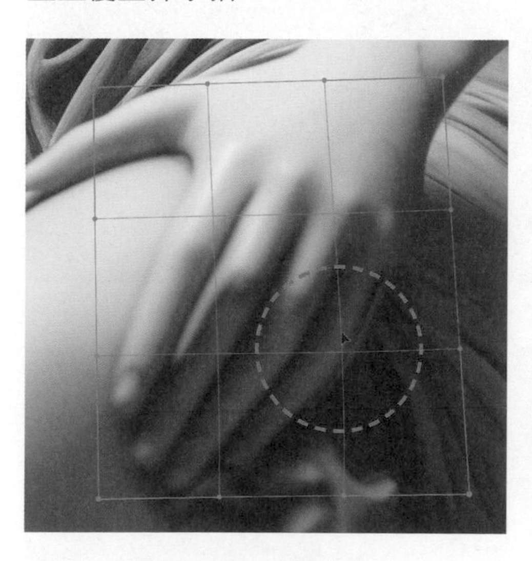

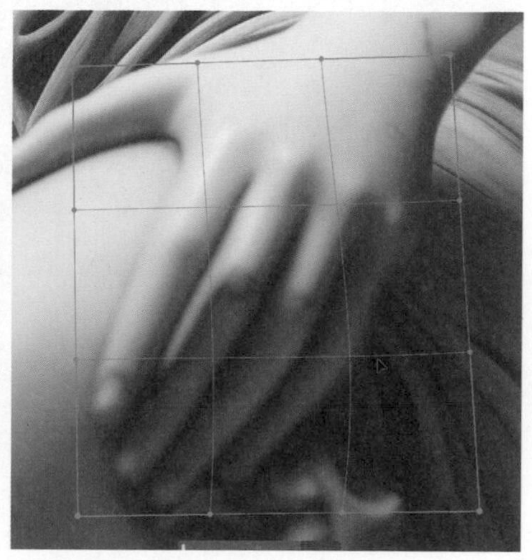

STEP 10

完成變形調整

勾選上方工具列的確認變形，完成變形的操作。接下來，準備修整無名指及小指的比例問題。

STEP 11 多邊形套索工具

使用多邊形套索工具，在**圖層一**，把無名指及小指，參考我們的範例，建立選區。

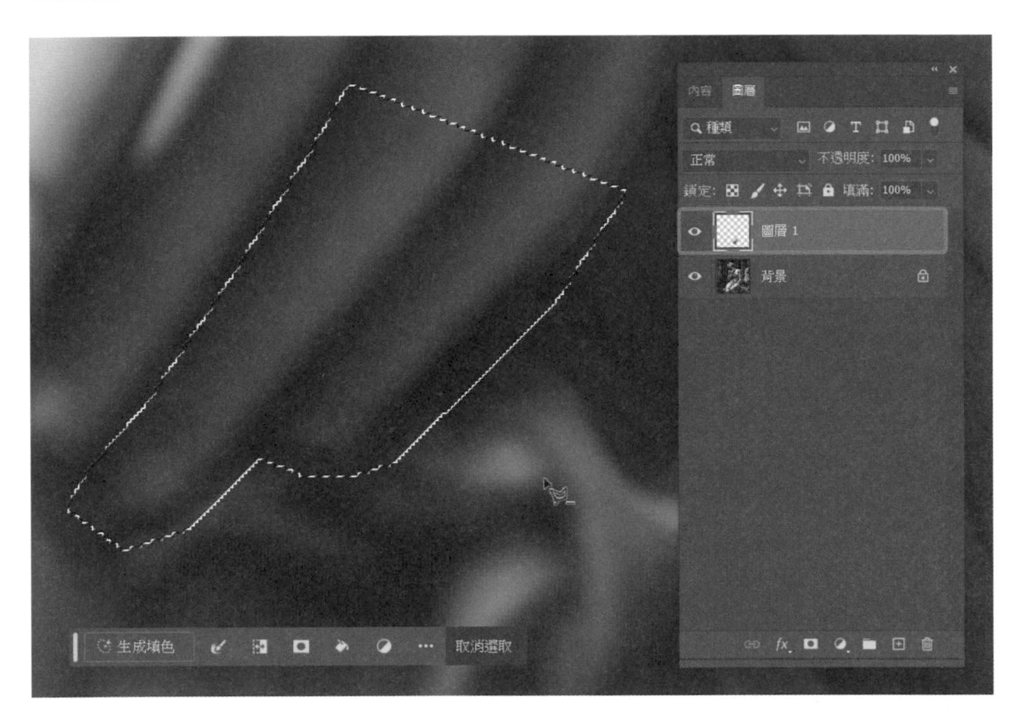

STEP 12 將圈選範圍複製為新圖層

以快捷鍵 Ctrl + J (Mac 系統為 Command + J), 將圈出的手指複製為第二個新的圖層。

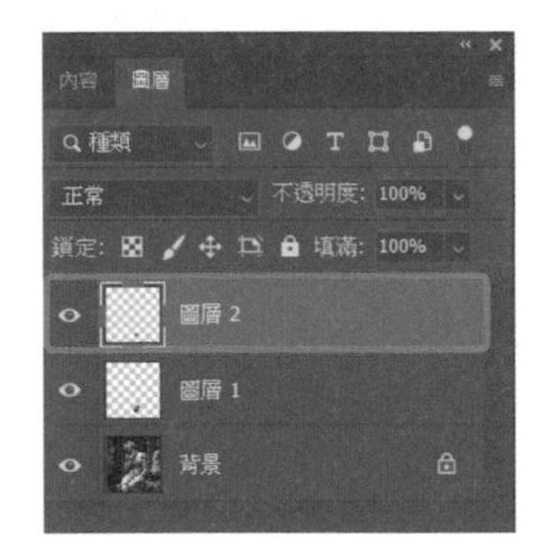

STEP 13 用變形功能縮短影像

點擊新圖，並以快捷鍵 Ctrl + T (Mac 系統為 Command + T), 叫出變形功能，對新的圖層 2 進行變形，用來縮短選出的兩隻手指。

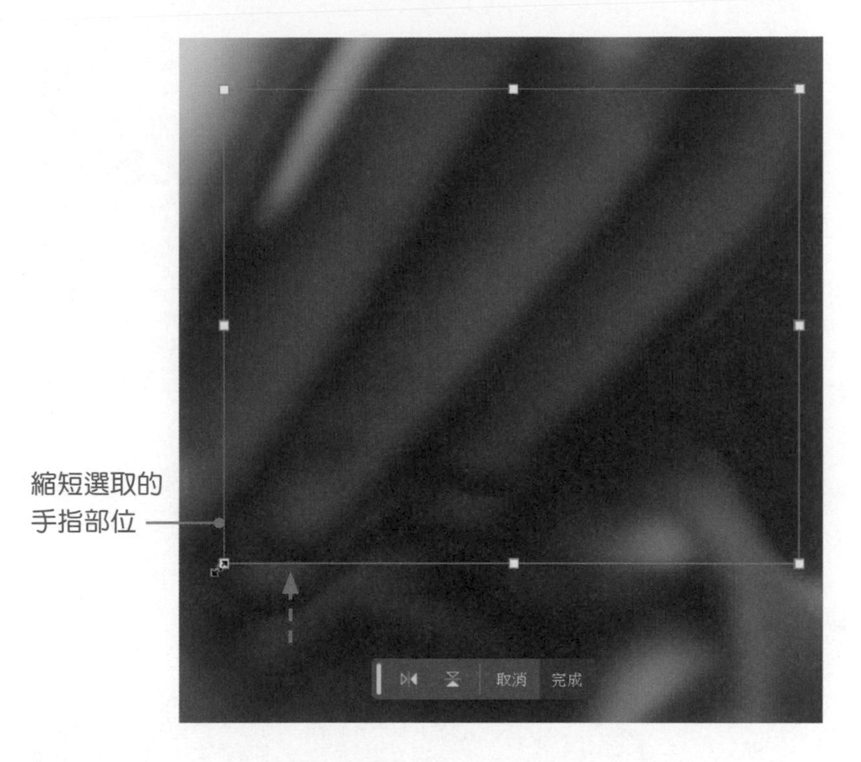

STEP 14 搭配彎曲模式使用

透過滑鼠推動各控制點，把手指縮短。必要時，切換至彎曲模式，來改變曲線。此時一定會露出下方的手指，不用擔心，後續再處理。

STEP 15 合併圖層為新圖層

完成變形後，我們進行蓋印可見圖層的操作，同時按下 Ctrl + Alt + Shift + E，將所有的圖層合併，並在最上方形成新的**圖層 3**。

STEP 16 用塗抹工具處理不自然之處

在**圖層 3** 上，以「消除工具」去塗抹不自然的地方，包含手掌上的交接處，及下方露出的原有手指，讓 AI 幫我們處理這些瑕疵即可。

STEP 17 修復處理完成

▲處理前

▲處理後

此圖為連結杰克艾米立頻道的
QR Code, 將鏡頭拉遠即可掃描

CHAPTER

13

與杰克艾米立一同製作獨特 QR Code

隨著 AI 繪圖的快速發展，相信你在網路上肯定已經看過各種將 QR Code 融入背景的創意圖像。那麼，要如何製作出這些 QR Code 呢？就讓我們跟著杰克艾米立的腳步，一步一步地利用 Stable Diffusion 來製作出獨具風格的 QR Code 吧！

13-1 QR Code 基礎知識介紹

在開始製作前，**我們先來了解一下 QR code 的基礎構造，這樣在製作 QR code 時，才能有邏輯的調整樣本及參數**。首先，我們要先做一個 QR code, 網路上有許多能製作 QR Code 的網站，只要輸入網址即可快速製作出基礎的 QR Code, 甚至可以添加一些簡易的造型，範例如下：

▲ 許多網站能幫助我們快速製作基礎的 QR Code

在上圖中，左邊的為基礎造型，穩定性最佳；另外兩種則是使用傳統的美化方法來添加造型。其中，最右邊這種由於顏色及造型導致有些機器在掃描時無法辨識，以至於無法讀取內容。各位是否曾經好奇研究過，這些 QR Code 是如何運作的呢？讓杰克艾粒為各位簡述一下 QR Code 的基本架構吧！

一個完整的 QR Code 主要包括 4 個部分，分別是**定位點**、**尺規**、**校正點**及**實際內容**。機器在掃描時，會先透過定位點確認畫面中是否存在 QR Code, 然後透過尺規及校正點進一步確認實際內容的位置。接下來，機器會讀取實際內容中每一格的中心點，透過確認灰階值的方式將其轉換成由「黑白兩色」組成的數個格子。各部分功能的詳細解說如下：

- **定位點**：

  定位點的功能，是讓掃描的機器能夠知道這裡有 QR Code, 且不論 QR Code 如何變化，都能讓機器有辦法辨認。「定位點」的要求最為嚴苛，而且每一台機器的尋找方式都不同，經過我們大量的測試，除了最傳統的回字造型之外，其他特殊造型都會導致某些機器無法掃描，所以**不建議將定位點替換為非正方形結構的特殊造型**。

- **尺規及校正點**：

  尺規及校正點的用途是輔助機器掃描 QR Code, 讓機器能夠定位 QR Code 上的每一格資料，進而提升掃描時的準確性。舉例來說，當我們在掃描 QR Code 時，鏡頭肯定會有所偏移，尺規及校正點就能幫助機器一一對齊各資料點位置。其限制較小，可以承受一定程度的資料損失。

- **實際內容**：

  正如其名，**代表 QR Code 中實際要存取的資料，也就是黑白相間的每一格**。機器在讀取內容時，高機率會掃描在每一格中心點向外 1/3 的區域內，並且黑白格子的灰度值判定也有一定的容許值。也就是說，我們可以任意改變中心點外圍的顏色，或是將中心點調整成相應的灰度值，這也是使用 Stable Diffusion 進一步美化 QR Code 的原理。另外，由於 QR Code 存放的資料越多、所佔的格子就越多，製作難度也會相應提升。會建議在開始製作前先對 QR Code 內容進行簡化。這時，使用縮網址就是一個好方法，讓我們對比一下縮網址前後的狀況，如下圖：

杰克艾米立的頻道網址：https://www.youtube.com/@JackEllie

縮網址後的網址：https://reurl.cc/K4A5on

生成的 QR Code 分別如下：

對比前後圖可以發現，放入的資訊越少，QR Code 的造型就會越簡單。另外，QR Code 為了承受一定程度的髒污與破損，在生成 QR Code 的時候可以設置容錯率，容錯率越高可以承受的資料損失就越高，但造型也會變得更為複雜。

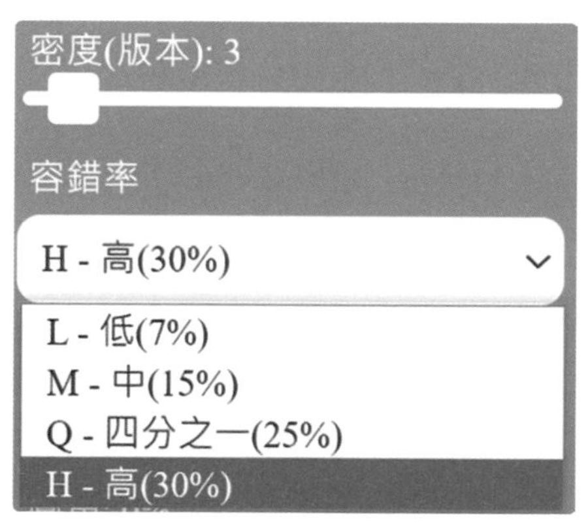

▲ 生成 QR Code 時可以選擇容錯率

了解 QR Code 的基礎原理可以幫助我們在製作獨特藝術風格的 QR Code 時，針對需求進行調整，並提升掃描時的準確度。接下來，就讓我們開始製作吧！

13-2 QR Code 實作

首先，我們需要先製作一個基礎的 QR Code，作為生圖時的控制構圖。然後安裝並使用專用的 ControlNet 模型，經過一步步調整後，即可生成獨樹一格的 QR Code 圖像了！步驟如下：

取得一個基礎 QR Code

許多網站都能一鍵生成 QR Code，杰克使用的範例網站如下：

https://qr.ioi.tw/zh/

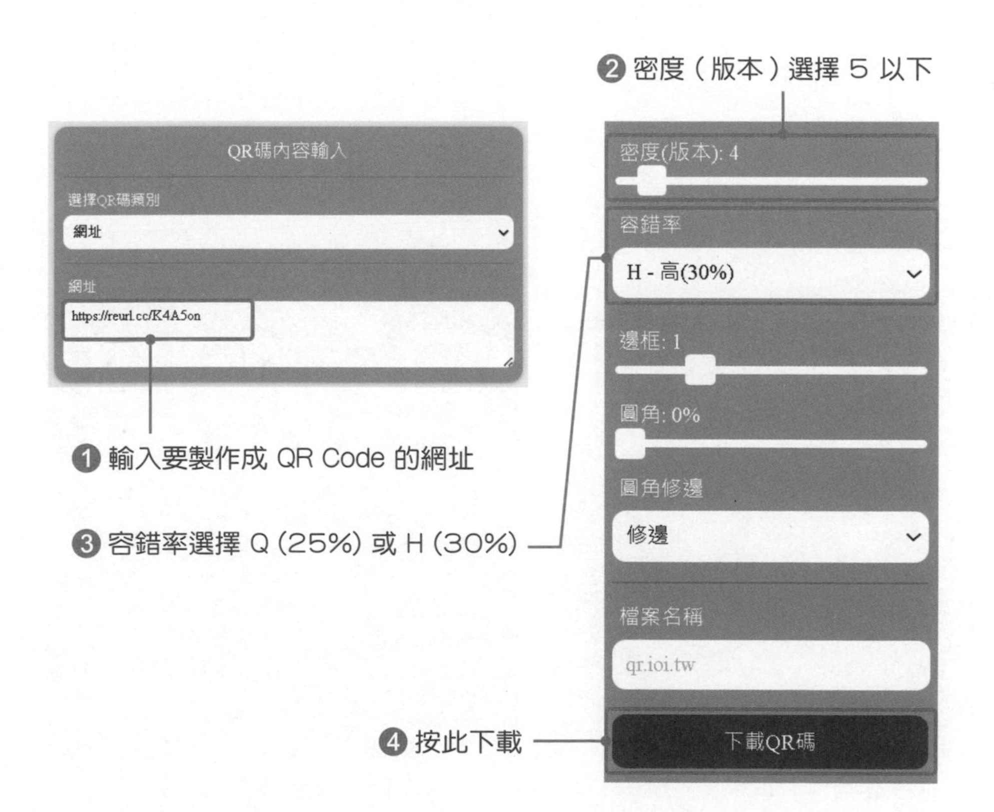

在製作基礎 QR Code 時，需特別注意所設定的「密度（版本）」以及「容錯率」。經我們測試，**密度（版本）建議選擇小於 5；而容錯率至少使用 Q (25%) 以上**。依照以上設定，可以大幅增加機器掃描時的穩定度和準確性。

STEP 2 下載專用的 ControlNet 模型

目前用於製作 QR Code 且有開源的 ControlNet 模型有兩種，一個是由杰克艾粒與頻道裡的朋友一起訓練的 **QR_Bocca**；另一個是由 monster-labs 所訓練的 **QR Code_Monster**。請先透過以下連結來下載製作 QR Code 的專用 ControlNet：

◆ **QR_Bocca**：

https://bit.ly/qr_bocca ←—— 建議下載此模型

◆ **Code_Monster**：

https://bit.ly/qr_monster

就結論來說，QR_Bocca 製作 QR Code 成功率較高，下方為對照圖：

▲左圖為 QR_Bocca、右圖為 QR Code_monster，在同一個模型下的表現

下載完畢後，請將模型放置在 ControlNet 資料夾下：

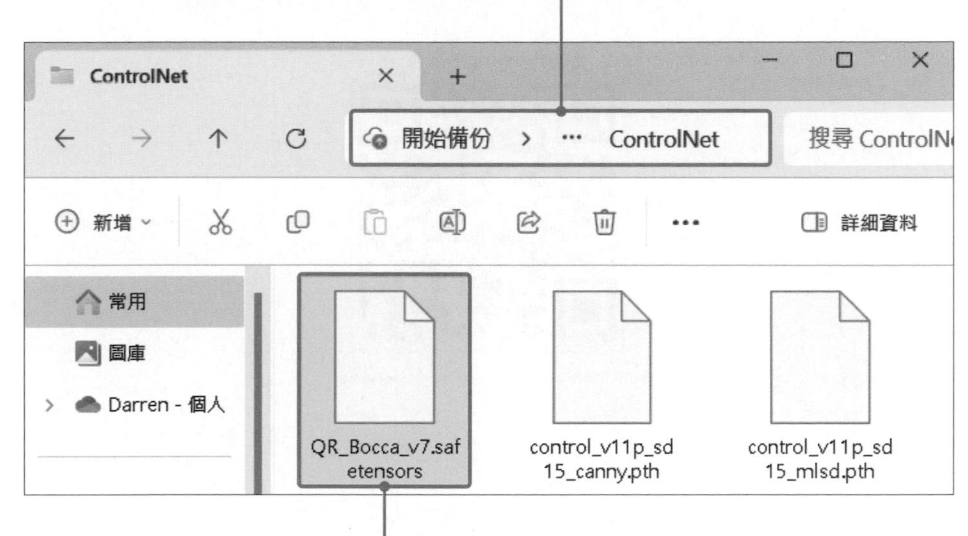

STEP 3 使用 txt2img 進行第一次生圖

接下來就可以打上 Prompt 準備第一次生圖了！Prompt 若能與 QR Code 原圖的構圖接近或相呼應，能夠提升成功率。舉例來說，我們輸入花園、花朵等有較多色彩變換的提詞，如下：

Prompt： `masterpiece, best quality, garden flower, leaf, stone tunnel`

在第一次生成時，使用預設參數即可 (寬高：512 × 512、CFG：7), 生成下方範例圖像：

▲ 第一次生成

不出意外的話，這張完全不能掃描。**因為第一次生圖只是為了獲取滿意的圖像風格及構圖，成功掃描並不是這裡的重點**！接下來，為了讓此圖能夠成功掃描，我們需要在 img2img 中，以這張構圖為基礎製作出成品。

STEP 4 使用 img2img 進行第二次生圖

❶ 點選畫板圖案將圖像送至圖生圖

❹ 放大圖像尺寸至 1.5 倍　❸ 點選 Resize by　❷ 改為僅重新調整大小

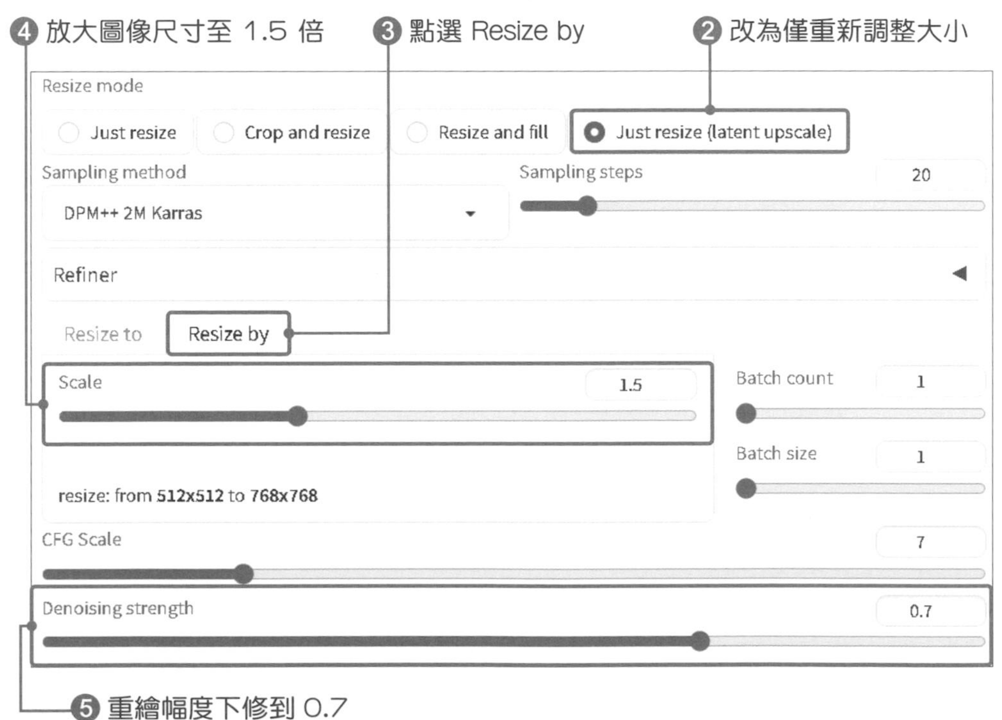

❺ 重繪幅度下修到 0.7

接下來，讓我們同樣啟用 ControlNet 功能，讓 QR Code 能顯示得更明顯：

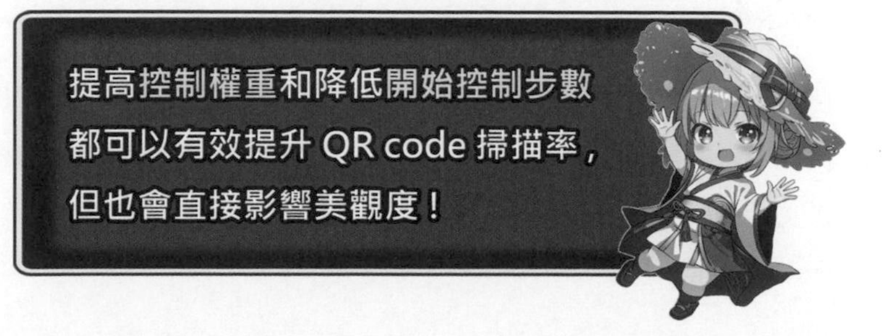

提高控制權重和降低開始控制步數
都可以有效提升 QR code 掃描率，
但也會直接影響美觀度！

都調整完畢後，就可以點擊 **Generate** 重新生成圖像：

再次生成！▶

以下為不同造型的 QR Code 範例，可連結至杰克艾米立的頻道：

13-3 製作 QR Code 時的重點整理

製作 QR Code 是一個 ControlNet 與圖像平衡的挑戰，在控制的起始點、終點和控制權重中取得最佳平衡。前一節製作的步驟為我們經過大量測試後，成功率最高、最容易掃描的生圖方法。以下列出一些在製作 QR Code 時的重點思路：

- **Control Weight (控制權重)**：

  控制權重越高，掃描的成功率就越高，但圖像的美觀程度會下降。換句話說，QR Code 會顯得突兀、很難自然地融入圖像之中。建議在 0.7 ~ 1.5 之間進行測試。

- **Starting & End Control Step (開始與終點控制步數)**：

  開始控制步數越往後調整，模型的想像力就越豐富，但會降低掃描的成功率。一般來說，建議將開始控制步數設定在 0 ~ 0.3 之間測試。

- **Promp (提示詞)**：

  多使用風景與背景相關的提詞如小鎮，花園、山脈等等。

只要融會貫通上述內容後，就能開始搭配其他的 ControlNet 模型 (例如：Openpose) 來生圖了！當你越來越熟練後，不僅能生成像本章大圖一樣的個人 QR Code, 還能達成各式各樣的生圖效果。下圖請拿遠或瞇眼觀看！

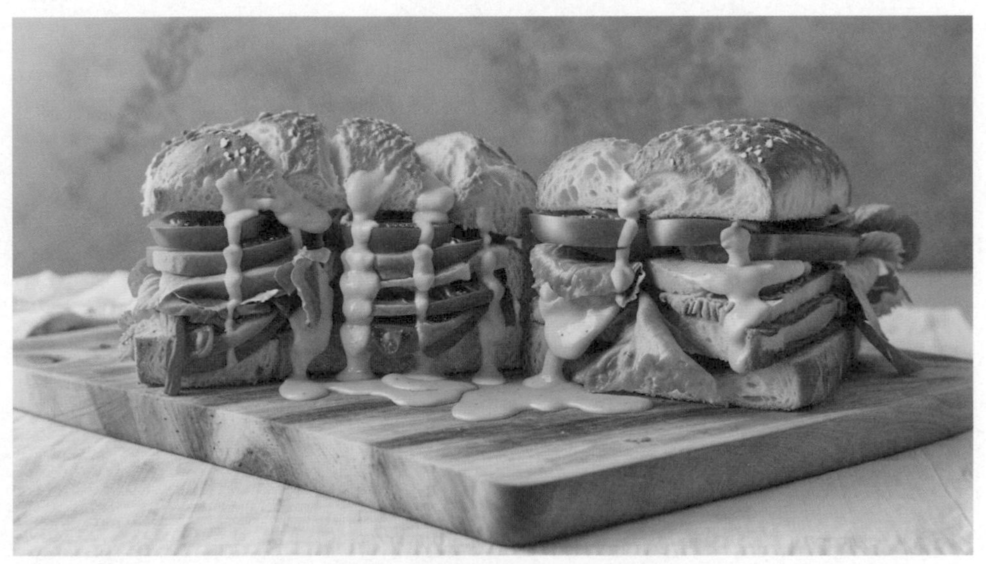

▲ 看得出謝謝大家 4 個字嗎？

CHAPTER

14

自動生成人氣酷炫短影片

在前面章節中，我們主要著重於生成靜態圖像，但在這個影音串流盛行的時代，單純的靜態圖像顯然不夠看了。目前有許多軟體可以幫助我們將靜態圖像添加動態效果。透過這個功能，並搭配前面學過的 Stable Diffusion 技巧，我們能讓歷史人物重現於世！

14-1 名人開講動新聞

D-ID 是一家開發臉部識別技術的 AI 公司，旗下最著名的產品就是可讓使用者輕鬆生成模擬真人影片的 AI 工具。在這一章中，我們會使用歷史人物圖片並進行重繪，然後搭配 ChatGPT 整理最近新聞，最後使用 D-ID 讓歷史人物活過來並報導新聞時事。準備好了嗎？讓我們開始吧。

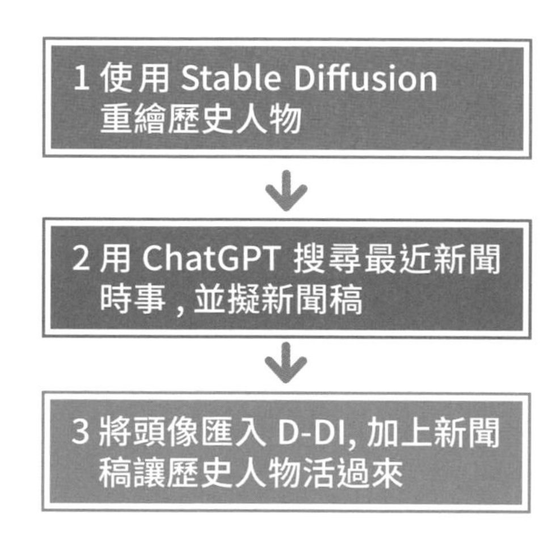

1 使用 Stable Diffusion 重繪歷史人物
2 用 ChatGPT 搜尋最近新聞時事，並擬新聞稿
3 將頭像匯入 D-DI, 加上新聞稿讓歷史人物活過來

創造歷史人物主播頭像

我們在第 11 章中介紹過許多 ControlNet 的模型及使用方法。藉由前面學過的小技巧，**可以使用邊緣檢測的方式來重繪卡通或是歷史人物，讓畫中的人像以現代的技術活過來**。重繪歷史人物的步驟如下：

STEP 1 選擇一張盡量正面的歷史人物畫像

◀請選擇正面、清晰的人物像，在這邊我們選擇使用蒙娜麗莎的畫像，讀者也可以試試看使用其他卡通人物的圖像

STEP 2 製作遮罩圖

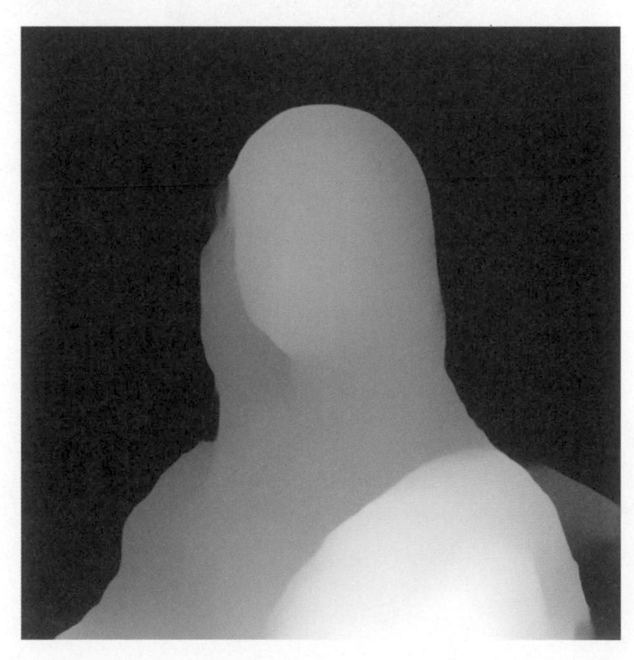

◀請參照第 11 章的方法製作遮罩圖，此遮罩圖為保留背景用

STEP 3 使用 img2img 的 Inpaint upload 功能

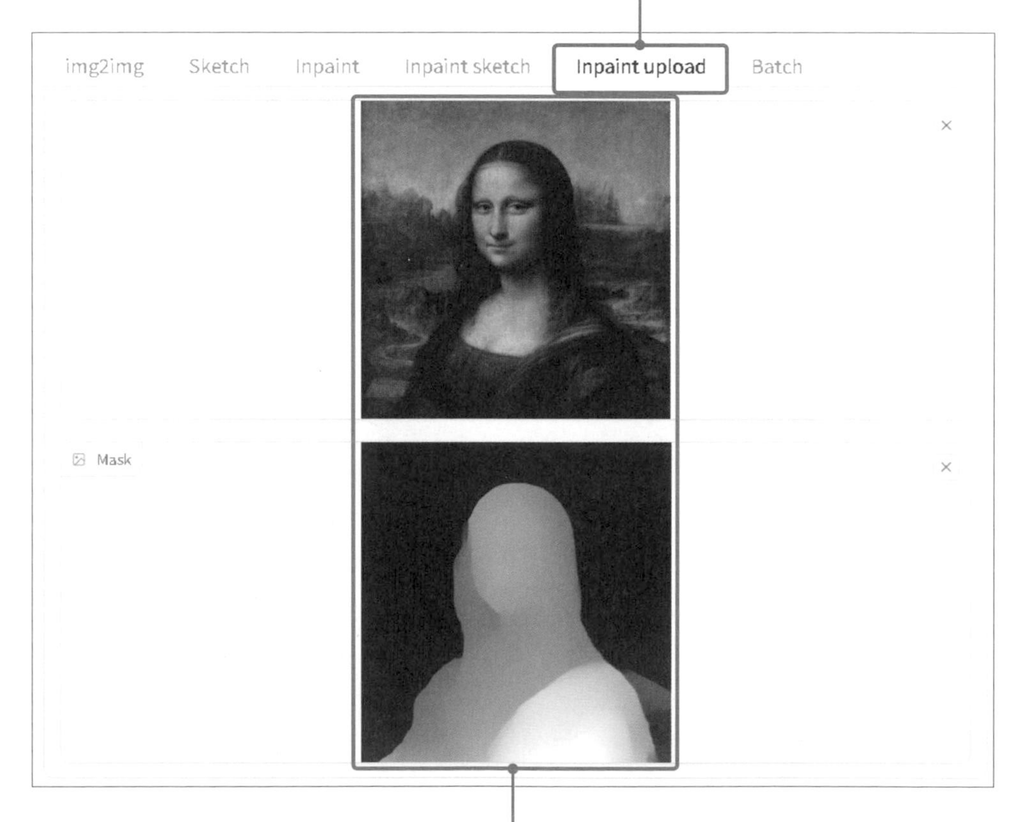

Resize mode

Just resize | Crop and resize | Resize and fill | Just resize (latent upscale)

Mask blur 3

⑤ 選擇 Inpaint masked

Mask mode

Inpaint masked | Inpaint not masked

Masked content

⑥ 選擇 fill

fill | original | latent noise | latent nothing

Inpaint area: Whole picture | Only masked

Only masked padding, pixels 32

Sampling method: DPM++ 2M Karras

Sampling steps 20

Refiner

Resize to | Resize by

⑦ 調整圖像尺寸與原圖相符

Width 512

Height 512

Batch count 1

Batch size 1

CFG Scale 7

⑧ 重繪幅度約調整至 0.7 ~ 0.9

Denoising strength 0.8

STEP 4 搭配 ControlNet 模型來檢測臉部特徵

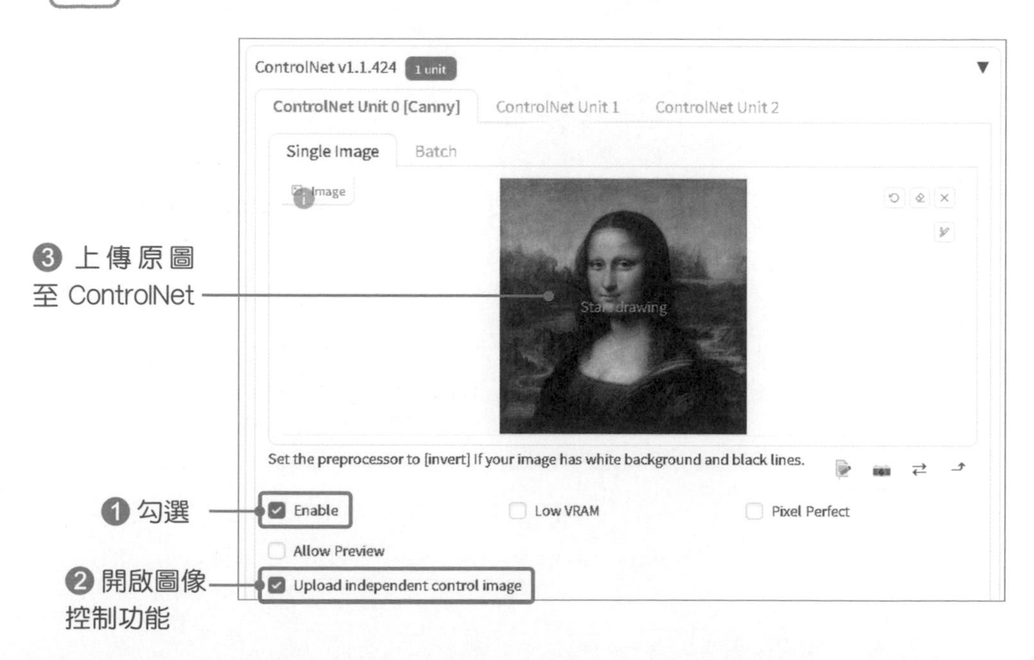

❹ 建議選擇 Canny 或 NormalMap

Control Type
All　Canny　Depth　NormalMap　OpenPose　MLSD　Lineart
SoftEdge　Scribble/Sketch　Segmentation　Shuffle　Tile/Blur
Inpaint　InstructP2P　Reference　Recolor　Revision　T2I-Adapter
IP-Adapter
Preprocessor　Model
canny　control_v11p_sd15_canny [d14c016b]
Control Weight 1　Starting Control Step 0　Ending Control Step 1
Preprocessor Resolution 512
Canny Low Threshold 100
Canny High Threshold 200
Control Mode
Balanced　My prompt is more important　ControlNet is more important
Resize Mode
Just Resize　Crop and Resize　Resize and Fill

❺ Canny 門檻值，可先透過預覽圖來進行微幅調整

❻ 調高 ControlNet 權重

STEP 5 輸入符合歷史人物特徵的 Prompt 並生成圖像

建議將歷史人物的外觀特徵作為 Prompt 來進行輸入。若不清楚要輸入什麼關鍵字的話，我們也可以請我們的好幫手 **ChatGPT**，給予我們該人物外觀的「英文」描述。以下為筆者所輸入的 Promp。

Prompt：

```
a plump woman, long brown hair, slightly high forehead, deep gaze,
smiling mouth,
plump cheeks, well-defined nose bridge, wearing dark clothing, detailed
beautiful face, beautiful white shiny skin, (masterpiece), in the
style of realistic
```

Negative Prompt：

```
eyebrow
```

成果圖：

▲ 我們成功重繪了具現代感的蒙娜麗莎！

用 ChatGPT 擬新聞稿

在這一小節中，我們會讓 ChatGPT 搖身一變為專業主播，搜尋最近發生的新聞時事，並整理成幽默風趣的講稿。而為了讓 ChatGPT 能夠連網搜尋，我們會使用 GPT-4 模型來進行示範。

GPT-4 模型目前只有付費升級 Plus 版本的會員才可使用。若未購買升級會員的讀者，建議可以自行蒐集新聞內容來讓 ChatGPT 整理成講稿，或是使用 WebChatGPT 之類的 Chrome 外掛來開啟連網功能。

STEP 1 登入 ChatGPT 並切換至 GPT-4 模型

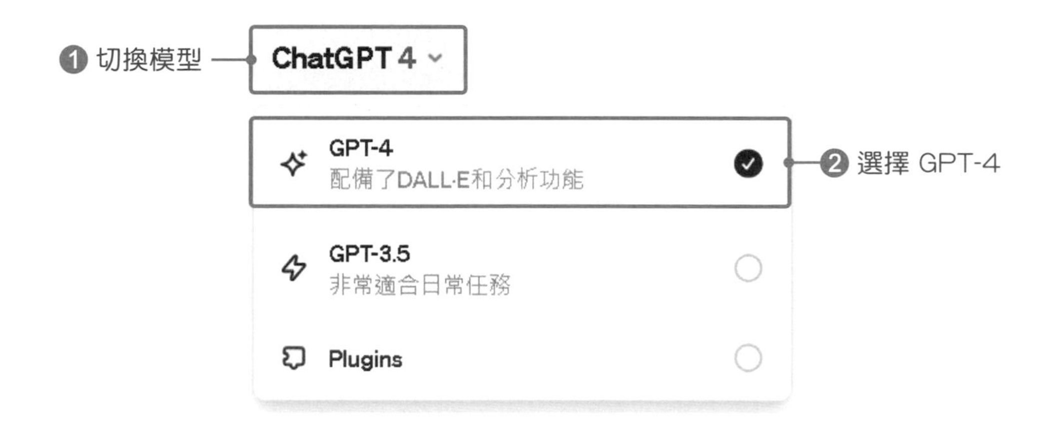

STEP 2 輸入以下 Prompt 至對話框中 (可開啟 CH14- 主播模板.txt 複製貼上)

請搜尋相關資料：**{近期財經新聞}** ← 可自行替換要搜尋的資料

指令：你現在是一位專業主播，請依據網站的搜尋結果，將資料整理、加入主播開場白，並以幽默風趣的方式呈現播報內容。除了播報內容之外，不要加入其他的文字，並以繁體中文回覆。

在此範例中，我們將搜尋資料設定為「近期財經新聞」，ChatGPT 就會搜尋相關資料、統整，並以新聞稿的形式呈現。

ChatGPT

正在搜尋"近期財經新聞"

▲ ChatGPT 會透過 Bing 搜尋功能來查找相關資料

ChatGPT

各位觀眾大家好，歡迎收看今日財經快訊，我是您的主播，為您帶來最新、最熱門的財經消息。今天，我們將來看看台灣及全球的財經動向，準備好了嗎？讓我們開始！

首先，讓我們轉向台灣的財經新聞。最近的一項報告顯示，受房市低迷影響，台灣的土增稅收入達到13年來的最低水平，僅745億元新台幣，比預算少收了306.21億元，成為近21年來的最差記錄。另一方面，台股市值突破60兆新台幣，表現亮眼，在全球排名靠前。同時，ETF市場也表現出色，規模翻了一番 [”]。

另一則值得注意的消息是，美國的消費者物價指數（CPI）在去年12月出現上升，年增長3.4%，為三個月以來的最大漲幅。此外，核心CPI年增3.9%，略有放緩，但通膨仍是個重要議題。這對於即將到來的降息預期產生了影響，美國聯邦準備系統官員表示，現在討論降息還為時過早 [”]。

再來，我們看看國際方面的情況。世界銀行最新的報告指出，全球經濟前景不佳，預計2024年將連續第三年放緩，這五年的成長率將是30年來最差。另一方面，中國的經濟成長受到房地產產業的衰退影響，中國國家主席習近平正致力於轉型國家經濟模式，轉向高附加價值製造業，但這可能會引發新一輪的貿易戰 [”]。

好了，今天的財經快訊就播報到這裡。記得關注我們，為您帶來最新的財經資訊。我是您的主播，下次節目再見！

▲ ChatGPT 統整的新聞稿

用 D-ID 讓頭像動起來

我們已經利用 Stable Diffusion 生成了完美的虛擬主播頭像，也請 ChatGPT 幫我們擬好新聞稿了。現在，最後一步就是要用 D-ID 讓平面人物甦醒過來！

STEP 1 輸入以下網址進入 D-ID 官網

```
https://www.d-id.com/
```

STEP 2 登入或註冊帳號

STEP 3 上傳虛擬主播圖像

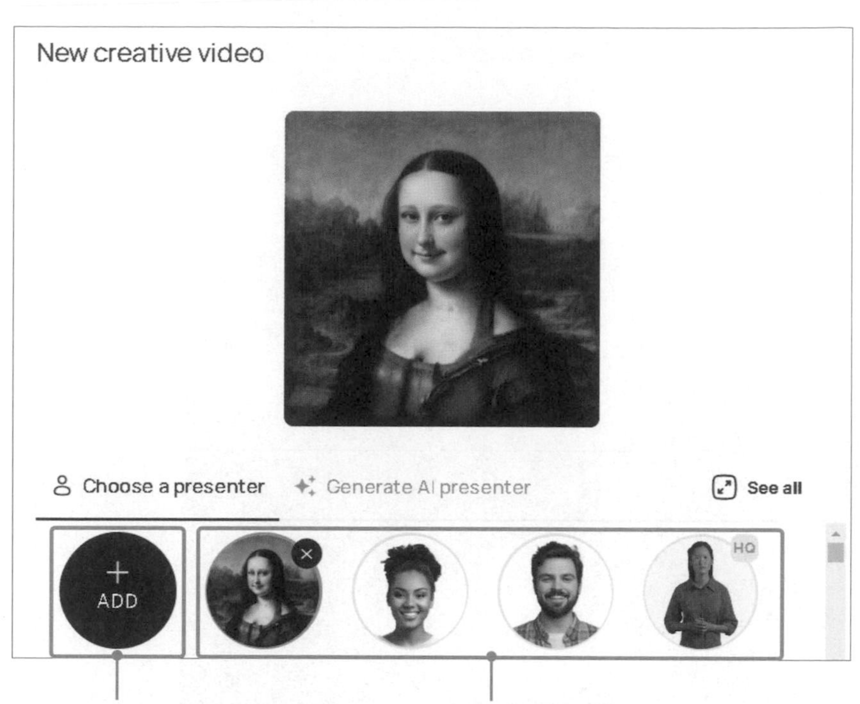

貼上 ChatGPT 新聞稿並微調

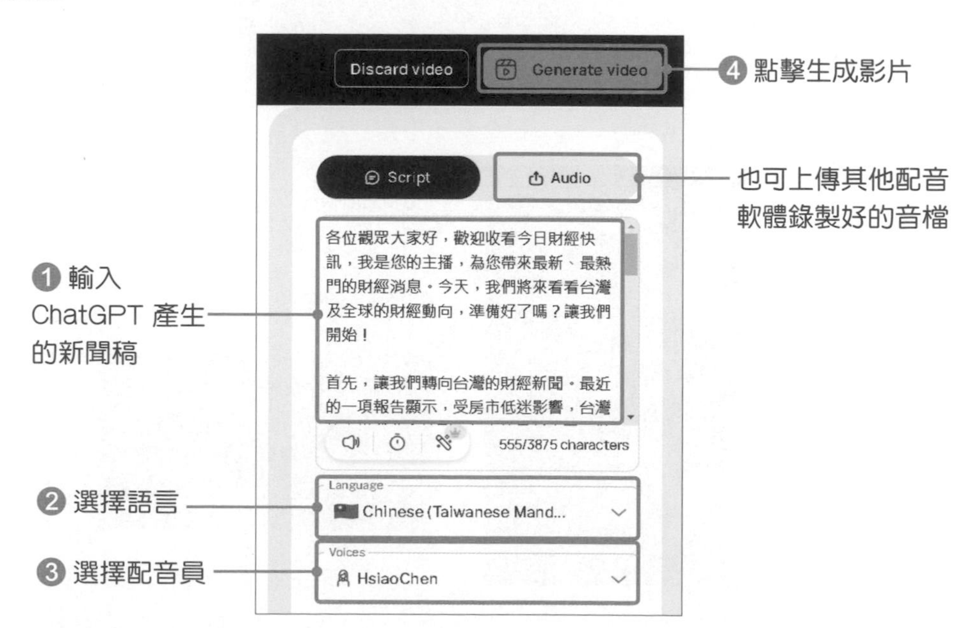

STEP 5

讓虛擬主播開口說話吧！

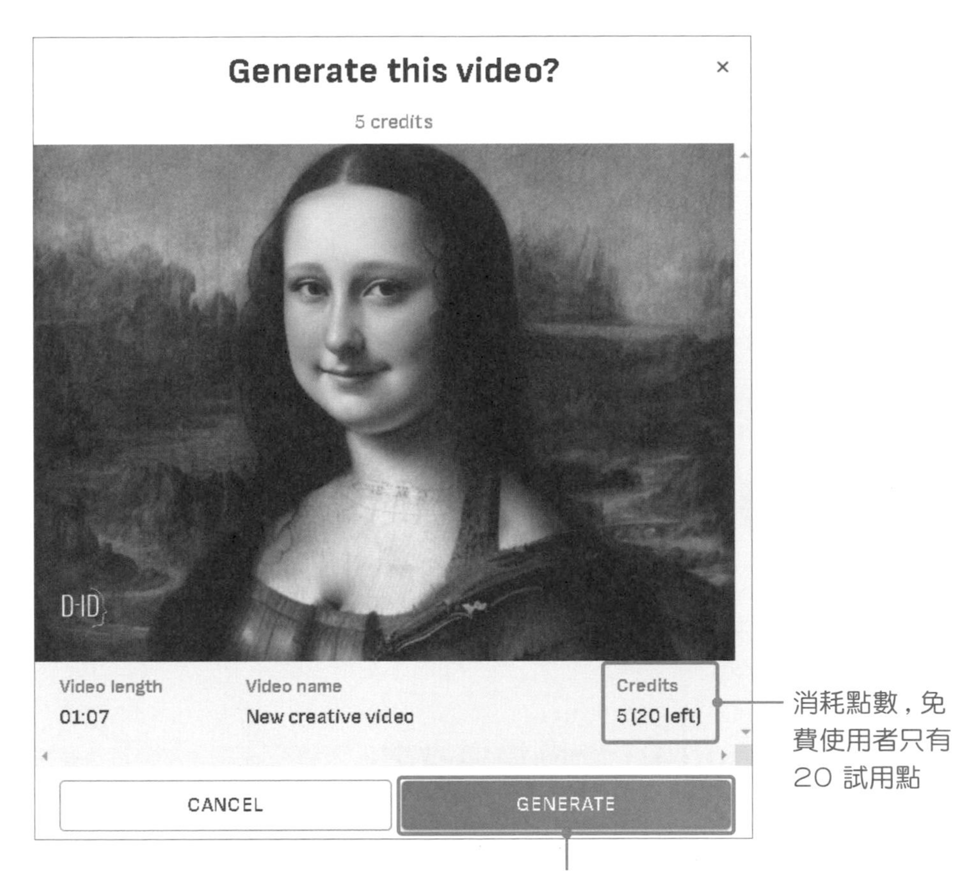

消耗點數，免費使用者只有 20 試用點

❶ 點擊生成影片

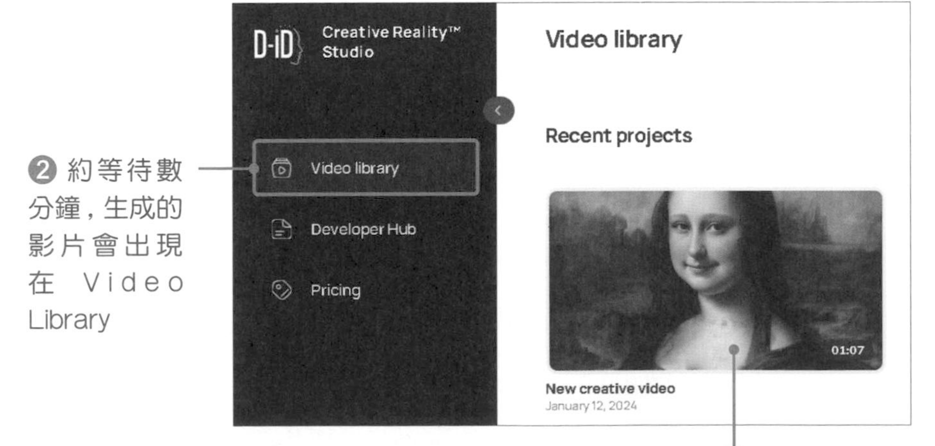

❷ 約等待數分鐘，生成的影片會出現在 Video Library

❸ 點擊即可撥放影片

大功告成，不到幾分鐘的時間，我們就能請一位歷史人物來播報新聞！但要注意的是，試用版本無法作為商業用途，且試用點數只有 20 點，非常有限。這支 1 分鐘的影片大約花費了 5 點 (1 點約 15 秒)，若要繼續使用的話，創建一支 10 分鐘的影片約會花費 6 美元。

其他 AI 動圖軟體

除了 D-ID 之外，還有許多 AI 動圖軟體，如 HeyGen、LeiaPIX 或 Kaiber 等，這些軟體可以幫助我們將靜態的圖像動起來，甚至可以製作 MV 或短影片。

而 Stable Diffusion 也有讓人物開口說話的免費外掛－ **SadTalker**，但在設置上比較繁瑣。除了要安裝外掛之外，還要另外安裝模型及音訊軟體，且要自行準備好音檔。在本書中我們就不贅述了，有興趣的讀者可以自己試用看看！

LeiaPIX 網址：https://convert.leiapix.com/

Kaiber 網址：https://www.kaiber.ai/

14-2 打造令人驚艷的圖生圖動畫

閱讀到這邊的讀者，肯定已經能夠善用 Stable Diffusion 的圖生圖功能了！大部份的人都知道，動畫就是由很多圖像串接起來的，但不知道您有沒有思考過：**如果把一堆圖生圖串接起來，並製成動畫會呈現出怎樣的效果呢？**話不多說，直接讓我們來看看吧！

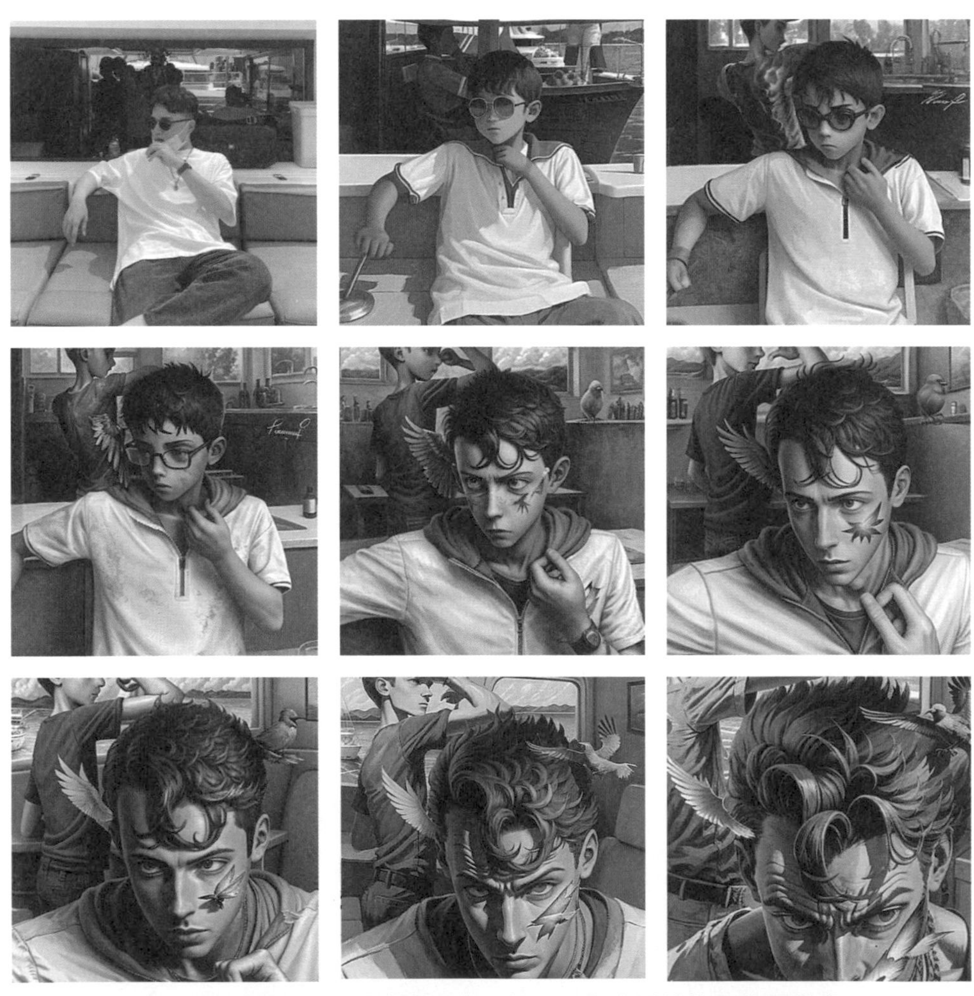

▲ 只要描述關鍵場景的提示詞，就可以生成酷炫的圖生圖動畫

使用 Deforum 外掛來製作動畫

1 秒鐘動畫動輒需要數十張圖像，要生成幾張才能有生動的效果啊？不用擔心！我們其實並不需要一張一張慢慢地生成圖像，也不用自己手動拼接。只要使用 Stable Diffusion 的 Deforum 外掛，一鍵即可輕鬆生成動畫。詳細步驟如下：

STEP 1 安裝 Deforum

若是使用 RunDiffusion 的讀者，預設已經安裝好 Deforum 外掛了。而在本機安裝的讀者，一樣要進入 Extensions 標籤頁並透過 URL 來進行下載安裝。

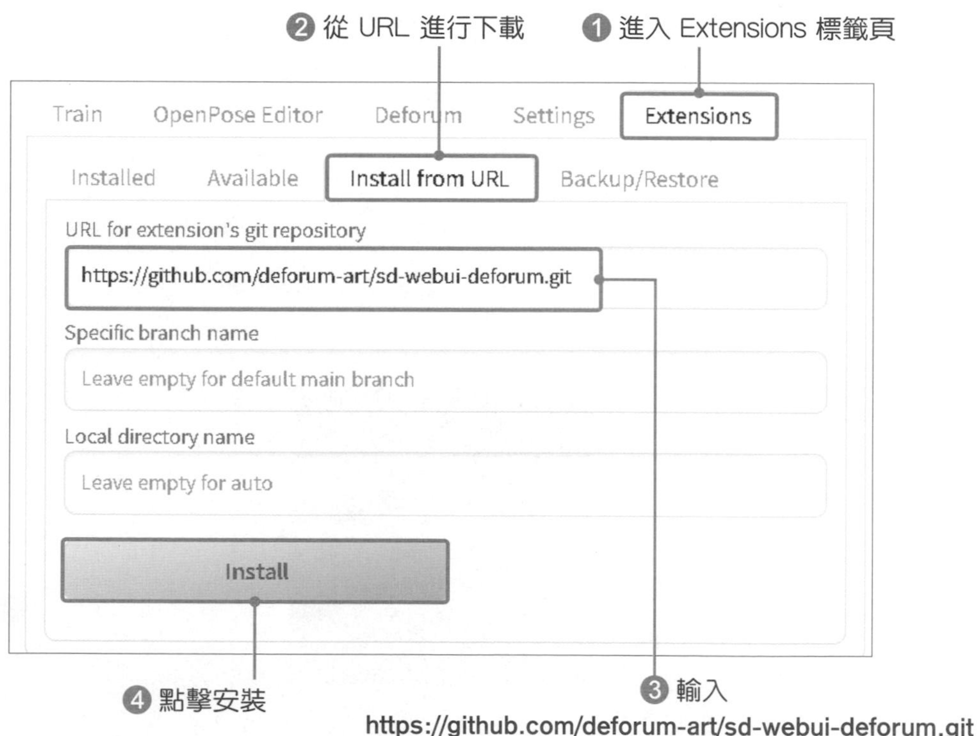

安裝完成後。接下來更新 WebUI 介面或重新啟動，就可以看到 Deforum 標籤了。

STEP 2 上傳起始圖

❶ 選擇使用模型
Stable Diffusion checkpoint
revAnimated_v122.safetensors [4199bcdd14]
txt2img
img2img
Extras
PNG Info
Checkpoint Merger
Train
OpenPose Editor
Deforum
Settings
Extensions
❷ 點擊 Deforum 標籤

❹ 啟用 init 功能
❸ 調整起始設定
Run
Keyframes
Prompts
Init
ControlNet
Hybrid Video
Output
Image Init
Video Init
Mask Init
Parseq
Use init
Strength 0 no init
Strength
0.8
the inverse of denoise; lower values alter the init image more (high denoise); higher values alter it less (low denoise)
Init image URL
Use web address or local path. Note: if the image box below is used then this field is ignored.
https://deforum.github.io/a1/I1.png
Init image box
❺ 點擊來上傳原圖（此圖為圖生圖的起始圖，讀者可以上傳自己的相片）
上傳後的原圖會出現在這

STEP 3 功能區選項調整

在這個部分，我們會挑出幾個比較**重要且必須要進行的調整**來進行詳細說明。

- **Run 功能區：**

採樣步數建議設置 20 ~ 25

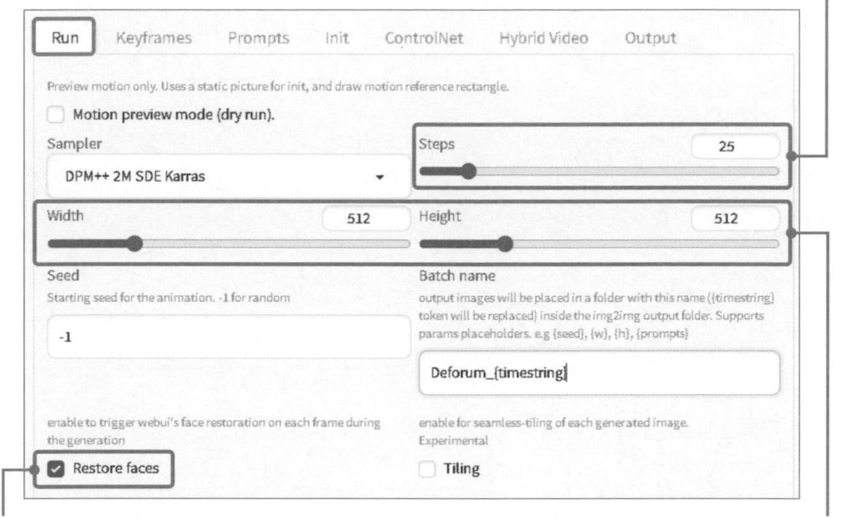

臉部修正，但開啟會增加算圖時間

圖像尺寸建議調整至原圖相符

- **Keyframes 功能區：**

重要！最大幀數，會影響影片的秒數

選擇 3D，才可以移動 3 維的相機視角

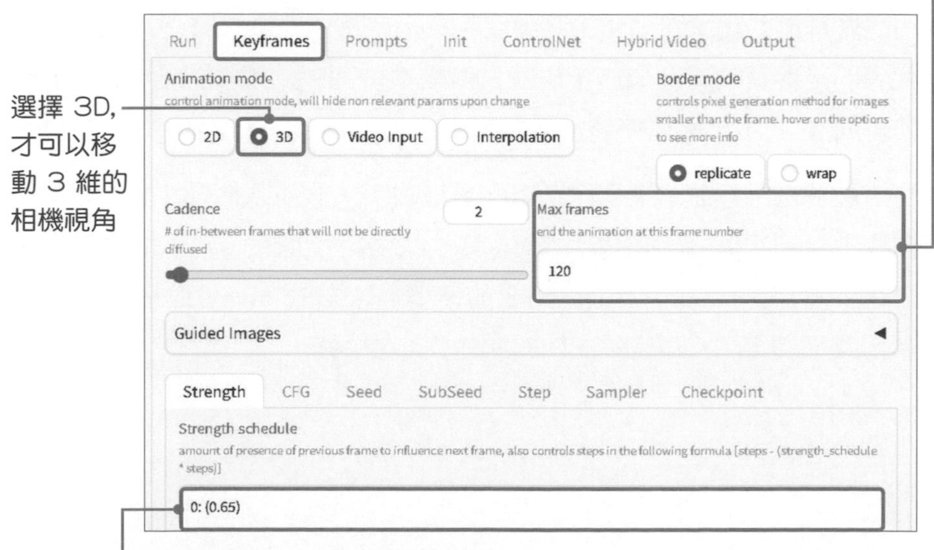

圖生圖的權重，建議依照預設即可

影片長度設定

生成的影片長度是由**最大幀數**及**每秒幀數 (FPS)** 來決定的。舉例來說，如果最大幀數設置為 120, 每秒幀數設置為 15, 影片的長度則為 120 / 15 = 8 (秒)。其中，每秒幀數可在 Output 功能區中進行設定。

- **鏡頭移動**：

在 Keyframes 的功能區塊下方，可以找到一個名為 **Motion** 的選項。這裡可以調整影片中的**鏡頭移動**和**旋轉角度**。在指定格式「0：(0)」中，第一個數字代表的是影片的畫面順序 (也就是第幾幀), 而第二個數字則代表鏡頭的移動速度 (0 表示相機保持靜止不動)。

為了簡單理解這個概念，讓我們舉個例子來說明。假設我們在平移 X 軸的設定欄位中輸入「**0:(0), 60:(2), 70:(-3)**」, 代表鏡頭會在 0 ~ 60 幀的時候慢慢向右平移 (在第 60 幀時的達到 2 的速率), 然後在 60 ~ 70 幀時快速向左，接著 70 幀到影片結束都會以 -3 的速率向左平移。

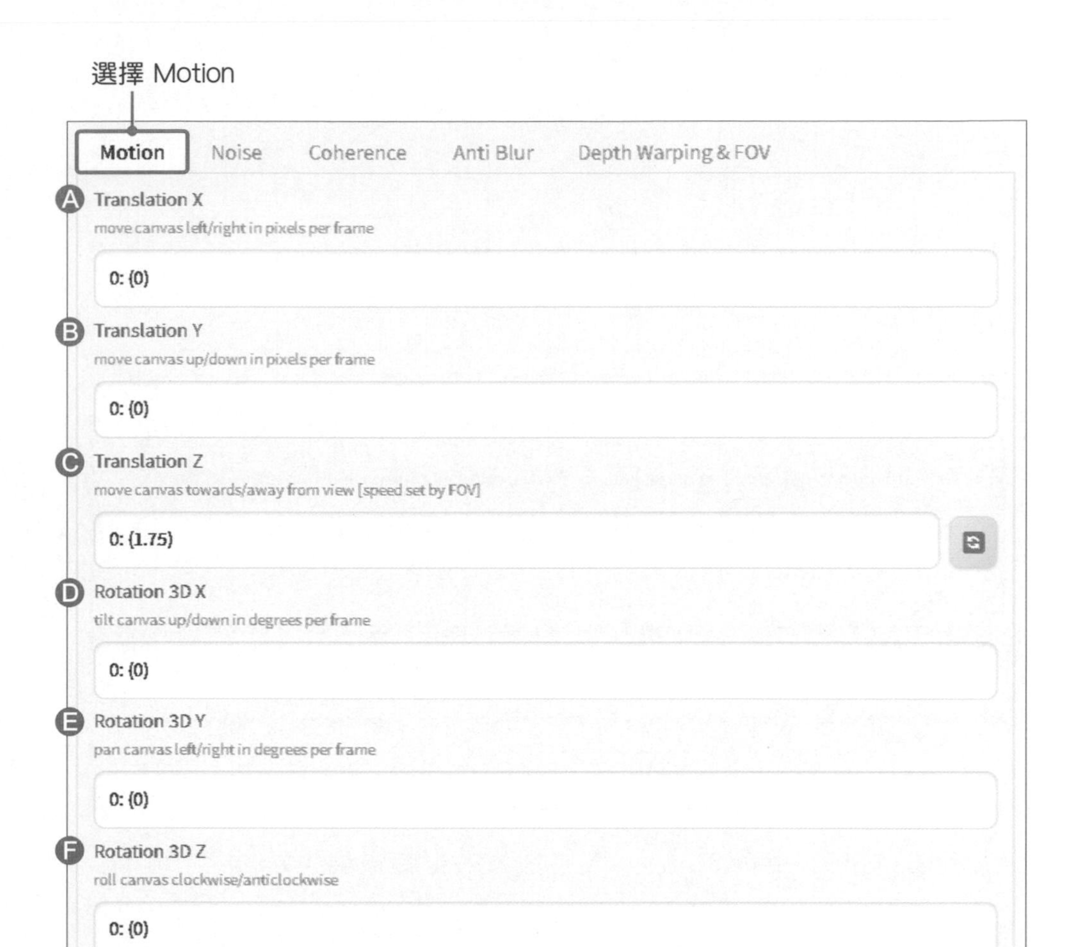

- Ⓐ 平移 X 軸，正數為向右平移（負為向左）
- Ⓑ 平移 Y 軸，正數為向上平移（負為向下）
- Ⓒ 平移 Z 軸，正數為往前平移（負為往後）
- Ⓓ 旋轉 X 軸，正數為沿著 X 軸逆時鐘旋轉（負為順時鐘旋轉）
- Ⓔ 旋轉 Y 軸，正數為沿著 Y 軸逆時鐘旋轉（負為順時鐘旋轉）
- Ⓕ 旋轉 Z 軸，正數為沿著 Z 軸逆時鐘旋轉（負為順時鐘旋轉）

● **Prompts 功能區：**

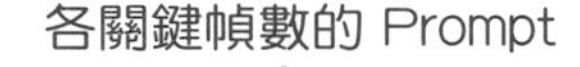

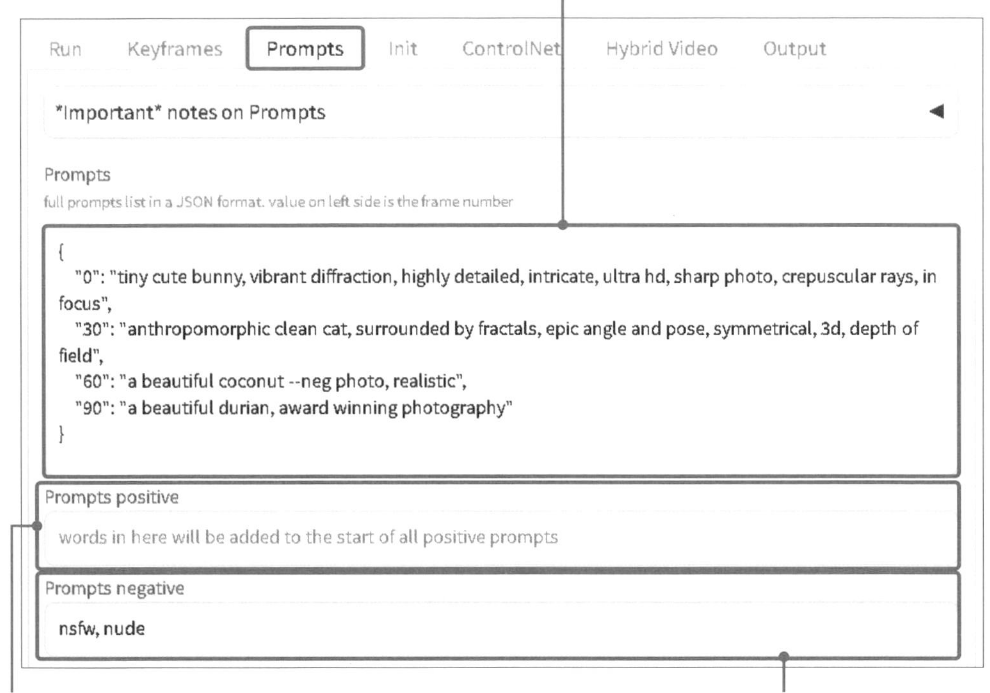

在製作影片時，我們可以自行決定「第幾幀」要呈現的畫面。以下為各幀的 Prompt 格式：

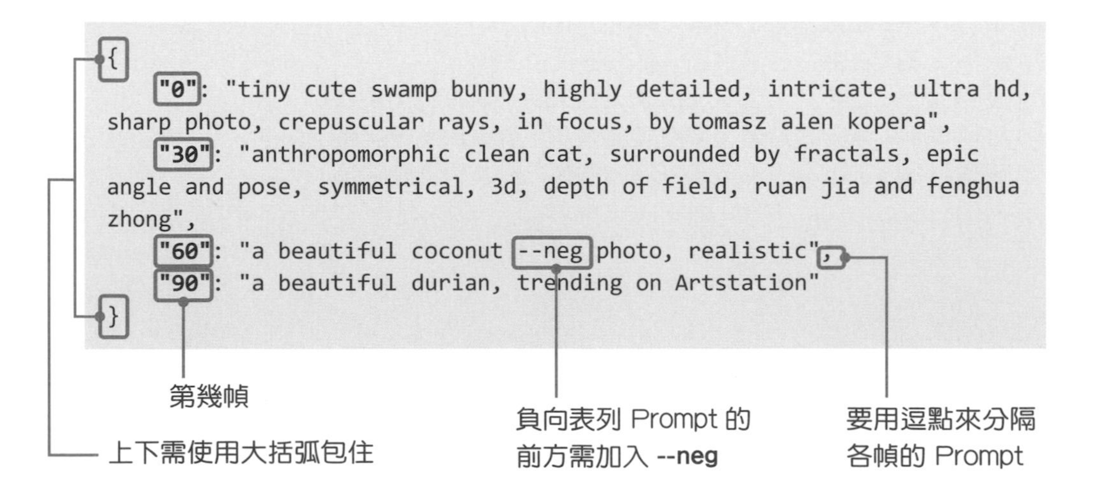

 請 ChatGPT 幫我們生成各幀的 Prompt

我們可以再次請出我們的好幫手－**ChatGPT**, 並對之前的訓練命令進行修改, 讓它幫我們生成各幀所使用的 Prompt。

請將下列訓練命令輸入至 ChatGPT 中 (可開啟 Prompt- 影片製作.txt 來複製):

```
你現在是一個影像 Prompt 生成的 AI。我將在之後的對話框中輸入各幀的 Concept, 然後你會將 Concep t轉換為各幀所使用的 Prompt。使用括號 ( ) 可以增加關鍵詞的權重為1.1倍, 而使用方括號 [ ] 則會減少權重為 0.91 倍, 添加 --neg 為畫面中不想出現的元素。
以下是範例:

{
    "0": "tiny cute swamp bunny, highly detailed, intricate, ultra hd, sharp photo, crepuscular rays, in focus, by tomasz alen kopera",
    "30": "anthropomorphic clean cat, surrounded by fractals, epic angle and pose, symmetrical, 3d, depth of field, ruan jia and fenghua zhong",
    "60": "a beautiful coconut --neg photo, realistic",
    "90": "a beautiful durian, trending on Artstation"
}

Prompt 請用英文, 並以 JSON 格式回傳,如果你了解了, 請等待我輸入Concept。
```

接著將各幀想呈現的畫面輸入至 ChatGPT 中:

您

0：遊艇上的水手, 油墨風
30：彩虹上的貓咪, 油墨風
60：鳳凰, 街頭藝術風
90：揮劍的騎士, 街頭藝術風
120：獨角獸, 街頭藝術風
150：巨大鯊魚, 電影風格
180：龍捲風, 電影風格
210：火焰燃燒

按此可直接複製

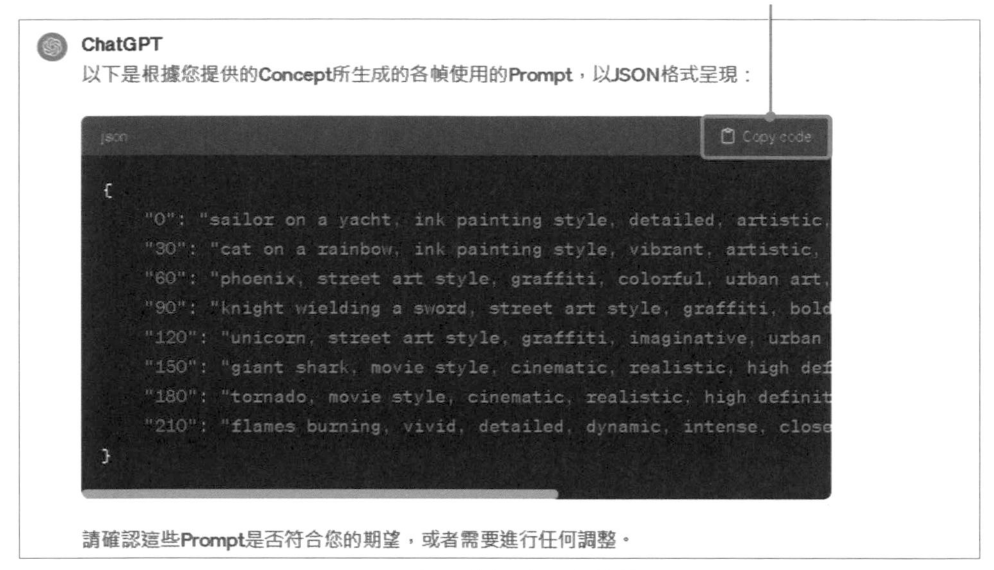

ChatGPT
以下是根據您提供的Concept所生成的各幀使用的Prompt，以JSON格式呈現：
json
Copy code
{
"0": "sailor on a yacht, ink painting style, detailed, artistic,
"30": "cat on a rainbow, ink painting style, vibrant, artistic,
"60": "phoenix, street art style, graffiti, colorful, urban art,
"90": "knight wielding a sword, street art style, graffiti, bold
"120": "unicorn, street art style, graffiti, imaginative, urban
"150": "giant shark, movie style, cinematic, realistic, high def
"180": "tornado, movie style, cinematic, realistic, high definit
"210": "flames burning, vivid, detailed, dynamic, intense, close
}
請確認這些Prompt是否符合您的期望，或者需要進行任何調整。

▲ ChatGPT 會回傳給我們各幀的 Prompt

我們可以直接將 ChatGPT 生成的 Prompt 複製並貼上至 **Prompts 功能區**。接著，依序設定**相機鏡頭的移動**、**最大幀數**以及**每秒幀數**。完成這些設定後，就可以開始生成影片了。

STEP 5 生成影片吧！

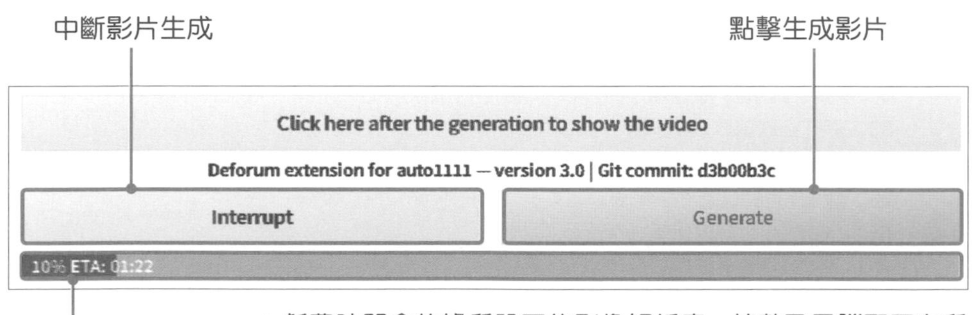

▲ 耗費時間會依據所設置的影像解析度、幀數及電腦配置有所差異。筆者生成 15 秒，共 220 幀的影片約耗費 3 分鐘。

算圖完成後，請點擊上方的 Click here after the generation to show the video 按鈕，並等待影片 Loading，生成的影片會出現在撥放窗格中。

點擊可以下載影片

可以輸入以下網址或掃描 QR code 來看圖生圖動畫效果：

https://bit.ly/deforum1

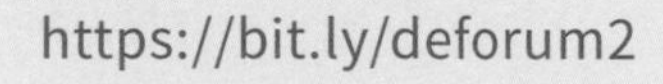
https://bit.ly/deforum2

14-3 杰克艾粒的 AnimateDiff 小教室

在上一節中，我們詳細地介紹了 Deforum 影片的製作流程。但可以發現，Deforum 僅僅是將不同的圖片進行拼接，無法製作具有連貫性的動畫(例如：行駛中的車子、更換姿勢的模特兒等等)。過去，製作連貫且流暢的動畫向來是一項耗時費力的工作。如今，Stable Diffusion 已經可以直接透過文字生成影像了！我們只要透過 AnimateDiff 外掛插入動畫模組，就能生成非常流暢的動畫！

喔？你問為什麼 Stable Diffusion 有這麼多製作動畫的擴充外掛，我們卻特別強調 AnimateDiff 嗎？的確，目前確實有許多製作動畫的擴充外掛，例如 mov2mov、SD-CN-Animation、TemporalKit 等等，但其原理都是需要提供一段現成影片，再利用 Control Net 轉換成其他風格的影片。簡單地說，以前的影片生成只能說是風格轉換而已，且製作的動畫都會有閃爍問題。而 AnimateDiff 則是訓練了動畫生成的模型，可以直接透過文字生成影片，當然一樣也可以透過 ControlNet 轉換影片風格。

安裝 AnimateDiff 外掛、模型及最佳化設定

接下來，讓我們從安裝 AnimateDiff 外掛開始吧！

STEP 1 安裝 AnimateDiff

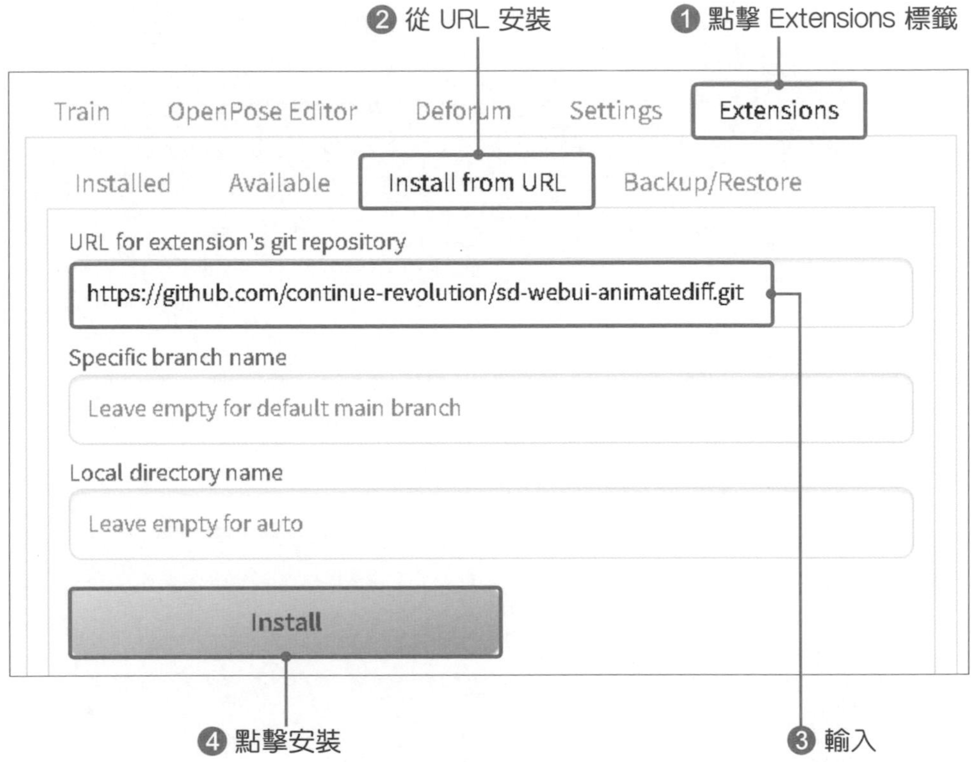

待安裝成功，下方會出現該訊息：

```
Installed into H:\stable-diffusion-webui\extensions\sd-webui-animatediff. Use Installed tab to restart.
```

▲ AnimateDiff 擴充安裝成功訊息

注意！請確認 ControlNet 跟 Deforum 是否已經安裝過了，沒有的話順便安裝一下吧，方法跟剛剛一樣！

ControlNet 安裝網址：

```
https://github.com/Mikubill/sd-webui-controlnet.git
```

Deforum 安裝網址：

```
https://github.com/deforum-art/sd-webui-deforum.git
```

全部都安裝完成後，將 Stable Diffusion 完全關閉再重新啟動，在文生圖下方會看到 AnimateDiff 下拉式選單，這樣就代表安裝成功了。

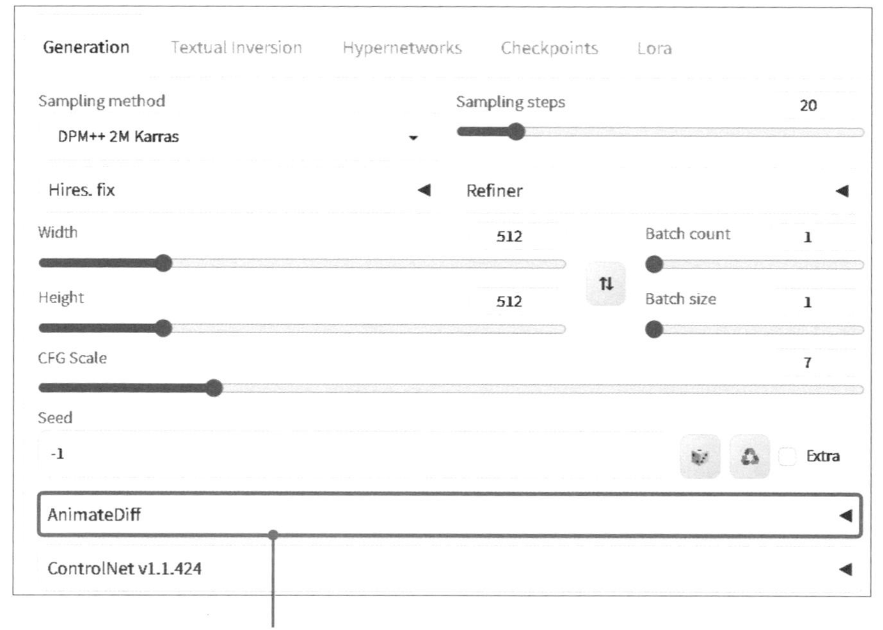

在文生圖頁面中，可以找到 AnimateDiff 的下拉式選單

STEP 2 調整最佳化設定

安裝好後，讓我們來調整一下設定，優化算圖效果。

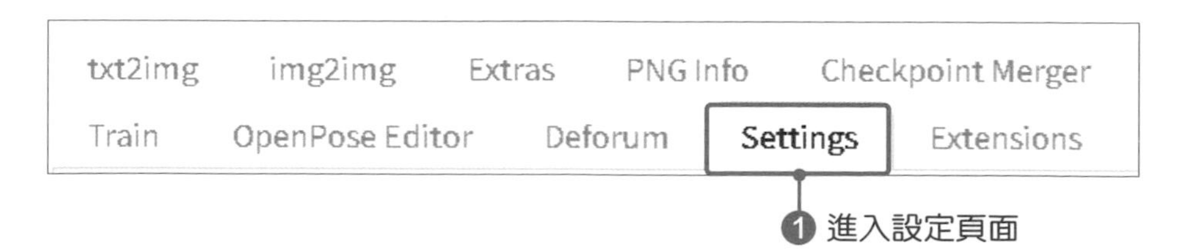

❶ 進入設定頁面

❸ 勾選，此功能會補齊正向 / 反向提示詞到相同長度

Saving images/grids
Paths for saving
Saving to a directory
Upscaling
Face restoration
System
API
Training
Stable Diffusion
Stable Diffusion XL
VAE
img2img
Optimizations
Compatibility

Cross attention optimization

Automatic

[PR] Negative Guidance minimum sigma (skip negative prompt for some steps when the image is almost ready; 0=disable, higher=faster) 0

[PR] Token merging ratio (0=disable, higher=faster) 0

Token merging ratio for img2img (only applies if non-zero and overrides above) 0

Token merging ratio for high-res pass (only applies if non-zero and overrides above) 0

☑ Pad prompt/negative prompt to be same length (improves performance when prompt and negative prompt have different lengths; changes seeds)

☑ Persistent cond cache (do not recalculate conds from prompts if prompts have not changed since previous calculation)

☐ Batch cond/uncond (do both conditional and unconditional denoising in one batch; uses a bit more VRAM during sampling, but improves speed; previously this was controlled by --always-batch-cond-uncond comandline argument)

若 VRAM 太小，建議取消勾選

❷ 點選 Optimizations 調整最佳化設定

如果你的Vram在12G以下，
「批量套用正向 / 反向調整」
把選項取消速度會快很多喔!

接下來，在左側垂直列表中找到 AnimateDiff 的設定：

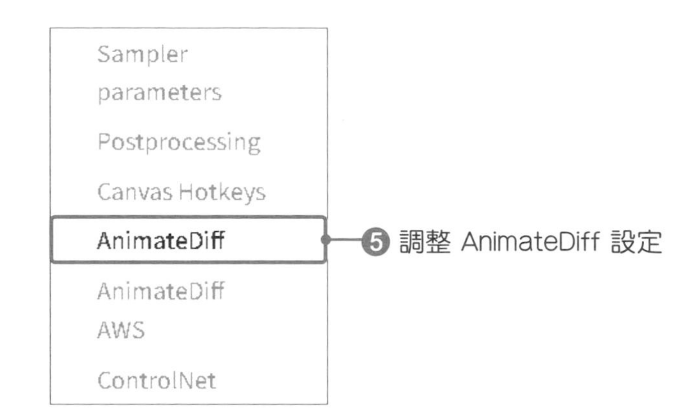

6 勾選，計算最優 GIF 色板，可顯著提升品質，消除條紋

Path to save AnimateDiff motion modules

☑ Calculate the optimal GIF palette, improves quality significantly, removes banding

☐ Optimize GIFs with gifsicle, reduces file size

[docs] MP4 Quality (CRF) (17 for best quality, up to 28 for smaller size) 23

[docs] MP4 Encoding Preset (encoding speed, use the slowest you can tolerate)

[docs] MP4 Tune encoding for content type (optimize for specific content types)

WebP Quality (if lossless=True, increases compression and CPU usage) 80

☐ Save WebP in lossless format (highest quality, largest file size)

☑ Save frames to stable-diffusion-webui/outputs/{ txt|img }2img-images/AnimateDiff/{gif filename}/{date} instead of stable-diffusion-webui/outputs/{ txt|img }2img-images/{date}/.

When you have --xformers in your command line args, you want AnimateDiff to

○ Optimize attention layers with xformers ● Optimize attention layers with sdp (torch >= 2.0.0 required) ○ Do not optimize attention layers

7 勾選

8 選擇

OpenPose Editor Deforum Settings Extensions

Apply settings Reload UI

9 套用設定

10 重新載入 UI

▲ 一定要先套用設定再重新載入喔！

STEP 3 下載並放置 AnimateDiff 模型

請先至以下網址下載 AnimateDiff 模型：

```
https://bit.ly/animatediff_model
```

下載完成後，將 AnimateDiff 模型放到資料夾中，預設路徑為 **webui > extensions > sd-webui-animatediff > model**：

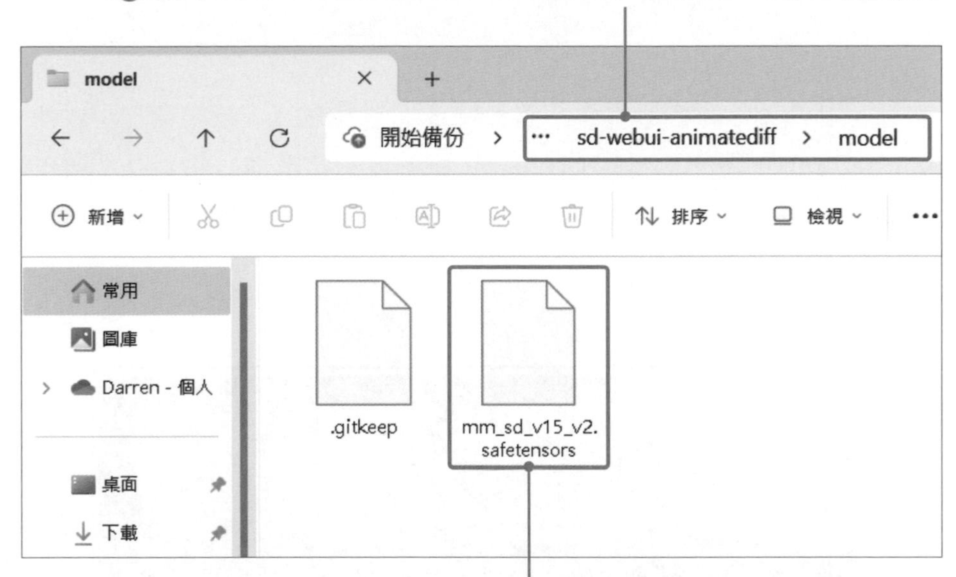

開始實做 AnimateDiff 吧！

模型處理好後，我們就可以開始製作第一個影片啦！這次就做一個會笑會眨眼的艾粒好了。

▲ AnimateDiff 影片效果圖

在這個範例中，我們會製作一部共時 5 秒、每秒 16 幀的動畫，並使用 Prompt Travel 功能（類似 Deforum 中的各幀關鍵詞），這個功能可以**控制提示詞**跟**幀數**的變化，就可以讓艾粒保持微笑並在「約兩秒」的時候眨眼！

幀(ㄓㄥˋ)
指在動畫中，每秒有幾張圖片。
一般常見的有24、29.97。
在AnimateDiff中，
我們可以製作8-16幀，
再用FILM功能補幀至足夠的幀數

FILM 幀差值 (Frame Interpolation)，是由 Google 提出的補幀模型，若是在影片中，有兩幀之間差異較大的狀況，會讓畫面看起來不流暢，這時候就可以利用 FILM 以圖像預測的方式在兩幀間添加幾幀圖像，這樣就能讓動態看起來更為滑順。

輸入 Prompt Travel 語法

首先到文生圖介面中，輸入主要提詞：

Prompt：
```
masterpiece, best quality, light purple hair, high quality, solo,
golden eyes, shoulder length short hair, front, face the audience,
upper body, black sweater, black turtleneck sweater, white scarf,
garden
```

Negative Prompt：
```
easynegative, negative_hand-neg, low-cut, off-shoulder
```

txt2img img2img Extras PNG Info Checkpoint Merger Train OpenPose Editor

44/75

masterpiece, best quality, light purple hair, high quality, solo, golden eyes, shoulder length short hair, front, face the audience, upper body, black sweater, black turtleneck sweater, white scarf, garden

17/75

easynegative, negative_hand-neg, low-cut, off-shoulder

▲ 在文生圖介面中，先輸入主要提詞

來修改一下提示詞並帶入 Prompt Travel 語法吧：

Prompt：
```
masterpiece, best quality, light purple hair, high quality, solo,
golden eyes, shoulder length short hair, front, face the audience,
0: Smile,
32: (eyes_closed:1.1), Smile,
40: Smile,
upper body, black sweater, black turtleneck sweater, white scarf,
garden
```

Negative Prompt：
```
easynegative, negative_hand-neg, low-cut, off-shoulder
```

重要提示！如果有安裝動態提示詞 (dynamic-prompts) 的擴充外掛，要記得要在下拉選單中先將其關閉，否則 Prompt Travel 會無效喔。

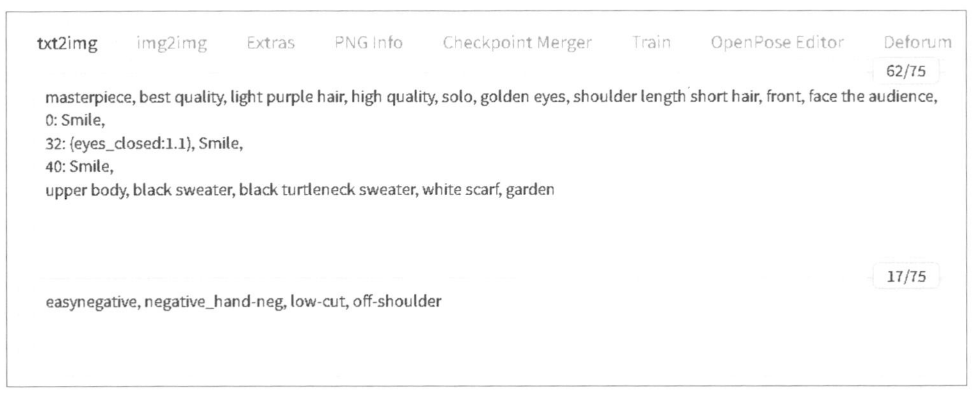

▲ Prompt Travel 語法範例

請參考上圖中的提示詞格式，不用想的太複雜，我們先把主要提示詞放在第一行，接著按照幀數的變化，分別打上相關的提示詞。在此範例中，我們從第 0 幀開始一直到 31 幀都是微笑、在 32 幀到 39 幀閉上眼睛 (維持 6 幀)、40 幀之後繼續保持微笑。

除了Prompt Travel語法之外
的提詞為什麼要分開阿?
靠前的提示詞權重較高，
而像close eyes這種效果較差的提詞
我習慣將他往前排列
比較不重要的提詞就往後排啦!

STEP 2 參數設定

接下來是一些標準參數設定，我們將圖像尺寸設置為 576 × 768。值得一提的是，CFG 在此設定為 15, 這樣可以提高圖像的銳利度。其他參數可以參考下圖中的設定。

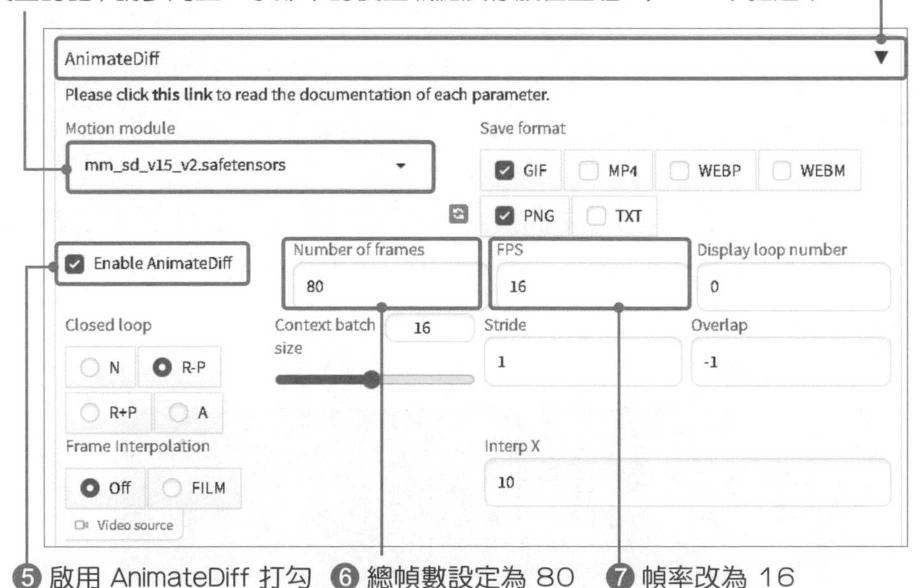

▲ 動畫秒數為總幀數 / 幀率，因為要做 5 秒動畫，所以總幀數要設定為 80 (16 × 5)

STEP 3 生成動畫

都設定完成後，回到上方按下開始製作動畫吧！約等待十分鐘後（算圖速度會依據電腦設備有所差異），生成完成的影片會存放在以下路徑中：**webui > outputs > txt2img-images > AnimateDiff >（當天日期）**

讓我們來看看成果吧！

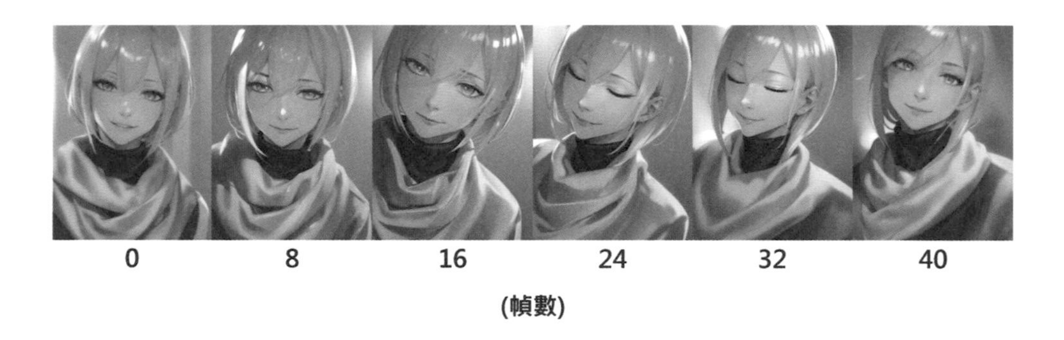

影片會儲存成剛才預設的 PNG 及 GIF 格式。簡單來說，即為一個逐幀的 PNG 圖片檔和一個 GIF 動畫檔。**不建議儲存成 MP4 格式，品質較不穩定**。

進階控制

讀者應可發現，剛剛製作出的動畫效果變化很大、較不穩定，甚至有一點點失控…接下來，讓我們加入 ControlNet 設定來控制生圖效果吧！

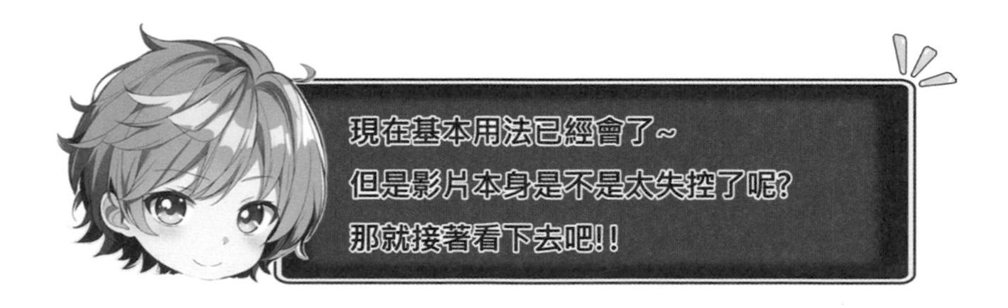

現在基本用法已經會了~
但是影片本身是不是太失控了呢?
那就接著看下去吧!!

STEP 1 先用文生圖做出一張滿意的圖像

◀ 文生圖範例圖像

STEP 2 加入 ControlNet 設定

❶ 展開 ControlNet 選單

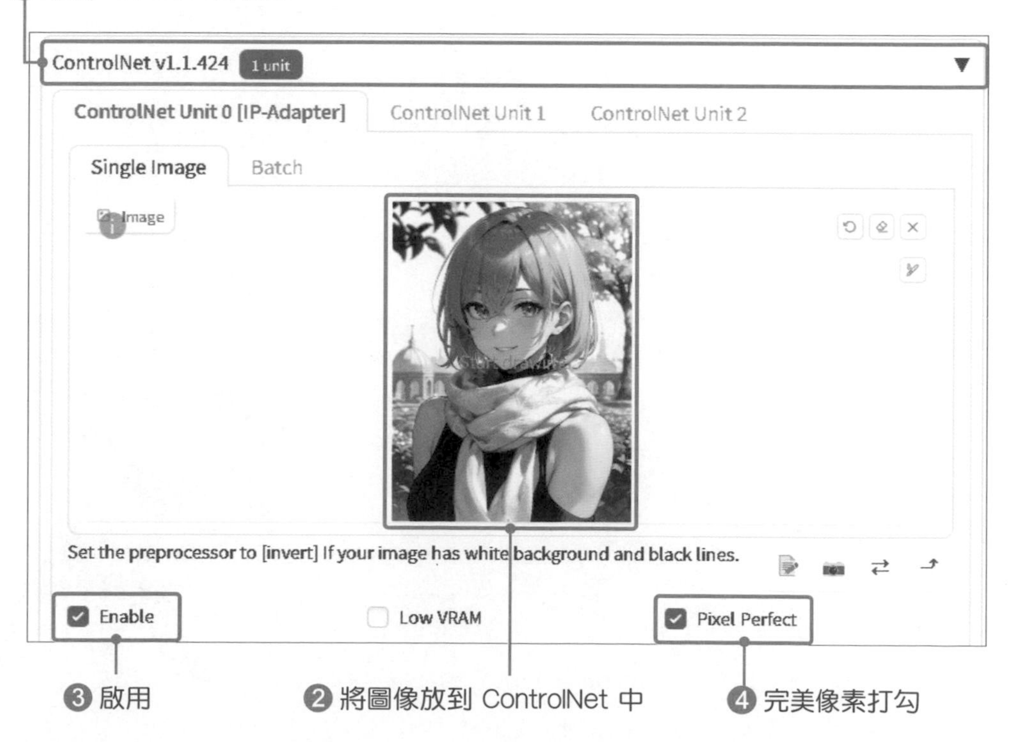

❸ 啟用　❷ 將圖像放到 ControlNet 中　❹ 完美像素打勾

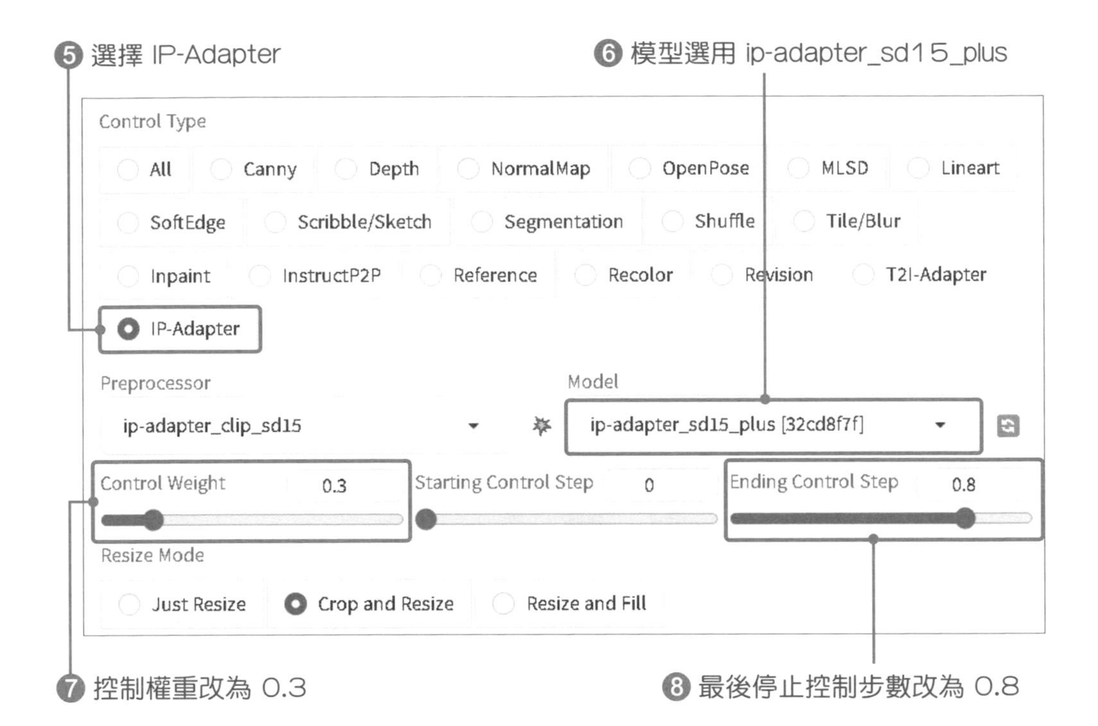

若未下載 ip-adapter 模型的讀者，可至以下網址下載 .pth 檔案：

https://huggingface.co/lllyasviel/sd_control_collection/tree/main

下載完成後，一樣放置在 **webui > models > ControlNet** 資料夾中即可。

艾粒的 AnimateDiff 小技巧

目前 AnimateDiff 與 ControlNet 合併使用會讓畫面變得模糊，處理方式是讓 ControlNet 在繪製的過程中提早結束。另外，每個模型和繪製內容做出來的結果都不相同，停止的步數要依需求測試會比較好喔！

STEP 3 AnimateDiff 設定修改

❶ 把幀率提高到 24 幀

AnimateDiff

Please click this link to read the documentation of each parameter.

Motion module: mm_sd_v15_v2.safetensors

Save format: GIF (checked), MP4, WEBP, WEBM, PNG (checked), TXT

Enable AnimateDiff (checked)

Number of frames: 80 | FPS: 24 | Display loop number: 0

Closed loop: N, R-P (selected), R+P, A

Context batch size: 16 | Stride: 1 | Overlap: -1

Frame Interpolation: Off, FILM (selected)

Interp X: 3

Video source

❷ 幀插值改為 FILM

❸ 插值次數 X 設定為 3

STEP 4 再生成一次吧！

下圖為成品圖：

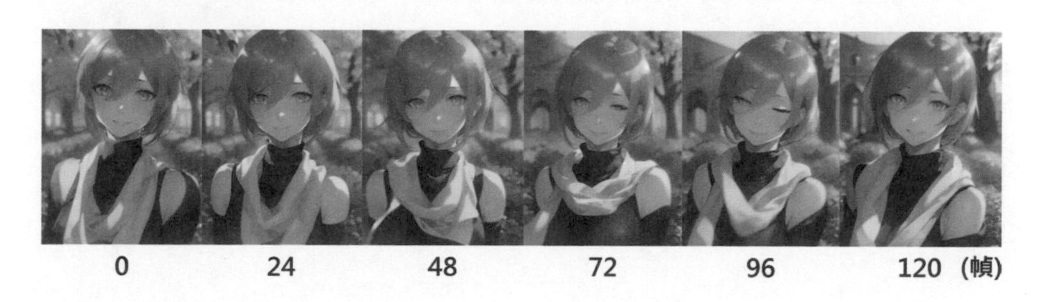

0　24　48　72　96　120（幀）

是不是穩定多了呢？這次生成的圖像有 238 張，影片長度約 10 秒，這邊就讓艾粒教你如何計算吧！

計算方式:
(80-1) X 2 + 80 = 238
80張圖總共有79個區間，而差值次數X 3 意思為每個區間要補兩張圖，而每秒設定為24幀，所以補完幀後大約為10秒的影片!

這樣…你有聽懂嗎？

杰克的 AnimateDiff 筆記本

AnimateDiff 的重點在於 CFG 的控制，影像如果太過複雜可以使用更高的 CFG；影片如果速度太快，則可以使用插幀的方式把速度調低。多多嘗試做出你的個人首部動畫吧！